就爱吃

牛国平 牛 翔 等 编著

醋

农村读物出版社

图书在版编目（CIP）数据

就爱吃醋/牛国平，牛翔编著 . —北京：农村读
物出版社，2014.10

ISBN 978 - 7 - 5048 - 5743 - 9

Ⅰ.①就… Ⅱ.①牛…②牛… Ⅲ.①食用醋－基本
知识 Ⅳ.①TS264.2

中国版本图书馆 CIP 数据核字（2014）第 228277 号

责任编辑　程　燕　李振卿

出　　版　农村读物出版社（北京市朝阳区麦子店街 18 号楼　100125）

发　　行　新华书店北京发行所

印　　刷　中国农业出版社印刷厂

开　　本　850mm×1168mm　1/32

印　　张　11

字　　数　272 千

版　　次　2015 年 4 月第 1 版　　2015 年 4 月北京第 1 次印刷

定　　价　20.00 元

（凡本版图书出现印刷、装订错误，请向出版社发行部调换）

参编人员

牛国平　牛　翔　杜建英　牛国强

仇金刚　杜新刚　郭全中　郭大伟

牛全书　杜东亮　王书菊　杜白则

牛　胗　秦晶晶

目录

第四篇　解烦除忧醋饮料　76

第一节　醋饮料制作知识　76

一、醋饮料制作方法　76

二、醋饮料制作原则　76

三、醋饮料饮用方式和最佳时间　77

第二节　醋饮料制作实例　77

一、营养爽口单味醋饮　77

二、混合搭配能量醋饮

第五篇 配出不同风味醋 130

就爱吃醋

JIUAICHICU

第七篇　以醋调味烹佳肴　176

三、酸甜味调制及其菜肴

（一）酸甜味调制技巧

（二）酸甜菜肴实例

四、酸辣味调制及其菜肴

五、鱼香味调制及其菜肴

六、怪味调制及其菜肴

第一篇 就爱吃醋的理由

您喜欢吃醋吗？"非常爱吃""挺爱吃醋的""比较爱吃醋""醋，喜欢吃啊""爱吃，还行""我是山西人，特爱吃"。这是某电视台在播放一期有关醋养生节目时，记者在街头采访观众后的精彩回答。原来，人们喜爱吃醋的理由有这么多。

理由 1：醋的营养素含量高

每 100 克醋营养含量：热量 130 千焦。

三大营养素：蛋白质 2.1 克，脂肪 0.3 克，碳水化合物 4.9 克。

矿物质：钙 17 克，铁 6 毫克，磷 96 毫克，钾 351 毫克，钠 262.1 毫克，铜 0.04 毫克，镁 13 毫克，锌 1.25 克，硒 2.43 克。

维生素：维生素 B_1 0.03 克，维生素 B_2 0.05 克，烟酸 1.4 毫克。

理由 2：帮助消化，提高食欲

现代医学研究证实，醋中所含的挥发性物质和氨基酸等能刺激人的大脑神经中枢，使消化器官分泌大量消化液，消化功能大大加强，从而增进食欲，促进食物消化吸收，保证人体健康。当你感到没有食欲的时候，可以多吃一些用醋来调味的膳食。如在进餐时用醋 15～30 克兑开水冲服或醋拌凉菜、煎或蒸醋蛋吃，均可提高食欲，有助于消化。有资料证明：有吃醋习惯的儿童，成长后动脉硬化发病率降低，这与醋可降低血脂、软化血管壁等不无关系。

理由3：抗菌作用强

众所周知,食醋具有杀菌、抑菌作用,是一种很好的消毒剂。据有关资料报道,有人曾以10种有机酸同盐酸做抑菌对比实验,结果对于16种常用食物腐败菌和肠道致病菌,醋酸能在较低浓度下发挥效力,食醋也能在低盐度中,发挥其抑菌作用。

俗话说"病从口入",很多传染病菌都是通过口腔进入人体的,而食醋却不愧是把好这第一道关口的忠诚卫士。中国预防医学科学院流行病研究还表明：对甲种链球菌、卡他球菌、肺炎双球菌、白色葡萄球菌和流感病毒等呼吸道致癌微生物,用食醋在室内熏3分钟后,除甲种链球菌尚有个别菌落外,其余全部被消灭；实验还证明,食醋有杀灭白喉杆菌和流行性脑脊髓炎,麻疹,腮腺炎病毒的功效。

对于绿脓杆菌,发癣菌等多种细菌、真菌,食醋也有很强的杀灭能力。在中国临床上和民间验方中,都将醋广泛地用于防治外科、皮肤科的多种疾病,并取得了良好的效果。醋能杀死脚气病菌,醋能防治腹泻、下痢。《本草纲目》载,治疗霍乱吐泻用盐醋煎服；而在《严氏济生方》中,凡治腹泻、下痢方,均以药醋糊成丸。

理由4：有健美减肥功效

醋中的氨基酸,除了可以促使人体内过多的脂肪转变为体能消耗外,还可使摄入的糖与蛋白质等的新陈代谢顺利进行,使身体保持匀称的体格而没有多余的脂肪积聚,从而达到健美减肥的目的。每天早晨空腹服一口老陈醋,再喝上一杯冷开水,照此服用一个星期后,就会收到一定的瘦身疗效。用醋浸泡花生米一周以上,每晚吃7～10粒,坚持服用,也能达到减肥瘦身的功效。

理由 5：能延缓衰老，养颜嫩肤

现代医学研究认为，细胞代谢过程中所产生、沉淀的有害物质，如脂褐素等会加速细胞的萎缩和死亡，促进人体衰老。醋的营养物质和其中的各种酶，可以使细胞分裂增加，保证代谢顺利进行。

醋中含有的醋酸、乳酸、氨基酸、甘油和醛类等化合物，对人的皮肤有柔和的刺激作用，能使血管扩张，增加皮肤血液循环，并能杀死皮肤上的一些细菌，使皮肤光润、清洁。过氧化脂质在体内积蓄是引起衰老的原因。醋能加强人体细胞抵抗自由基的氧化作用，使体内过氧化脂质减少，抑制和降低人体衰老过程中过氧化脂质的形成，减少老年斑，从而能延缓衰老，增加寿命。

理由 6：可降低感染传染病的概率

酷夏热，出汗多，多吃点醋，能提高胃酸浓度，帮助消化和吸收，促进食欲。醋还有很强的抑制细菌能力，短时间内即可杀死化脓性葡萄球菌等。对伤寒、痢疾等肠道传染病有预防作用。食物中加些醋，可提高胃酸灭菌能力，特别是在春夏季吃一些醋浸大蒜汁，可预防胃肠道疾病，取醋加适量薄荷煮汁，每次滴鼻2～3滴，每日3～4次；或关好门窗，把醋倒在锅里，上火烧滚熏蒸室内一会，可预防上呼吸道感染、流脑麻疹、病毒性流感等。当儿童腮腺炎初起时，用醋调青黛涂患处，有消肿止痛的作用。

理由 7：能调节酸碱平衡，扩张血管

随着生活水平的提高，在我们身边已出现了很多"富贵病"，例如脂肪肝、高血脂肥胖病、将军肚、糖尿病等。大鱼

大肉等高脂肪、高蛋白、高热量的食物属于酸性食物。

而醋则是碱性食品。人们的饮食结构的变化，使碱性食品的摄入量减少，而酸性食品的摄入量增多，因而使人体血液变为酸性，造成了生理上的酸碱平衡失调，增加血液黏稠度，诱发或加剧动脉硬化、高血脂、高血糖等症状。专家指出，70％的现代疾病是由酸性体质引起的。专家告诫：进食酸碱性食品的比例以1：3为好，这种比例有利于各种营养成分的吸收。实验证明醋有很强的降低血脂的作用，长期食用醋能使血中胆固醇、甘油三酯及低密度脂蛋白水平下降，起到预防动脉硬化、脑血管疾病和心肌梗塞作用。例如泡醋蛋液、醋渍大豆、醋渍花生米、醋渍大蒜、醋渍黄瓜、醋渍皮等都可起到预防作用。

理由8：增强肾功能，预防结石病

现代研究发现，食醋有利尿、溶石、排石的作用。它不仅能防治便秘，而且能防治肾结石、膀胱结石及胆结石。结石中所含的成分多为钙，其中大部分为草酸钙和磷酸钙。食醋能增强肾脏功能，有利尿作用，而食醋中的柠檬酸、醋酸，对溶解草酸钙有显著的作用，还能防止尿中形成草酸钙结晶。因此，食醋可以利尿，防治结石病。

理由9：增强肝脏机能，防治肝病

肝脏是人体最大的消化腺，它对糖类、脂类、蛋白质、维生素、激素等物质代谢起重要作用，并有分泌胆汁、解毒及吞噬细菌的作用。肝脏一旦有病，机体消化功能及营养物质的代谢必然受到影响。近年来研究发现，食醋具有保护肝脏的良好作用并能促进消化液的分泌，对食欲不振症状有一定改善，可增加肝病患者的食欲。食醋中含有丰富的氨基酸、醋酸、琥珀酸、维生素等多种肝脏所需的营养物质。食用醋后，其营养物质被充分吸收转化，其转化合成的蛋白质，对肝脏组织损害有修复作用，并可提高肝脏解毒功能及促进新陈代谢。醋本身还能杀灭肝炎病毒，从而能防治肝病。

理由 10：夏季可排毒，驱赶疲劳

　　炎炎夏日，人们出汗过多、睡眠不足、进食不香，自身免疫能力明显下降，常常会感到疲劳乏力，再加上受各种细菌感染的影响，容易引发胃肠道疾病。这时，你可以吃点醋，不仅可以增进食欲，还可以排毒解毒，赶走疲劳。

　　正常情况下，人体内环境是维持在一个中性或弱碱性状况中的。当劳动和工作时间长了，或是休息不好时，会有大量乳酸产生，人就会产生疲劳感。醋中的醋酸进入人体参与代谢后，有利于乳酸进一步氧化，变为水和二氧化碳，水继续参与机体代谢，或变成尿和汗水排出，二氧化碳则由肺呼出体外。因此，醋具有独特的预防和消除疲劳的奇效。

理由 11：可防治感冒

　　众所周知，有许多病毒能引起感冒，仅鼻病毒一种，就有 100 多个类型，感冒病毒易于变异。因此很难找到一种有效地对付如此多的病源体的药物。中医研究院中药研究所的科研人员从大量文献研究中得到启发，认为引起感冒的病毒没有细胞膜，酸碱度的改变易影响其生长。再则，感冒病毒的生长，主要靠核糖核酸酶等的催化作用，而核糖核酸酶又

受酸碱度、温度、微量金属离子的控制。

研究结果证明，酿醋厂工人不感冒，是与其长期接触食醋有关；加之酿醋厂空气中的醋酸浓度使感冒病毒难以生存，故醋厂工人不易感冒。可见，醋能预防感冒是有科学依据的。

理由 12：能活化细胞

酿造醋是一种充分发酵过的食品，含有非常丰富的营养成分，包括酶、矿物质、有机酸、醋酸菌、维生素、氨基酸等都是人体非常需要的营养素。

以酶来说，当食物进入口腔，唾液会立即产生一种酶，将淀粉分解为糖。食物进入胃部，酶就会将蛋白质做阶段性分解；接下来是小肠，其中的酶可分解蛋白质与脂肪。这些经过分解的养分，会供给人体所需的能量。原则上，人体的内脏器官会自行制造酶，但是如果体内的环境与器官机能状况不佳时，就会失去其功能，可见酶对消化的重要性。

大部分的食物都需要依靠酶的帮助，才能被消化吸收。酿造醋中含有丰富的活性酶，当酶与氨基酸结合，即可帮助细胞进行新陈代谢，促进造血与激素分泌，进而增加肌肉的张力，使肌肉紧实，对人体确实有很大的帮助。

矿物质是人体制造酶、血红素、激素（包括胰岛素）的重要原料。矿物质在人体内不能自行合成，必须通过膳食进行补充。如果体内矿物质不足，身体的机能就会受影响。矿物质的种类很多，缺少矿物质会使身体的机能失调，引起过敏或其他不适。举例来说，铁是血红素、细胞色素及肌红蛋白的主要成分，如果缺乏将会导致血液里的血红蛋白不足，人就会罹患贫血，容易疲倦，活动机能衰退。镁能够抑制因为刺激而产生兴奋的神经与肌肉。人体的镁如果不足，则容易引发心悸，造成心脏病。此外钾、钠、锌、碘、铬、磷、锗等矿物质元素也都是人体需要的元素，缺乏时会使身体的某些机能失调。

理由 13：能补充钙质

钙是构成骨骼与牙齿的主要成分，全身的组织细胞和血液中也需要钙来发挥神经传导、血液凝固、肌肉收缩等重要生理作用。血液中要有一定的钙才有凝固力，由此血管内的细胞才能相互连接。

如果血液中的钙不足，除了凝血功能下降之外，血管的细胞间会产生间隙，胆固醇就容易蓄积在这些间隙中，造成动脉硬化。血液中的钙持续不足，也会使甲状腺与甲状旁腺的激素分泌不正常，导致身体机能受到影响。如此一来，储存在骨骼中的钙就会陆续分解游离出来，使得骨骼弱化，形成骨质疏松症。因此，保持钙在体内正常分布，可预防骨质疏松症与心脑血管的疾病。

如果我们能均衡地摄取各种新鲜的谷类、水果与蔬菜，人体基本上就不会缺钙。但是矿物质中的钙，属于人体比较不容易吸收的营养素，如果能配合饮用酿造醋，通过自然发酵的酿造醋中富含的维生素、有机酸（如醋酸、柠檬酸、苹果酸、琥珀酸等）将食物中的钙、磷等矿物质有效萃取出来，形成醋酸钙，就能促进身体的有效吸收，达到真正补充钙质的效果。

理由 14：帮助胃而不伤胃

有很多人以为胃不好或胃酸过多的人不能喝醋，其实所喝的醋含有大量的合成物或酒精，才会刺激胃。酿造醋不仅

仅不会伤胃，还会帮助消化。因为醋所富含的醋酸与柠檬酸能渗透食物，萃取养分，促进消化，补足器官所需的必需营养素，增强活力，改善体质。

　　胃分泌的胃酸可以消化动物性蛋白，但是胃酸过多却会引起胃炎，甚至胃癌。因为胃酸会破坏胃壁黏膜，反使胃酸分泌不足，有害菌滋长。所以慢性胃炎患者，应积极喝酿造醋，改善发炎状况，胃胀气与反酸的情形也会明显改善。

理由 15：水果醋有醒酒效果

　　饮酒伤身，但有时难免有一些聚餐、应酬的场合少不了多喝几杯，此时，建议您在饮酒前后喝水果醋，可使酒精在体内分解代谢速度加快，增加胃液分泌，扩张血管，利于血液循环，提高肝脏的代谢能力，促进酒精迅速排出体外。若喝醉了，可以直接喝一瓶 200 毫升的凉水果醋，使酒醉情况得到缓解，也可以用水果醋泡白萝卜，解酒效果更好。

理由 16：晨起喝水果醋增加抵抗力

　　水果醋中富含维生素和氨基酸，能在体内和钙质合成醋酸钙，增强钙质的吸收，使身体强壮；还含有丰富的维生素C，维生素 C 是一种强大的抗氧化剂，能防止细胞癌变和细胞衰老，增加身体的抵抗力；并有抗菌消炎作用，可以提高机体免疫力，预防感冒。

　　如果容易感冒者，不妨试试早在早餐后、出门前喝上一瓶水果醋，抵御上班路上的风寒；若是在冬天，也可以把水果醋加热来喝，不仅对胃没什么刺激，也让醋的消毒杀菌效果更好一些。

理由 17：下午喝水果醋除疲劳

水果醋中含有 10 种以上的有机酸和人体所需的多种氨基酸，其种类不同，有机酸的含量也不同。在长时间劳动和剧烈运动后，人体内会产生大量乳酸，使人感到特别疲劳，而水果醋能使有氧代谢顺畅，清除沉积的乳酸，起到消除疲劳的作用。

对上班族而言，通常下午三点左右是一天中最容易困乏、疲倦的一个时段，此时喝上 250 毫升的水果醋，能促进代谢功能，恢复精神。

理由 18：夜晚喝水果醋美容

夜晚是油脂分泌最旺盛的时候，尤其是过氧化脂在夜晚分泌增多，是导致皮肤细胞衰老的主因。而晚间皮肤的 pH 失衡，血液循环不畅，常出现皮肤紧绷、干涩的情况。

水果醋中所含有的有机酸、甘油和醛类物质，可以平衡皮肤的 pH、控制油脂分泌、扩张血管、加快皮肤血液循环，利于清除沉积物、润泽皮肤。晚上临睡前喝一些水果醋能缓解这种情况。

醋 的趣闻趣事

由 "醯" 叫 "醋" 道由来

醋在人们日常生活中是必不可少的调味品，而今，食醋又成为一种时兴的保健食品。"醋"在古代被称作"醯"。据李时珍《本草纲目》卷 25《谷部》记载，醋有醯、酢等多种名称。"醯"成于商朝，是高粱美酒变化而

成的。由于山西人善造醋爱吃醋，被外地人叫山西人"老醯"。那么，这既具有防病治病功效又能增加食欲的"醯"，为啥后人把它叫"醋"呢？据传说，孝文帝十二年，晋阳官员送来贡品"醯"，照例要到后宫拜见孝文帝生母薄太后。薄太后是山西人，很喜欢家乡的味道。但听到宫女太监们叫"老醯"时感到十分不舒服，便想将"醯"改个名字。孝文帝知晓母意后，便要臣子们想个好名字取代"醯"。一个学士想了一会儿奏道："今年是癸酉年，又是腊月二十一日，将年月一合，即是'醋'字，而'昔'字拆开，正好是二十一日。"孝文帝龙心大悦，御笔亲书"醋"字，贴于盛"醯"的器皿上，此后，"醯"便叫为醋了。

山西老陈醋由来

山西酿醋已有3000多年的历史。但"山西老陈醋"这个牌子是山西介休人王来福正式打出的，具今已经有300多年的历史。传说在清初顺治年间，王来福来到清源（今山西清徐），利用当地依山傍水、原料充足的自然条件开办了醋坊。他选优质高粱、大麦、豌豆作为原料，整个生产过程历经"蒸、酵、熏、淋和晒"五个步骤，成品色呈酱红，口味醇厚，集酿香、料香、醇香、脂香为一体，倍受青睐。当人们问：你家的醋这么好吃，叫什么名字？他说："酒是老的好，醋是陈的香，我的醋既老又陈，就叫老陈醋吧。"从此，老陈醋这个名字就流传了下来。

据说，有一年，有个钦差大臣路过清徐，听说王来福的老陈醋很有名，就想法子弄来五篓，回京讨好皇帝。当时的顺治帝收到了钦差大臣送的老陈醋后，进餐时都要配食一点，并连夸好醋。于时顺治帝在书房里展纸泼墨，一气写下"山西老陈醋"五个大字。并命钦差大臣送往王来福处，让其高悬"山西老陈醋"御笔大旗。从此以后，山西老陈醋更是名声大振。

镇江香醋摆不坏

"香醋摆不坏"为镇江三怪之一。说来这存放愈久，味道愈醇，而且不会变质的镇江香醋还有一个神奇的传说。

相传，杜康发明了酿酒术后，全家到镇江城外开了个小酒坊，酿酒卖酒。儿子黑塔帮助父亲打杂。有一天，黑塔做完了活计，照例给缸内酒糟加了几桶水作喂马用。便坐下来休息一会。由于累了，一口气喝了好几斤米酒，便昏昏沉沉睡着了。他醒来后给父亲说，他做了一个神奇的梦：房内站着一位白发老翁，笑眯眯地指着大缸对他说："黑塔，你酿的调味琼浆，已经二十一天了，今日酉时就可以品尝了。说完，化作清风而去。"杜康听了觉得神奇，便和黑塔一起到酒糟缸前观看。果然大缸里的酒糟水与往日不同，黝黑透明。用手指一蘸送进口中，只觉得满嘴香喷喷，酸溜溜，甜滋滋，顿觉神清气爽，浑身舒坦。

杜康又细问了黑塔一遍，对老翁讲的"二十一天""酉时"琢磨许久，还边用手比画着，突然拽住黑塔在地上用手指写了起来："二十一日酉时，这加起来就是个'醋'字，兴许这琼浆就是'醋'吧！"

从此杜康父子按照老翁指点办法，在缸内酒糟中加水，经过二十一天酿制，缸中便酿出醋来。杜康父子将这调味琼浆送给左邻右舍或前来打酒的人。人们把这醋掺进食物中，饭食格外撩人胃口。吃了后，提神醒目，食欲大振。没多久，远近街坊都赶过来买，这醋便在镇江城内卖开了，又传出镇江城，名扬四方。

后来，镇江一带的人对制醋的方法又加以改进，使之具有色、香、酸、醇、浓五大特点，行销全国各地，成为传统的调味佳品。

永春老醋有验效

福建永春老醋，是全国四大名醋之一。以优质糯米、红糟、芝麻等原料，用独特配方、精工发酵、陈酿多年而成。具有色泽棕黑、酸中带甘、醇香爽口、久藏不坏等特点。既是质地优良的调味品，又具有开脾健胃、祛湿杀菌的功能。民间除食用外，还常用它配药制药，是治疗皮肤病、腮腺炎、肠道蛔虫、痈疽肿毒、高血压、感冒、关节炎等的良药。据传说：宋宁宗时，永春桃源里湖阳（今永春湖洋镇）庄夏考取进士，累官太常博士、迁国子博士，在学士院兼太子侍读。一次太子患腮腺病，庄夏用家乡人送去的老醋调药涂抹，果有显效。宋宁宗皇帝得知此事后，大加赞赏庄夏。并亲验永春老醋，顿觉酸中带香。其时宁宗龙体因饮食欠安，常常腹胀气滞，食欲不振，御医想尽办法也未能奏效。他听了庄夏介绍永春老醋的功效后，就在自己的三餐中增添了永春老醋作调味。没过几天，宁宗龙体转安。从此以后，宁宗御膳中总要放上一壶永春老醋。永春老醋由此扬名，成为传统名醋。

保宁醋传说真动人

保宁醋是全国四大名醋之一，拥有着"国醋"美誉的老字号品牌，最初商标是"一只鞋"。因为保宁醋的创始人是山西来的一个叫索义廷的难民，他衣衫褴褛，一脚赤足，一脚穿鞋，故酿造出的醋叫"一只鞋"。后来，人们嫌这名字太土气，改名为"保宁醋"。保宁醋不仅以酸味适度、醇香适口的特点受到人们欢迎，而且更以营养丰富、防病治病的功效流传着十分动人的传说。

汉建武五年，开国元勋，云台二十八将之一，"大树将军"冯异奉光武帝刘秀之命，率部北上抗击匈奴。军中将士不服北方水土，病者无数，军心浮动，难以抗敌。冯异急命从内地运醋千担，令全军用醋佐餐。果然没过几天，病情全都有了好转，恢复了健康。重振了军威，大获全胜。三国蜀名将张飞镇守阆中时嗜酒，常喝得酩酊大醉，左右便使用保宁醋制成"醒酒汤"给张飞解酒，果真见效，以醋解酒之方至今仍被采用。清末及民国年间，阆中醋业把每年阴历四月初一定为"醋节"。这天，凡酿醋者必自动捐钱聚会，在塑有醋坛神姜子牙像的城南华光楼和锦屏山吕祖殿，搭台燃香点烛，虔诚跪拜祭祀，以求多酿好醋，生意兴隆。

第二篇　食醋知识知多少

醋是人们生活中必需的调味佳品，也有很多理由让您喜欢吃醋。可一旦您对食醋知识缺乏或不甚了解时，也许对您的健康有着一定的影响。为此，本篇简要介绍了醋的种类、醋的食用类型、醋的选购技巧、醋不宜搭配的食物以及哪些人不宜吃醋的小知识。

1. 醋的种类

食醋由于酿制原料和工艺条件不同，风味各异。

若按制醋工艺可分为：酿造醋和人工合成醋。酿造醋又可分为米醋（用粮食等原料制成）和糖醋（用饴糖、糖渣类原料制成）两类。米醋，根据加工方法的不同，可再分为熏醋、香醋、麸醋等；人工合成醋又可分为色醋和白醋（白醋可再分为普通白醋和醋精）。

若按原料处理方法来分：有生料醋和熟料醋。生料醋，即粮食原料不经过蒸煮糊化处理，直接用来制醋；熟料醋，即经过蒸煮糊化处理后酿制的醋。

若按制醋用糖化曲来分：则有麸曲醋、老法曲醋之分。

若按醋酸发酵方式来分：则有固态发酵醋、液态发酵醋和固稀发酵醋之分。

若按食醋的颜色来分：则有浓色醋、淡色醋、白醋之分。

若按风味来分：陈醋的醋香味较浓；熏醋具有特殊的焦香味；甜醋则添加有中药材、植物性香料等。

2. 醋的食用分类

随着人们对醋的认识，醋已从单纯的调味品发展成为烹调型、佐餐型、保健型和饮料型等系列。

✦烹调型：这种醋酸度为5％左右，味浓、醇香，具有解腥去膻助鲜的作用。对烹调鱼、肉类及海味等非常适合。若用酿造的白醋，还不会影响菜原有的色调。

❖佐餐型：这种醋酸度为4％左右，味较甜，适合拌凉菜、蘸吃，如凉拌黄瓜，点心，油炸食品等，它都具有较强的助鲜作用。这类醋有玫瑰米醋、纯酿米醋与佐餐醋等。

❖保健型：这种醋酸度较低，一般为3％左右。口味较好，每天早晚或饭后服1匙（10毫升）为佳，可起到强身和防治疾病的作用，这类醋有康乐醋、红果健身醋等。制醋蛋液的醋也属于保健型的一种，酸度较浓为9％。这类醋的保健作用更明显。

❖饮料型：这种醋酸度只有1％左右。在发酵过程中加入蔗糖、水果等，形成新型饮料，被称之为第四代的醋酸饮料（第一代为柠檬酸饮料、第二代为可乐饮料、第三代为乳酸饮料）。具有防暑降温、生津止渴、增进食欲和消除疲劳的作用，这类饮料型米醋尚有甜酸适中、爽口不黏等特点，受人们喜欢。其中有山楂、苹果、蜜梨、刺梨等浓汁，在冲入冰水和二氧化碳后就成为味感更佳的饮料了。

3. 了解四大名醋特点

（1）镇江香醋

镇江醋又称镇江香醋。"香"字道明镇江醋比起其他种类的醋来说，重点在有一种独特的香气。镇江醋属于黑醋、乌醋，以"酸而不涩，香而微甜，色浓味鲜，愈存愈醇"等特色居四大名醋之一。

（2）山西老陈醋

老陈醋产于清徐县，为我国四大名醋之一。老陈醋色泽黑紫，质地浓稠，除具有醇酸、清香、味长三大优点外，还有香绵、不沉淀、久存不变质的特点。不仅是调味佳品，且有较高的医疗保健价值。

（3）四川阆中保宁醋

保宁醋有近400年历史，是唯一的药醋，素有"东方魔醋"

之称，1915年曾在"巴拿马太平洋万国博览会"与国酒茅台一并获得金奖，从而奠定了其在中国四大名醋中的地位。

（4）福建永春老醋

早在北宋初年，永春民间即开始酿造老醋，其酿造技术独特，以优质糯米、红曲、芝麻等为原料，用独特配方，经过精工发酵、陈酿多年而成。它具有色泽棕黑、酸中带甘、醇香爽口、久藏不腐等特点。老醋既是质地优良的调味品，又兼有治病妙用，可防治腮腺炎、胆道蛔虫、感冒等疾病。

4. 醋是碱性食品

许多人都以为醋是酸性食品，只敢用少许来调味，不敢拿来当饮料大量饮用，因而错失了醋的妙用。

其实，辨别食品的酸碱性，并不是靠味觉，而是要经过灼烧后再用溶液或试纸测试。醋经过科学实验证明，虽然喝起来是酸味的，但是经过体内"燃烧"之后，能在2小时内分解排除血液中的乳酸与丙酮酸，使血液恢复正常的弱碱性，确实是碱性食品，也是活力之泉。

5. 醋的选购有技巧

（1）选购优质醋的小技巧

醋以酿造醋为佳，其中又以米醋最好。

一看：醋瓶子的标签上有"QS"质量认证的标志字样。

二看：标有"酿造"字样。一般来说，"酿造"是指这类醋是由大米或高粱酿造而成。

三看：好醋的颜色应该是琥珀色、棕红色、红褐色。一般大米酿造的醋颜色偏浅，高粱酿造的醋颜色偏深，糯米酿造的醋为深棕色。

四看：好的醋颜色清澈，无杂质，不浑浊。

五晃：把醋瓶子拿起来摇晃震荡后，泡沫不会很快消失。

六闻：优质醋具有酸味芳香，没有其他气味。

七尝：优质醋酸度虽高但无刺激感、酸味柔和、稍有甜味、不涩、无其他异味。

（2）劣质醋的特点

①添加劣质色素调配色泽，由于劣质色素具有腐蚀性，会在包装容器上留下渍痕。

②添加香精调香，目前尚没有能较好体现天然醋香的香精产品，调香结果常常形成异味，一闻便知。

③以工业醋酸代替食用醋酸。由于工业醋酸本身含有各种杂质，常会使产品带有金属味、塑料味等异味，或形成刺鼻、倒牙等感觉。

④微生物严重超标，表现为腐败气味，酸味消退，浑浊等。

⑤浓度不够，表现为味道浅淡，不耐储存，易于霉坏。

6. 哪些人不宜吃醋

醋虽有许多益处，但若食用不当，也会带来害处。以下人群是不宜食醋的。

✦胃酸过多的人或胃溃疡患者。因醋对胃黏膜产生的刺激作用较强，容易引起胃痛等不适。

✦痛风患者。因醋为酸性调料，不利于血尿酸的排泄。

✦正在服用某些西药者。因为醋酸能改变人体内局部环境的酸碱度，从而使某些药物不能发挥作用。

✦对醋过敏者。食醋会导致这类人身体出现过敏而发生皮疹、瘙痒、水肿、哮喘等症状。

✦低血压者。患低血压的病人食醋会导致血压降低而出现头痛头昏、全身疲软等不良反应。

✦骨折的老年人在治疗和康复期间不宜食醋。醋由于能软化骨骼和脱钙，破坏钙元素在人体内的动态平衡，会促发和加重骨质疏松症，使受伤肢体酸软、疼痛加剧，骨折迟迟不能愈合。

✦坐月子期间则应避免喝醋。因为母体历经怀孕、生产这样重大的体质调整过程，需要时间调理，醋可能诱发的排毒过程，会让虚弱的母体更加不适。

7. 醋不宜搭配的食物

这里说的醋不宜搭配的食物，是指营养方面受到了损失或使菜口感改变。如果你喜欢加醋食用，尽管享受醋的美味吧。

✤醋不宜与牛奶搭配

醋中含有醋酸及多种有机酸，牛奶是一种胶体混合物，具有两性电解质性质，而且其本身也有一定的酸度。两者配在一起，易使牛奶中的胶体混合物凝集和沉淀，不利于营养的吸收，且易引起消化不良和腹泻。所以，古人才有"奶与酸物相反"的说法。所以，在饮用牛奶或奶粉后，不宜立即食醋。

✤醋不宜与羊肉搭配

醋的性质温和，可以消肿活血，羊肉属大热之物，二者同食，易使火气更大。尤其平常心脏功能不好及血液病患者更应注意。因为羊肉火热，功能益气补虚；醋中含蛋白质、糖、维生素、醋酸及多种有机酸，其性酸温，消肿活血，应与寒性食物配合，与羊肉不宜。

✤醋和胡萝卜不宜搭配

炒胡萝卜不宜加醋。因为胡萝卜含有大量胡萝卜素，被人体吸收后会转化成维生素 A。维生素 A 可以维持眼睛和皮肤的健康，皮肤粗糙和夜盲症的人就是缺少维生素 A 的缘故，若加入醋，会使胡萝卜素受到破坏，所以不要用醋来炒。

✤醋与海参不宜搭配

醋性酸温，海参味甘、咸，性温。海参就其成分与结构而言，属于胶原蛋白，并由胶原纤维形成复杂的空间结构，当外界环境发生变化时（如遇酸或碱）就会影响蛋白质的两性分子，从而破坏其空间结构，蛋白质的性质也随之改变。如果烹制海参时加醋，会使蛋白质的空间结构发生变化，蛋白质分子便会出现不同程度的凝集、紧缩。这时的海参吃起来口感发艮，味道差。

✤醋与味精不宜搭配

在菜肴中加入醋较多时，尤其是以酸味为主的菜肴，如咸酸菜肴、糖醋菜肴，添加味精，其呈鲜效果较差。即使改用特鲜味精，其呈鲜效果也改善不了。因为味精中主要成分是谷氨酸钠，同时还含有少量的肌苷酸和鸟苷酸。核苷酸类呈鲜物质在酸性条件下，加热煮沸，容易水解成无鲜味的物质，失去协同作用。所以，加醋过多的菜肴都不宜加放味精。

醋 的趣闻趣事

杜康造酒儿造醋

据民间传说，在两三千年前，我国山西运城境内，有位贤人叫杜康，因擅长造酒，被人誉为"酒仙"。他和家人在此地经营着一个小酒坊，由儿子黑塔打下手。一日，他外出时把酿酒事宜交给儿子黑塔照料。三个星期后，他回来发现贪玩的儿子忘了叮嘱。于是，他打开发酵的大缸，一股酸气冲鼻而来，好难闻！家里人都说："快倒掉吧，要不得！"黑塔却说："反正酒能喝，这酒糟水是吃不死人的，让我试一试。"他用舌头尖尝了尝那黄水，酸溜溜的，觉得还不坏。他便淋出装缸，分发给附近的乡亲们都尝尝。结果大家都说：这味道真不赖！酸中带甜，颇为可口。于是墨塔便把"廿一日"加一"酉"字，给这种酸水起名为"醋"。从此，"杜康造酒儿造醋"的说法便在山西地方流传开来。

刘伶元妻造醋说

民间相传，醋的发明始于晋刘伶之妻吴氏。刘伶为竹林七贤之一，嗜酒如命，曾作《酒得颂》，自称"惟酒是物，

19

焉知其余。因为刘伶爱喝酒，吴氏就学了一手酿米酒的好手艺。酿出的酒色泽艳丽，香甜可口，非常诱人。不仅满足刘伶自饮，还常赠送他的一些文友和亲朋邻里享用。

由于刘伶喝酒到了嗜酒成瘾，痴狂成性的地步，为此经常耽误事情，同时饮酒也严重地伤害了身体。于是吴氏想尽办法要阻止刘伶饮酒。吴氏在酿米酒时将盐梅投入酒中，经过三七二十一天发酵，开盖后酸气扑鼻，抿嘴一尝，酸中带甜。待到刘伶品饮时，酸不溜秋的，怎么是这个味道啊。就问妻子是不是发过了头，变成酸酒了。吴氏一五一十地告诉给刘伶这酸酒的来历。刘伶听罢，不但没有质备妻子，反而说道："你无意中发明了酸味调料。以前没有酸味调料，都是用盐梅调酸味。以后咱就按这个方法酿酸米酒，用来作烹饪调味，何不更好。"就这样，吴氏为阻止刘伶喝酒，竟阴差阳错的发明了醋。

老子造醋的传说

我国古代伟大的哲学家和思想家、道家学派创始人，被唐朝帝王追认为李姓始祖的老子在京都洛阳居住，圣人孔子一生曾多次前去向老子问礼。有一次当孔子谈及京都缺乏森林，金、木、水、火、土五行缺木时，老子直言正在考虑此事，只是没有良策对付。孔子及由五行联想到五味，酸甜苦辣咸中，酸味可补五行中木的缺乏，对人体大有裨益。老子一听，特别高兴。于是老子决定造醋。

好水酿好酒，好水酿好醋。老子选址于嘉善里造醋。因哪里有甘甜的菏泽泉水。经过九九八十一次试验，终于造出了醋。老子也因此被誉"醋祖"。当时，醋造成后，因量少，只作为贡品奉献于宫廷。传说中的老子炼仙丹，济世救人，实则造醋食疗治病，最早把醋用于治疗人体疾病。

第三篇 防病治病食醋方

醋不仅能调和菜肴滋味，增加鲜香，还有诸多药用。早在汉代张仲景所著的《伤寒杂病论》中，就有用醋来治疗疾病的记载，并称醋为"苦酒"。《本草纲目》里也记载了醋的药用功效："大抵醋治诸疮肿积块，心腹疼痛，痰水血病，杀鱼肉菜及诸虫毒气，无非取酸收之意，而又有散瘀解毒之功。"《本草备要》记述："醋，可除湿散瘀解毒下气、消食开胃。"相传清代乾隆皇帝每晚临睡前也会饮一杯醋，作为长寿的"御方"之一，颇有疗效。

中医认为酸入肝，肝主血。许多妇科病由肝经不舒引起，醋味酸，专入肝经，能增强药物疏肝止痛作用，并能活血化瘀，疏肝解郁、散瘀止痛。为此，本篇为大家收录整理了百余种颇有验效的食醋疗方，供大家对症选用。

忠告：食疗醋方虽然灵验，但不一定适合每个人，应当慎重行之，或在医生指导下服用。

醋姜水——治胃痛

原料：生姜 10 克，食醋适量。

制法：

1. 生姜洗净污泥，控干水分，切末。

2. 坐锅点火，添入适量清水烧开，放入生姜末煮出味。

3. 加入食醋调匀，即可饮用。

食用方法：趁热饮用，一次服完。

提示：

1. 选用干姜效果才佳。

2. 一定要把干姜的味道煮出来。

适用人群：适用体虚寒冷时引起的胃痛患者。

醋煎地榆——治疗白带

原料：米醋 50 克，地榆 50 克。

制法：

1. 地榆用温水洗净，控干水分。

2. 砂锅上火，添入适量清水烧沸。

3. 倒入米醋，加入地榆，以小火煎煮 20 分钟，即成。

食用方法：每日 1 剂，温热服之。

提示：

1. 地榆以条粗、质坚、断面粉红色者为佳。

2. 必须用小火煎煮。

适用人群：适宜于血热月经周期过多、血热崩漏者。

皂角刺醋汁——清热解毒

原料：米醋 100 克，皂角刺 30 克。

制法：

1. 将皂角刺用温水洗去表面灰分。

2. 净砂锅坐火上，倒入米醋。

3. 放入皂角刺同煎，去渣取浓汁，备用。

提示：

1. 以片薄、色棕紫、切片中间棕红色者为佳。

2. 煎制时用小火，防止把醋熬干。

食用方法：每次 20 克，每天 2 次。

适用人群：适用于面部有粉刺的人。

万年青醋汁——清热解毒

原料：食醋 100 克，鲜万年青根茎 40 克。

制法：

1. 将鲜万年青根茎洗净，切碎。

2. 取一消毒容器，装入万年青根茎捣碎，加入食醋。

3. 加盖浸泡 48 小时，过滤，去渣取汁饮用。

提示：

1. 鲜万年青根茎必须洗净。

2. 如果选用的是干万年青根茎，以干燥、大小均匀、色红者为佳，其用量也要减半，浸泡时间也需长些。

食用方法：每次 10 克，每天 3 次。

适用人群：适用于白喉心肌炎患者。

猪骨糖醋饮——散瘀解毒

原料：米醋 200 克，鲜猪脊骨 50 克，红糖、白糖各 20 克。

制法：

1. 将鲜猪脊骨洗净，焯水。

2. 坐锅点火，放入猪脊骨、米醋、红糖和白糖。

3. 以大火煮沸，转小火煮半小时，取汁饮用。

提示：

1. 猪脊骨定要进行焯水处理，以去净血污。

2. 煮制时必须小火。

食用方法：饭后服用，每日 3 次，成人每次 30～40 克，小儿每次 10～15 克，连服一个月为一疗程。

适用人群：适用于急慢性肝炎，症见胁肋急痛或隐痛、烦躁易怒、神疲乏力、纳差呕恶的患者。

醋炖骨头汤——补钙

原料：猪骨头 250 克，葱段、姜片、醋、精盐、味精各适量。

制法：

1. 将猪骨头洗净，用刀背砸碎。

2. 坐锅点火，添入适量清水，放入猪骨头、葱段、姜片和醋。

3. 以小火熬 2 小时至汤浓时，加精盐和味精调味，即成。

食用方法：每次饮汤 1 碗，每日 2～3 次。

提示：

1. 猪骨头敲碎再煮，骨髓易煮于汤中。

2. 把汤煮至浓白，功效才佳。

适用人群：适用于缺钙引起佝偻病的患者。

黄瓜蛋花汤——清热，利咽

原料：黄瓜 50 克，鸡蛋 1 个，精盐少许，醋适量。

制法：

1. 黄瓜洗净，切成薄片。

2. 将鸡蛋磕入碗内，用筷子充分调散。

3. 再加入黄瓜片和精盐调匀。

4. 最后倒入沸水冲成蛋花，加盖焖 3 分钟，调入醋，即可饮用。

提示：

1. 水必须烧沸，才能把蛋液冲成蛋花。

2. 根据自己的口味添加食醋。

食用方法：佐餐食用。

适用人群：适用于咽痛音哑、目赤目涩者。

萝卜山楂汤——润肠通便

原料：白萝卜 100 克，山楂 10 个，食醋适量。

制法：

1. 白萝卜刮洗干净，切成滚刀小块；山楂洗净，去蒂及

籽核。

2. 净砂锅坐火上，添入适量清水，放入山楂、白萝卜块和食醋。

3. 以大火烧沸，转中火煮熟即成。

提示：

1. 山楂必须洗净后去蒂。

2. 白萝卜切块不能太大。

食用方法：佐餐食用。

适用人群：适用于老年人便秘者。

糖醋马齿苋——解毒，驱虫

原料：鲜马齿苋200克，米醋30克，白糖适量。

制法：

1. 将鲜马齿苋择洗干净，切碎。

2. 坐锅点火，添入适量清水，放入马齿苋，煎取浓汁250克。

3. 去渣取汁，加入米醋和白糖调味，即成。

食用方法：日服1剂，分1～2次空腹温热服用，连用3天为一疗程。

提示：

1. 一定要将鲜马齿苋择洗净。

2. 米醋和白糖确定酸甜味，应根据自己的口味添加。

适用人群：适用于小儿钩虫病的患者。

炒洋葱胡萝卜——防癌抗癌

原料：胡萝卜、洋葱各100克，醋、精盐、香油、色拉油各适量。

制法：

1. 将胡萝卜、洋葱洗净，分别切成筷子粗的条。

2. 坐锅点火，放色拉油烧至七成热，倒入胡萝卜条和洋葱条炒至断生。

3. 加醋、精盐调味，淋香油，翻匀，出锅食用。

提示：

1. 原料切条要粗细均匀。

2. 喜欢吃脆的，加热时间短一点。

食用方法：佐餐，经常食用。

适用人群：适用于肝癌等各种癌症在早期和恢复期的辅助食疗，并可预防癌症的复发。

橘皮醋花生——理气，降压

原料：带壳花生 500 克，米醋 150 克，橘皮 50 克，精盐、茴香各少许。

制法：

1. 将橘皮和花生倒入砂锅内，并加适量水。

2. 用中火烧开 15 分钟后，加米醋、精盐和茴香。

3. 再改用小火煮 1 小时至水快烧干、花生已酥烂，捞出晒干透，贮存食用。

提示：

1. 花生壳表面有污泥，定要洗净。

2. 晒至干透，才容易保存。

食用方法：日服 2～3 次，花生每次食用 20～30 粒。

适用人群：适用于动脉硬化性毛细血管出血、血小板减少或无病因出血、高血压、慢性肾炎、喘咳、营养不良性水肿等。

醋蘸田螺——补钙

原料：田螺 500 克，醋、酱油、香油各适量。

制法：

1. 将田螺漂洗干净，控尽水分。

2. 坐锅点火，添入适量水烧沸，放入田螺煮熟。

3. 与此同时，用醋、酱油和香油在小碗内调匀成味汁。

4. 把田螺捞出，用牙签挑出螺肉，蘸醋汁食用。

提示：

1. 田螺必须清洗干净再煮。

2. 田螺肉一定要煮熟食用，以免发生中毒现象。

食用方法：佐餐，经常食用。

适用人群：适用于钙代谢失调引起的小儿软骨病及关节炎等。

醋拌芹菜——降低血压

原料：鲜芹菜 250 克，精盐、酱油、味精、香油、米醋各适量。

制法：

1. 芹菜洗净，下沸水锅中煮熟，捞出用纯净水过凉。

2. 把芹菜控尽水分，切成小段，放在小盆内。

3. 加入精盐、酱油、味精、米醋和香油拌匀，即成。

提示：

1. 芹菜整根煮熟，可保留更多的养分。

2. 煮好的芹菜速用纯净水过凉，色泽更绿，口感更脆。

食用方法：佐餐食用。

适用人群：适用于动脉硬化、高血压等老年病患者服用。

醋拌木耳豆腐——益气活血

原料：嫩豆腐 200 克，水发木耳 50 克，精盐、醋、香油各适量。

制法：

1. 水发木耳择洗干净，撕成小片。

2. 嫩豆腐切成小丁，用纯净水泡 5 分钟，沥去水分。

3. 将豆腐丁和木耳放在盘中，加精盐、醋和香油拌匀即成。

提示：

1. 精盐和香油提味，用量宜少。

2. 现吃现拌为好。

食用方法：佐餐食用。

适用人群：适用于治血管栓塞、心肌梗塞等患者，老年人可经常食用。

醋姜煎木瓜——治痤疮

原料：陈醋 100 克，木瓜 75 克，生姜 10 克。

制法：

1. 木瓜洗净，切片；生姜洗净，切片。

2. 砂锅坐火上，放入木瓜、生姜片和陈醋，以中火煎煮至醋干。

3. 取出生姜和木瓜食之。

提示：

1. 木瓜和生姜均不要去皮。

2. 煎煮时忌火太旺，否则，醋干而没有浸透原料，降低功效。

食用方法：每日 1 剂，早晚 2 次吃完。连用 7 日。

适用人群：适用于脾胃痰湿所致的痤疮患者。

醋煮红薯——瘦身消肿

原料：红薯 500 克，香醋 80 克。

制法：

1. 将红薯洗净，切成滚刀块。

2. 坐锅点火，加入适量清水烧开，放入红薯煮至八成熟。

3. 加入香醋一直煮至软熟，即可食用。

提示：

1. 红薯表面的黑斑要去除。

2. 红薯有黏性，煮时应勤搅拌，以免粘锅底。

食用方法：每天1次，分3次食用。

适用人群：适宜单纯性肥胖症，急慢性肾炎所引起的水肿的患者。

醋熘羊肝——补肝养血

原料：羊肝150克，干淀粉10克，醋、酱油、白糖、姜末、葱花、料酒、色拉油各适量。

制法：

1. 将羊肝洗净，切片入碗，加入干淀粉拌匀，待用。

2. 坐锅点火炙热，注色拉油烧至七成热，下葱花和姜末爆香。

3. 放入羊肝片爆炒变色，加入酱油、醋、白糖和料酒，炒熟即可。

提示：

1. 羊肝片应均匀粘上一层干淀粉。

2. 羊肝必须炒熟后食用。

食用方法：每日中、晚餐，佐餐食用。

适用人群：适用于小儿夜盲症、视物模糊、视力疲劳等患者。

醋拌五蔬——祛斑增白

原料：胡萝卜、白菜、卷心菜、黄瓜、南瓜各50克，精盐5克，醋适量。

制法：

1. 将胡萝卜、白菜、卷心菜、黄瓜、南瓜洗净，分别切成丝。

2. 把胡萝卜丝、白菜丝、卷心菜丝、黄瓜丝和南瓜放在一小盆内。

3. 加入精盐，拌匀腌 2 小时，再加醋拌匀，即成。

提示：

1. 各种蔬菜均要选用新鲜脆嫩的。

2. 加盐腌制的时间不能太长，以免失水太多。

食用方法：佐餐食用。

适用人群：适用于面部皮肤色素沉着的人。

醋姜炖木瓜——治产后缺乳

原料：木瓜 300 克，食醋 30 克，生姜 20 克。

制法：

1. 木瓜洗净，去皮，切成厚片；生姜洗净，切片。

2. 砂锅坐火上，放入木瓜、生姜片和适量水，以大火烧开，转中火炖 15 分钟。

3. 加入食醋略炖即可。

提示：

1. 喜欢吃脆脆的木瓜，时间短一点。

2. 食醋最后加入，不可久煮。

食用方法：分次服用。

适用人群：适用于病后体虚，产后乳少者。

醋炖木瓜肉——催乳

原料：木瓜 150 克，醋 100 克，五花猪肉 50 克，生姜 20 克，红糖适量。

制法：

1. 木瓜去皮切块；五花猪肉、生姜分别切厚片。

2. 坐锅点火，添入适量清水，放入醋、五花肉片和姜片。

3. 以中火煮熟后，加红糖调味，稍煮即可。

提示：

1. 嫌油腻者可选用肥三瘦七的猪肉。

2. 加红糖中和口味。

食用方法：分数次食用。

适用人群：适用于产后乳汁不下者。

姜醋白菜汤——解酒健胃

原料：白菜叶 300 克，醋、精盐、姜末各适量。

制法：

1. 白菜叶洗净，用手撕成小片。

2. 坐锅点火,添入适量清水烧沸,放入白菜片、精盐和姜末。

3. 以大火烧沸，转中火炖至白菜软烂。

4. 加醋调味即成。

提示：

1. 白菜叶用手撕比用刀切的更入味。

2. 醋的用量突出酸味即好。

食用方法：佐餐食用。

适用人群：适宜胃功能不佳和喝酒多的人。

米醋鳗鱼汤——滋阴润肺

原料：鳗鱼 250 克，米酒 30 克，米醋 15 克，白糖、精盐各少许。

制法：

1. 鳗鱼切成均匀的小块。

2. 坐锅点火炙好，放色拉油烧热，放入鳗鱼块煎上色。

3. 烹入米酒，加适量开水、精盐和白糖煮熟至汤白。

4. 再加米醋调味，即可出锅食用。

提示：

1. 鳗鱼块晾干表面水分再煎，不会粘锅。

2. 一定要倒入开水，炖出的汤色才浓白。

食用方法：佐餐食用，每2日1剂，分2次食用。

适用人群：适用于治疗肺结核、肠结核等患者。

红糖醋姜饮——抵抗荨麻疹

原料：醋200克，红糖、生姜各适量。

制法：

1. 生姜洗净污泥，放在清水中泡一段时间，取出去皮，切成细丝。

2. 坐锅点火，倒入醋，加入红糖和生姜丝。

3. 以中火烧沸后，转小火煎煮10分钟即可。

提示：

1. 生姜在清水中泡一泡，容易去净污泥。

2. 一定要用小火煎煮。

食用方法：对温开水服用。

适用人群：生姜、醋都具有强力的杀菌抑菌的作用，能有效地防治荨麻疹。

冰糖醋饮——祛癥

原料：食醋100克，冰糖250克。

制法：

1. 取广口玻璃瓶用开水烫洗后，倒扣控干水分。

2. 先把冰糖装入瓶内，再倒入食醋。

3. 加盖封口，静置至冰糖溶化即可。

提示：

1. 洗过的玻璃瓶一定要控干水分。

2. 静置期间摇晃几次，促使冰糖和醋均匀融合在一起。

食用方法：每日3次，每次10克，饭后服用。

适用人群：适用于高血压偏于阴虚和血脉瘀滞者。

醋泡葛根姜豆——降压降糖

原料：醋 400 克，黄豆 50 克、生姜 25 克，葛根 15 克。

制法：

1. 黄豆洗净，用清水泡 12 小时至涨透，上笼蒸 5 分钟，取出放凉。

2. 生姜洗净，切片，放在容器中。

3. 再放入葛根和黄豆。

4. 最后倒入醋，加盖封口，放到阴凉处泡 10 天即成。

提示：

1. 黄豆一定要泡涨后再蒸。

2. 要注意放料顺序。因为在泡制过程中姜片会浮到上面。

食用方法：每天早晚各 1 次。每次食黄豆 10～20 粒，生姜 2 片。

适用人群：适宜糖尿病、高血压人群食用。

醋泡黄豆——瘦身降压

原料：黄豆 100 克，香醋 200 克。

制法：

1. 黄豆拣洗干净，晾干水分。

2. 坐锅点火，放入黄豆用文火炒至熟，盛出待用。

3. 取一干净消毒的容器，装入炒好的黄豆，倒入香醋，加盖浸泡 10 天即成。

提示：

1. 选用优质饱满、无虫蛀、无霉味的黄豆。

2. 黄豆炒过后再泡，容易吸足醋液，增强功效。

食用方法：每日 2 次，每次适量食用。

适用人群：适宜肥胖症、高脂血症、脂肪肝等患者。

醋泡黑豆——降压、明目

原料：黑豆、陈醋、蜂蜜适量。

制法：

1. 黑豆洗净，晾干水分。

2. 坐锅点火，放入黑豆，用中火干炒至皮都爆开后，转小火再炒五分钟，盛出晾凉。

3. 把晾凉后的黑豆放入一个有盖子的容器内，倒入陈醋没过黑豆。

4. 加盖浸泡至黑豆把所有的醋都吸收了，取出加上蜂蜜，拌匀即可食用。

提示：

1. 黑豆炒干后，更能充分吸收醋液。

2. 现吃现加蜂蜜调味。

食用方法：每次3～5粒，坚持食用才有效。

适用人群：适用便秘、高血压、高血脂和看电脑、电视时间长引起的视力下降、眼睛疼痛干涩、头晕头痛者。

醋泡花生米——清脂减肥

原料：花生米150克，香醋250克。

制法：

1. 将花生米洗净，晾干水分。

2. 把花生米装入瓶内，倒入香醋。

3. 加盖密封，浸泡10天，即可食用。

提示：

1. 不要选用长出芽尖、中间有一条黑线的花生米。

2. 花生米表面有灰分，必须用清水漂洗后再泡。

食用方法：每天1次，每次吃10粒花生米，早餐空腹食用。

适用人群：适宜肥胖症、动脉硬化、高血脂症等患者。

醋泡香菇——改善高血压

原料：干香菇50克，醋250克。

制法：

1. 干香菇用温水泡透，洗净待用。

2. 将香菇放入盛器内，倒入醋浸泡。

3. 放冰箱冷藏30天，即可食用。

提示：

1. 泡透的香菇一定要漂洗干净。

2. 泡制时间要够，让香菇浸透醋液。

食用方法：随餐食用。

适用人群：适宜高胆固醇、高血压和动脉硬化患者。

葱醋粥——发汗解毒

原料：大米50克，连根葱白20克，米醋10克。

制法：

1. 将连根葱白洗净，切成小段；大米淘洗干净。

2. 坐锅点火，添入适量清水烧开，加入大米和葱白段，以中火熬半小时至成稀粥。

3. 加入米醋调匀，即可食用。

提示：

1. 葱白的根须内易夹有泥沙，一定要清洗干净。

2. 要趁粥滚烫时加入米醋食用。

食用方法：以上为1次量，每日1~2次，连用2天。

适用人群：适用于小儿风寒感冒等患者。

花生米醋粥——安神催眠

原料：大米、花生米各20克，醋15克，嫩花生叶10克。

制法：

1. 大米和花生米用清水淘洗干净；花生叶洗净，切碎。

2. 汤锅上火，添入适量水烧开，放入大米和花生米煮为稀粥。

3. 再加入花生叶和醋，稍煮即成。

提示：

1. 切忌选用有霉味的花生米。

2. 放入醋后必须搅匀。

食用方法：每晚睡前食用。

适用人群：适用于神经官能症心悸、失眠的人。

姜葱醋粥——治感冒

原料：糯米 50 克，生姜 10 克，连须葱白 10 克，食醋适量。

制法：

1. 将葱白、生姜洗净，分别捣碎。

2. 坐锅点火，添入适量清水烧沸，下入糯米、生姜碎和葱白碎。

3. 以中火煮至米烂汤稠，加食醋调匀即成。

提示：

1. 也可将姜拍松，同葱白一起煮粥，这样方便于拣出。

2. 加醋量以适合自己的口味为佳。

食用方法：趁热食用，每日 2 次。吃完粥后盖被入睡，以微微出汗为佳。

适用人群：可用于治疗感冒初起，头痛发热，怕冷，周身酸痛，鼻塞流涕，也用于年老体虚的感冒患者。

花椒醋饮——安蛔驱虫

原料：醋 100 克，花椒 3 克。

制法：

1. 把花椒内的杂质拣净，待用。

2. 坐锅点火，倒入食醋，加入花椒。

3. 以小火煮沸 5 分钟，离火放凉，去渣取汁，饮用。

提示：

1. 选用干燥、味正的花椒。

2. 煎煮时定要用小火，以免把醋煮干。

食用方法：每天 3 次，每次 20 克。

适用人群：适用于胆道蛔虫引起的腹痛患者。

花椒醋丸——治呃逆

原料：面粉 50 克，醋 30 克，花椒 25 克。

制法：

1. 花椒拣净杂质，入锅焙焦脆，研成细末，过箩待用。

2. 将花椒粉与面粉放在一起混匀。

3. 加入醋调成稠糊。

4. 做成豌豆大小的丸，贮瓶存用。

提示：

1. 花椒忌用大火，以免炒煳。

2. 面粉的用量不要太多，否则，功效降低。

食用方法：每次 15 粒，温开水送服。

适用人群：适宜呕吐者服之。

醋炙花椒——治腹泻

原料：醋 200 克，花椒 50 克。

制法：

1. 花椒拣净杂质。

2. 坐锅点火，放入醋及花椒，以中火煮至醋尽，再转慢火焙干。

3. 把花椒放在案板上擀成细末，存瓶待用。

提示：

1. 焙干时必须用小火，以免外煳内湿。

2. 花椒末要密封存放，以免降低功效。

食用方法：每次取 6 克，黄酒或米汤送下。

适用人群：适用于慢性腹泻患者。

醋泡姜——治消化不良

原料：醋 150 克，生姜 50 克。

制法：

1. 生姜洗净，切片待用。

2. 把生姜片放在一消毒容器内。

3. 倒入醋，加盖浸泡 24 小时即成。

提示：

1. 生姜表面污泥洗净即可，不需去皮。

2. 如果选用的是干姜，泡的时间长一些。

食用方法：每次取 3 片生姜，加入少许红糖，以沸水冲泡，代茶温饮。

适用人群：适宜小儿消化不良的儿童。

香油蜜醋饮——治慢性咽炎

原料：食醋 50 克，蜂蜜 50 克，纯芝麻油 25 克，白开水 80 克。

制法：

1. 蜂蜜、食醋和纯芝麻油放在一杯内。

2. 加入白开水调匀，待用。

3. 不锈钢小锅置于火上，倒入调匀的醋汁烧沸，盛出晾凉即可。

提示：

1. 选用纯正的芝麻油，功效才佳。

2. 加热时烧沸即可。

食用方法：每天早晚空腹时含一大口，缓缓咽下，一般 3～5 天可见疗效。

适用人群：适用患有慢性咽炎的老年人。

梅茶醋饮——消食、止痢疾

原料：茶叶 10 克，盐水梅 1 枚，醋适量。

制法：

1. 将茶叶和盐水梅一起放入杯中。

2. 冲入开水泡 10 分钟。

3. 取茶梅汁与醋混匀，即可饮用。

提示：

1. 冲泡的时间长一些，让盐水梅的味道泡出来。

2. 茶梅汁已有酸味，加醋要适量。

食用方法：每日 3 次。

适用人群：适用于血痢患者和食欲不佳者。

醋泡樱桃——缓解眼疲劳

原料：鲜樱桃 100 克，米醋 250 克。

制法：

1. 樱桃去蒂，用温水洗净，控干水分。

2. 取一广口玻璃瓶，装入樱桃。

3. 倒入米醋浸泡，加盖封口 1 周即成。

提示：

1. 洗涤樱桃时不要将果蒂去除，以免脏水滞留在蒂上。

2. 樱桃一定要控干水分。

食用方法：每早晚各喝 1 次，每次 20 克左右。

适用人群：经常出现眼疲劳、手指关节、手腕等部位酸胀疼痛的电脑族。

醋腌洋葱——排毒养颜

原料：洋葱 200 克，醋 100 克。

制法：

1. 洋葱剥去外皮，洗净切薄片。

2. 洋葱片放到微波专用盘中，入微波炉里中火加热 3 分钟，取出。

3. 把洋葱放到容器里，加入醋拌匀，腌约 1 天，即可食用。

提示：

1. 洋葱片烤至微干即可。

2. 腌制时间以洋葱片吃透醋液为佳。

食用方法：每天早餐佐餐食用。

适用人群：适用高血糖患者和面部生老年斑的人。

醋腌莴叶洋葱——治疗便秘

原料：洋葱、莴苣叶各 100 克，苹果醋适量。

制法：

1. 洋葱剥去外皮，洗净，切成薄片。

2. 莴苣叶洗净控水，用手撕成小片。

3. 洋葱片和莴苣叶一同装入容器内，倒入苹果醋，加盖腌制约 1 天即可。

提示：

1. 莴苣叶放在洋葱下面，并按实。

2. 加醋量没过洋葱即可。

食用方法：每天早、中、晚佐餐食用。

适用人群：适用经常便秘和失眠的人和高血压患者。

醋炒馒头——开胃止痛

原料：馒头 1 个，米醋 100 克。

制法：

1. 将馒头表层硬皮撕去，切成小块。

2. 坐锅点火，放入馒头块和米醋。

3. 用铲子不断翻炒至金黄，即成。

提示：

1. 要用小火慢炒。

2. 应边炒边加醋，直至馒头金黄。

食用方法：每日 3 次，每次 15 克。

适用人群：适用于慢性萎缩性胃炎和胃部隐隐作痛者。

醋泡玉米——降低血压

原料：嫩玉米 100 克，食醋 200 克。

制法：

1. 坐锅点火，添入适量清水，放入嫩玉米煮熟，捞出控干水分。

2. 把嫩玉米装入容器内。

3. 加入食醋浸泡 24 小时即可。

提示：

1. 一定要选用嫩玉米粒。

2. 玉米粒必须煮熟，否则，食用时有生腥味。

食用方法：每日早晚各嚼服 20～30 粒，有明显降血压作用。

适用人群：适用于高血压患者。

醋煮鸭蛋——健脾消炎

原料：鸭蛋 2 个，醋 250 克。

制法：

1. 将鸭蛋表皮用温水洗净，控干水分。

2. 坐锅点火，倒入醋烧开。

3. 放入鸭蛋煮 3 分钟，取出磕破壳。

4. 再放入醋中煮熟即可。

提示：

1. 鸭蛋煮够 3 分钟，蛋白才能凝固。

2. 磕破蛋壳再煮，可使醋液渗透到鸭蛋内部。

食用方法：吃蛋喝醋。

适用人群：适用于有慢性肠炎的人。

糖醋白萝卜——止咳化痰

原料：白萝卜 150 克，白糖、米醋各适量。

制法：

1. 白萝卜刮洗干净，切成薄片，待用。

2. 将白萝卜片放入小盆中。

3. 加入米醋和白糖拌匀，腌 10 分钟即成。

提示：

1. 选用水分充足、脆嫩的白萝卜。

2. 喜欢大酸大甜口味的，可多加糖醋。

食用方法：每日 2 次，佐餐食用。

适用人群：适用于患有小儿伤食、肺热咳嗽、细菌性痢疾等的人。

醋煮桂莲枣——安神催眠

原料：桂圆肉、莲子仁、酸枣仁、米醋各 30 克。

制法：

1. 将桂圆肉、莲子仁和酸枣仁一起放入锅中。

2. 加入清水 500 克，以中火煮熟。

3. 加入米醋，再煮 5 分钟即成。

提示：

1. 酸枣仁以粒大饱满、有光泽、外皮红棕色、种仁色以黄白者为佳。

2. 一定要在原料煮熟后加入米醋。

食用方法：每晚服用 1 次，吃桂圆肉、莲子仁，并饮醋汁。经常服用有效。

适用人群：适用于晚间睡眠不实、心慌及心律不齐者。

单味米醋饮——治腹泻

原料：米醋 50 克，开水适量。

制法：

1. 取一干净的杯子，倒入米醋。

2. 再将开水倒入。

3. 用勺子调匀即成。

提示：

1. 水的温度不能低于 80℃。

2. 开水与米醋的比例以自己适合的酸味为度。

食用方法：频频服之。

适用人群：适用于食积泄泻者。

绿茶醋饮——清热解毒，祛黄

原料：醋 20 克，绿茶 2.5 克，开水 300 克。

制法：

1. 取一干净茶杯，放入绿茶和醋。

2. 徐徐倒入开水。

3. 加盖浸泡 10 分钟即成。

提示：

1. 绿茶品种多，可根据爱好选用。

2. 用醋量不要太大。

食用方法：每日 1 剂，分 3 次服完。

适用人群：适用于黄疸症，且面、目、身、尿鲜黄，并且食欲不振、恶心、神疲等。

醋泡李子——治腹泻

原料：李子 500 克，陈醋 500 克。

制法：

1. 李子用温水洗净，晾干表面水分，用小刀在表面划上刀口。

2. 取一个消毒的玻璃坛子，先装入李子，再倒入陈醋。

3. 加盖封口，泡约 1 个月即成。

提示：

1. 泡的时间长一些，功效才好。

2. 醋以陈醋为好。

食用方法：每次 1 个。

适用人群：中医说：酸有收敛作用。李子本身是酸的，醋也是酸的。两种酸性原料搭配在一起，收敛作用强。对于单纯性的腹泻，如受凉、消化不好的腹泻效果比较好。

醋泡蒜瓣——暖胃消积

原料：大蒜 100 克，米醋适量。

制法：

1. 大蒜分瓣，剥去外皮。

2. 取一个消毒的玻璃瓶子，先装入蒜瓣，再倒入米醋浸泡。

3. 加盖泡半个月即成。

提示：

1. 温度高一些，可缩短泡制时间。

2. 泡制时间以蒜瓣表面发绿为好。

食用方法：每日 3 次，每次 3～5 瓣蒜。

适用人群：适用于伤食腹泻者。

醋煎鸡蛋——治咳嗽

原料：鸡蛋1个，米醋、白糖适量。

制法：

1. 鸡蛋磕入碗里，用筷子充分搅拌均匀。

2. 坐锅点火，倒入米醋烧沸。

3. 再倒入鸡蛋液煎炒成熟。

4. 加入白糖炒匀，盛出凉后即成。

提示：

1. 必须选取新鲜的鸡蛋。

2. 加入白糖的量以成品透出甜味便可。

食用方法：每天早晚各吃1个，一般吃2次就可止咳。

适用人群：适用于寒冷引起咳嗽的患者。

醋烹黄瓜叶蛋——清热、解毒、止泻

原料：黄瓜叶适量，鸡蛋2个，米醋20克，精盐少许，色拉油20克。

制法：

1. 黄瓜叶洗净，切碎。

2. 鸡蛋磕入碗内，加入精盐调匀，再放入黄瓜叶拌匀，待用。

3. 坐锅点火，放入色拉油烧热，倒入鸡蛋液炒熟。

4. 顺锅边淋入米醋，翻炒均匀即成。

提示：

1. 要选用嫩黄瓜叶。

2. 不喜欢吃油腻的，把色拉油换成50克水。

食用方法：每日1次，佐餐食用。

适用人群：适用于湿热泄泻，症见泻而不爽、肛门灼热者。

醋煮葡萄——助消化、止呕

原料：葡萄、白醋适量。

制法：

1. 将葡萄洗净，用沸水略烫，撕去外皮。
2. 不锈钢小锅上火，倒入白醋，加入葡萄。
3. 盖上盖煮 5 分钟即成。

提示：

1. 选用刚熟透的葡萄。
2. 葡萄也可不去皮。

食用方法：吃葡萄喝醋，佐餐食用。

适用人群：适用于消化不良、呕吐等患者。

白糖醋饮——助消化，止呃逆

原料：白糖、醋各 20 克，清水适量。

制法：

1. 坐锅点火，倒入清水烧沸。
2. 加入白糖煮至溶化。
3. 再加入醋煮开，即可饮用。

提示：

1. 根据醋的酸度掌握好白糖的用量，使口味酸甜适中。
2. 醋加入后不可久煮。

食用方法：每日 1 次。

适用人群：适用于缺乏胃酸所导致消化不良，以及各种原因引起的呃逆的患者，胃火所致的呃逆更加有效。

醋煎豆腐——收敛、止泻

原料：豆腐 200 克，米醋 50 克，精盐少许，色拉油适量。

制法：

1. 豆腐切成 2 厘米见方、0.5 厘米厚的片。

2. 坐锅点火，放入色拉油烧热，撒入精盐，排入豆腐片煎至两面上色。

3. 淋入米醋，略煎即成。

提示：

1. 锅烧热再放油，这样煎豆腐不会粘锅。

2. 淋入米醋后，酸味出来即可出锅。

食用方法：空腹食用，日服 2 次，连服 5～7 天为一疗程。

适用人群：适用于腹泻反复不愈、时好时发及消化不良引起腹泻的患者。

醋炒豆腐——治咳嗽

原料：豆腐 250 克，醋 50 克，葱花 5 克，精盐 2 克，色拉油 30 克。

制法：

1. 豆腐放在碗中，用羹匙压成泥状。

2. 坐锅点火，注色拉油烧热，炸香葱花，加入精盐后，倒入豆腐，用铲子翻炒均匀。

3. 再加醋继续翻炒均匀入味，出锅食用。

提示：

1. 把锅烧热后放油炒制，这样豆腐泥不会粘锅。

2. 加醋后炒出酸味即可，不要久炒。

食用方法：趁热佐餐食用。

适用人群：适用于风寒咳嗽，咳痰稀白者。

芦荟醋汁——治咽炎

原料：米醋 400 克，冰糖 150 克，芦荟叶 2 片。

制法：

1. 芦荟叶削去表层薄皮，洗净，晾干表面水分，切成小块。

2. 将芦荟叶和冰糖一并装入醋瓶内。

3. 加盖浸泡 24 小时以上即成。

提示：

1. 芦荟有苦味，加工前应去掉绿皮。

2. 选用 9 度米醋和三年以上芦荟叶泡制，疗效较佳。

食用方法：将醋液含在口中慢慢细咽，1～2 小时含一次，每次 15 克左右。

适用人群：适用于慢性咽炎患者。

醋枣乌鸡蛋——祛血瘀

原料：乌鸡蛋 1 个，醋 15 克,酒 5 克,大枣 3 颗,清水 15 克。

制法：

1. 大枣洗净，控干水分，用手撕成小块。

2. 将乌鸡蛋磕入碗内，用筷子搅匀。

3. 再加入醋、酒和清水调匀,最后放入大枣,上笼蒸熟即可。

提示：

1. 醋和酒的用量宜少不宜多，否则味道太重。

2. 加水不要太多，否则，蒸时不能凝固成形。

食用方法：每日 1 剂，连服数剂。

适用人群：适于产后恶露不尽。

艾叶姜醋饮——止血、止痛

原料：米醋 90 克，干姜、艾叶各 9 克。

制法：

1. 将干姜、艾叶用温水洗去表面灰分，晾干。

2. 砂锅坐火上,添入适量水，放入干姜和艾叶，煎煮 20 分钟。

3. 捞出干姜和艾叶，再加入米醋煮片刻即成。

提示：

1. 干艾叶以下面灰白色、绒毛多、香气浓郁者为佳。

2. 水煎时不可用旺火，以免煎干。

食用方法：温热服之。

适用人群：适用于产后出血不止，头痛、肢体酸痛者。

糖醋杏仁蒜——化痰止咳

原料：紫皮大蒜 250 克，醋 250 克，白糖 100 克，甜杏仁 50 克，精盐 10 克。

制法：

1. 大蒜分瓣，去皮，用精盐拌匀腌 24 小时。

2. 甜杏仁去衣，捣碎，待用。

3. 将蒜瓣滤去盐水，与杏仁一起装入容器中。

4. 倒入白糖和醋，加盖浸泡 15 天后即成。

提示：

1. 大蒜先用盐腌过，以去除一些辣味。

2. 一定要选用甜杏仁。

食用方法：佐餐食用，每次 3～5 瓣。

适用人群：适用于受寒引发的慢性支气管炎、肺结核、小儿百日咳等患者。

香油醋蛋——益肺，止咳

原料：鸡蛋 2 个，香油 30 克，醋适量。

制法：

1. 鸡蛋磕破，放入碗中，用筷子调匀。

2. 坐锅点火，放入香油烧热，倒入鸡蛋煎熟。

3. 淋入醋，加热至汁尽即成。

提示：

1. 鸡蛋炒的嫩一些。

2. 加醋量适可而止。

食用方法：每日早、晚各吃 1 个。

适用人群：适用于慢性支气管炎患者和季节性哮喘患者。

甘草蜜醋饮——祛痰止咳

原料：蜂蜜 30 克，醋 10 克，甘草 6 克。

制法：

1. 甘草用温水洗净，放在砂锅中，加适量水煎 10 分钟，过滤取汁，待用。

2. 将蜂蜜和醋倒入杯中。

3. 倒入甘草汁调匀，即可饮用。

提示：

1. 甘草以皮细紧、色红棕、质坚实、断面色黄白、粉性足者为佳。

2. 醋的用量以品尝到甜味后微有酸味为好。

食用方法：每日早晚代茶饮。

适用人群：适用于久咳的人。

醋泡桂花生——活血化瘀，降压

原料：醋 500 克，花生米 200 克，鲜桂花 50 克。

制法：

1. 花生米、鲜桂花分别用水洗净，晾干表面水分。

2. 将桂花和花生米装在一容器内。

3. 倒入醋泡住，加盖浸泡 24 小时后即可取食。

提示：

1、如选用的是干燥桂花，则不需洗涤。

2. 泡制时间一定要够，使花生米吃透醋液。

食用方法：每日早晨服用花生米 10～20 粒。

适用人群：适用于冠心病、阴阳两虚者；症见心悸气短、心胸憋闷、疼痛、心烦多汗等。

炖醋鸡蛋——益肺止咳

原料：鸡蛋1个，醋25克。

制法：

1. 将鸡蛋磕入碗中，用筷子搅匀。

2. 再加入醋，充分调匀。

3. 汤锅上火，添入适量水烧沸，放入盛鸡蛋的碗，加盖，隔水炖10分钟即成。

提示：

1. 喜欢酸味的，可多加些醋。

2. 锅中的水不要太多，以免煮沸后溅入碗中，影响味道。

食用方法：每日1次，温热服食。

适用人群：适用于干咳痰少者。

醋煮韭菜虾——补虚助阳

原料：鲜河虾150克，鲜嫩韭菜50克，料酒、精盐、酱油、姜丝、醋、色拉油各适量。

制法：

1. 鲜河虾洗净，控干水分。

2. 韭菜拣好洗净，切成小段。

3. 炒锅上火，注色拉油烧热，爆香姜丝，倒入河虾煸炒变色。

4. 烹料酒，加韭菜、精盐、酱油和醋，翻炒至熟，出锅装盘。

提示：

1. 要用热油爆炒河虾。

2. 韭菜不可长时间受热，以免皮软塞牙。

食用方法：经常佐餐食用。

适用人群：适用于不育症、不孕症的患者。

醋烹白菜——治便秘

原料：大白菜 200 克，醋 25 克，精盐、香油、色拉油适量。

制法：

1. 大白菜洗净，横着切成条。
2. 坐锅点火，放色拉油烧热，倒入白菜条，边翻炒边淋入醋。
3. 待炒至断生，加精盐和香油调味，即成。

提示：

1. 先放醋可使口感更脆。
2. 用旺火快速翻炒，可避免出水。

食用方法：佐餐经常食用。

适用人群：适用于口干烦渴、大小便不利、肺热咳嗽等患者。

醋泡苦杏仁——治气管炎

原料：苦杏仁 100 克，醋 100 克，冰糖 50 克。

制法：

1. 取一干净容器，装入苦杏仁和冰糖。
2. 再倒入醋浸泡。
3. 盖好盖子，浸泡 3 月即成。

提示：

1. 要去药店购买苦杏仁，超市中的甜杏仁治疗功效很小。
2. 泡制时间越久，功效越好。

食用方法：每天清晨空腹服下 4 颗，另饮少许醋。

适用人群：适用于慢性气管炎患者饮用。

红糖醋腌大蒜——治气管炎

原料：大蒜 250 克，醋 250 克，红糖 100 克。

制法：

1. 大蒜分瓣去皮，入钵捣碎。

2. 取一干净容器，装入大蒜碎。

3. 再倒入红糖和醋，加盖晃匀，浸泡1周即成。

提示：

1. 大蒜捣碎后应立即用醋浸泡，以免变色。

2. 选用优质红糖为佳。

食用方法：每天3次，每次10克。

适用人群：适用于慢性气管炎患者饮用。

醋泡薏苡仁——祛斑美白

原料：米醋250克，薏苡仁150克。

制法：

1. 取一干净容器，装入薏苡仁。

2. 再倒入米醋。

3. 加盖密封10天，即成。

提示：

1. 薏苡仁以粒大充实、色白、无皮碎、带有清新香气者为佳。那些有哈喇味或者不正常味道的薏苡仁，可能是陈薏苡仁，也可能是化学药品熏制的，需谨慎购买。

2. 泡制时间不能太短。

食用方法：每日服醋液15克。

适用人群：适用于面部皮肤色素沉着、黄褐斑，面部有黑斑、扁平疣者。

醋泡葡萄干——降血压

原料：葡萄干50克，黑醋50克。

制法：

1. 取一干净容器，装入葡萄干。

2. 再倒入黑醋没过葡萄干。

3. 加盖浸泡 1 小时即成。

提示：

1. 葡萄干一般是直接可以吃的，不用清洗。

2. 天气热时可以放冰箱冷藏，这样可增加口感。

3. 葡萄干泡好后，最好沥去醋汁。否则葡萄干吸引过多醋汁，会影响口感和气味。

食用方法：每天 1 次，每次 30～50 粒。

适用人群：适用高血压、高血脂患者。

醋泡核桃仁——补血，养发

原料：醋 200 克，核桃仁 100 克。

制法：

1. 核桃仁去净硬皮，掰成小块。

2. 取一干净容器，装入核桃仁。

3. 再倒入醋，加盖浸泡 10 天即成。

提示：

1. 选用新鲜、无霉味的核桃仁。

2. 要用足够的时间把核桃仁泡透。

食用方法：每次 10 克核桃仁，并饮少量醋液。

适用人群：适用于头发花白、面色萎黄者。

蒜蓉醋汁——治肠胃炎

原料：米醋 50 克，大蒜 30 克。

制法：

1. 大蒜分瓣去皮，入钵捣成细蓉。

2. 蒜蓉入碗，加米醋调匀即成。

提示：

1. 蒜瓣定要捣成极细的蓉。

2. 如嫌醋味太浓，可加少许水稀释。

食用方法：每天 3 次，每次 15 克。

适用人群：适用于急性肠胃炎患者。

海带醋汁——治甲状腺肿大

原料：干海带 50 克，米醋适量。

制法：

1. 干海带泡透洗净，再次晾干。

2. 把干海带碾成粉末。

3. 用干净纱布包好海带末，放入米醋中浸泡 1 天即成。

提示：

1. 海带内夹藏的沙粒一定要洗净。

2. 也可将海带直接放在醋中泡制。

食用方法：每次 10 克左右。

适用人群：适宜甲状腺肿大、甲状腺肿瘤、淋巴肿瘤等患者。

老醋萝卜脆——润肠、排毒

原料：白萝卜 200 克，老陈醋、精盐、香油适量。

制法：

1. 白萝卜刮洗干净，切细丝。

2. 把白萝卜丝放在冰水中泡至发挺。

3. 捞出控水，与老陈醋、精盐和香油拌匀即成。

提示：

1. 白萝卜丝用冰水泡过，可去除一些辣味，增加脆的口感。

2. 现吃现拌最好。

食用方法：佐餐食用。

适用人群：适合消化不好的人，或不经常运动的人和高强度脑力工作者。

糖醋白菜丝——消除酒醉

原料：白菜心 200 克，白糖、醋各适量。

制法：

1. 白菜切成极细的丝。
2. 白菜丝入碗，加白糖和醋拌匀，即成。

提示：

1. 选用嫩白菜心更爽口。
2. 拌匀后即食口感脆，功效好。

食用方法：佐餐食用。

适用人群：极适宜酒醉的人食用。

良姜醋蛋——温养气血

原料：米醋 15 克，良姜 10 克，鸡蛋 2 个。

制法：

1. 将良姜研成细粉。
2. 鸡蛋磕入碗内搅匀，再加良姜粉调匀。
3. 坐锅点火炙热，倒入鸡蛋液炒熟成块。
4. 再淋入米醋炒匀即成。

提示：

1. 直接选用良姜粉也可。
2. 干锅炒制，不需放油。

食用方法：每次 1 个鸡蛋。

适用人群：适用产后血晕者。

醋姜猪手——催乳

原料：猪手 500 克，醋 400 克，生姜 100 克。

制法：

1. 猪手刮洗干净，切块焯水，控干水分。

2. 生姜刮去皮，切片。

3. 取一蒸碗，装入猪手块、姜片和醋，加盖，上笼蒸熟即成。

提示：

1. 猪手焯水以去净血污。

2. 蒸好后若放置一二周再食，则效更佳。

食用方法：分数日食完．

适用人群：适宜产后乳汁不下者。

茴香青皮醋饮——治月经失调

原料：醋250克，小茴香、青皮各15克。

制法：

1. 小茴香、青皮分别洗净，沥去水分。

2. 取一干净容器，装入小茴香和青皮。

3. 再倒入醋，加盖浸泡3天，即可饮用。

提示：

1. 青皮系橘幼果皮干制而成。以个匀、质硬、体重、肉厚、瓤小、香气浓者为佳。

2. 泡制时间越久越好。

食用方法：每次15～30克，每日2次。

适用人群：适宜经期先后不定、经色正常、无块行而不畅、乳房及小腹胀痛者。

醋溜大头菜——治妊娠呕吐

原料：大头菜250克，香菜20克，红辣椒1个，精盐、醋、香油各适量。

制法：

1. 大头菜洗净，切2厘米方块；香菜洗净，切段；红辣椒切末。

2. 坐锅点火，注色拉油烧热，放入辣椒末梢炸。

3. 倒入大头菜块翻炒至断生。

4. 再加入香菜段、精盐、醋和香油，翻炒入味，出锅装盘。

提示：

1. 此菜咸酸微辣，根据自己的口味控制好醋和辣椒的用量。

2. 选用质嫩的大头菜。

食用方法：佐餐食用。

适用人群：适合妊娠初期呕吐症状患者。

五味蜜醋饮——润肺止咳

原料：米醋 25 克，蜂蜜 25 克，北五味子 3 克。

制法：

1. 将北五味子放于杯内，加清水少许。

2. 再放入蜂蜜及米醋。

3. 隔水煮约 1 小时即可。

提示：

1. 北五味子以粒大肉厚、色黑紫、有油性者为佳。

2. 隔水煮时要加盖，以免滴入蒸馏水，影响功效。

食用方法：每日 1 次，饮汁，连用 30 日为 1 个疗程。

适用人群：可用于治疗久咳不愈、肺结核咳嗽者，老人慢性咳嗽等。

醋浸青萝卜——抗病毒、杀菌

原料：生青萝卜 200 克，米醋适量。

制法：

1. 将生青萝卜洗净，切成薄片。

2. 取一干净容器，倒入米醋。

3. 再放入青萝卜片浸泡 2 小时即成。

提示：

1. 青萝卜不要去皮，洗净即可。

2. 青萝卜片要厚薄均匀，以便同时泡透。

食用方法：食萝卜或饮醋 20 毫升。每日食 2～3 次。

适用人群：适用于流行性感冒患者，普通感冒患者亦可使用。

蜜醋腌洋葱——减肥

原料：洋葱 200 克，蜂蜜 20 克，精盐、醋各适量。

制法：

1. 洋葱去皮，切薄片，放在冷水中浸一会，沥尽水分。

2. 坐锅点火，倒入醋及精盐，加热至溶化，盛在容器内晾冷。

3. 加入蜂蜜和洋葱，腌 1 周即成。

提示：

1. 必须在醋汁晾冷后放入蜂蜜和洋葱。

2. 如果怕酸的，可增加蜂蜜的分量，或以苹果醋代替。

食用方法：每日早、晚各吃 1 次，每次大约吃 60 克。

适用人群：特别适合肥胖人士食用。

葱醋饮——治感冒

原料：葱白 25 克，醋 25 克。

制法：

1. 葱白洗净，切成碎末，与醋拌匀，待用。

2. 坐锅点火，倒入用醋拌好的葱末，然后炒热。

3. 加适量水煎 10 分钟，即可取汁饮用。

提示：

1. 选用老葱的葱白为佳。

2. 煎制时间勿长。

食用方法：每日 1 剂，趁热服完，服后汗出。

适用人群：适用于外感风寒者。

醋拌芹菜蜇皮——解毒、润肠、降压

原料：芹菜 100 克，水发蜇皮 50 克，精盐、味精、醋、香油各适量。

制法：

1. 芹菜洗净，切小段；水发蜇皮洗净盐分，切丝。

2. 将芹菜段和海蜇皮分别放在沸水中氽透，捞出过凉水，控干水分。

3. 芹菜段和海蜇皮放小盆内，加精盐、味精、醋和香油拌匀即成。

提示：

1. 蜇皮焯水时间不能过长，否则口感不佳。

2. 醋的用量以突出酸味即好。

食用方法：佐餐食用，量随意。

适用人群：适用于高血压病、高脂血症、疮疖肿毒、大便秘结者。

糖醋芹菜花生仁——降压消脂

原料：芹菜 100 克，花生 50 克，醋、白糖、精盐、香油各适量。

制法：

1. 芹菜洗净，切成 1 厘米长的小节，放沸水中焯至断生，捞出过凉，沥水。

2. 花生仁洗净泡涨，入水锅中煮熟，捞出待用。

3. 芹菜和花生仁放在一起，加醋、白糖、精盐和香油拌匀即成。

提示：

1. 喜欢香味浓一点的，花生仁可用油炸熟。

2. 调的味道微甜带酸即可。

食用方法：佐餐食用，量随意。

适用人群：适用于患有高血压病、高脂血症、血小板减少症、咳嗽少痰等患者。

醋拌芹菜苦瓜——降血糖

原料：芹菜100克，苦瓜100克，精盐、味精、醋、香油各适量。

制法：

1. 芹菜泽洗干净，斜刀切片。

2. 苦瓜洗净去瓤，剖成两半，斜刀切片。

3. 将芹菜片和苦瓜片分别放在沸水中氽透，捞出过凉水，控干水分。

4. 芹菜片和苦瓜片放小盆内，加精盐、味精、醋和香油拌匀即成。

提示：

1. 芹菜切片不要太薄。

2. 原料焯水时间以断生即可。

食用方法：佐餐食用，量随意。

适用人群：适用于糖尿病患者。

糖醋三丝——降压、清肠

原料：白菜心100克，鸭梨50克，山楂糕25克，白醋、白糖、精盐各适量。

制法：

1. 白菜心切成细丝，用精盐拌匀稍腌。

2. 鸭梨、山楂糕分别切成细丝。

3. 将白菜丝挤去水分，同鸭梨丝和山楂糕丝装在盘中。

4. 白醋和白糖放在一起调匀，淋在原料上即成。

提示：

1. 原料切丝要均匀且不能太粗。

2. 现吃现拌为佳。

食用方法：佐餐食用，量随意。

适用人群：适用于高血压病、高脂血症、习惯性便秘、单纯性肥胖症患者。

醋拌韭黄豆干——清热、补肾

原料：韭黄100克，豆腐干50克，香醋、精盐、香油各适量。

制法：

1. 韭黄择洗干净，切小段，用沸水略烫，摊开晾透。

2. 豆腐干切成与韭黄一样长的丝。

3. 韭黄与豆腐干放在一起，加香醋、精盐和香油拌匀即成。

提示：

1. 选用新鲜的豆腐干。若手摸有粘黏感，则不新鲜。

2. 韭黄烫的时间不要太长，否则会变软。

食用方法：佐餐食用，量随意。

适用人群：适用于眩晕症、腰腿痛、性欲低下者。

醋拌菠菜——润肠、补血

原料：菠菜100克，黑芝麻10克，醋、精盐、香油各适量。

制法：

1. 菠菜择洗净，放在沸水中烫熟，捞出用冷水浸凉。

2. 黑芝麻入锅炒至酥香，盛出待用。

3. 把菠菜挤干水分，切成5厘米长的段。

4. 把醋、精盐和香油放在小盆内调匀，放入菠菜段和黑芝麻，拌匀即成。

提示：

1. 菠菜烫的时间不要太长，否则会变软烂。

2. 菠菜段必须挤干水分再调味。

食用方法：佐餐食用，量随意。

适用人群：适用于贫血、习惯性便秘的人。

鱼腥草冲鸡蛋——治咳嗽

原料：鱼腥草 30 克、鸡蛋 1 个。

制法：

1. 将鱼腥草放在砂锅内，加适量水煎 20 分钟。

2. 鸡蛋磕入碗内，用筷子充分搅匀。

3. 倒入滚沸的鱼腥草汁冲成蛋花，即成。

提示：

1. 选用新鲜的鸡蛋。

2. 用滚烫的汁液冲鸡蛋，才能形成蛋花。

食用方法：1 次服下，1 日 1 次。

适用人群：此饮有清热、养阴、解毒之功效，适宜治疗胸痛和肺热咳嗽。

醋泡白芍——柔肝止痛

原料：白醋 200 克，白芍 50 克。

制法：

1. 白芍用温水洗净，控干水分。

2. 取一消毒容器，装入白芍。

3. 再倒入白醋，加盖浸泡 10 天即成。

提示：

1. 白芍以根粗长、匀直、质坚实、粉性足、表面洁净者为佳。

2. 浸泡时间要够，让白芍的有效成分充分溢于醋中。

食用方法：每日 1～2 次，每次 10 克。

适用人群：适用于血虚、痛经的女性，心情躁闷所致的肝郁胁痛、眩晕、头痛等患者。

醋腌海带——强健骨骼

原料：水发海带 150 克，醋 50 克。

制法：

1. 水发海带洗净，晾干水分，切成细丝。
2. 取一干净容器，装入海带丝。
3. 再倒入醋拌匀，腌 2 小时即成。

提示：

1. 海带易藏有沙粒，一定要洗净。
2. 如果想吃软糯的口感，腌的时间长一些。

食用方法：佐餐食用，每次 30 克。

适用人群：适宜软骨病、高血压等患者。

醋泡藕片——生津消渴

原料：鲜藕 250 克，醋 250 克，白糖 75 克。

制法：

1. 鲜藕洗净去皮，切成 1 厘米见方的小丁。
2. 藕丁用冷水浸泡半小时，控去水分。
3. 白糖和醋放在一容器中调匀，纳入藕丁泡 1 天即成。

提示：

1. 最好选用口感清脆的白莲藕。
2. 藕丁切的不要太大，否则不易入味。

食用方法：佐餐食用，量随意。

适用人群：适宜慢性萎缩性胃炎、厌食症、慢性气管炎等患者。

果蔬醋羹——治肩背酸痛

原料：香蕉、苹果、胡萝卜各 100 克，牛奶、醋各 50 克，蜂蜜适量。

制法：

1. 香蕉去皮切成两段，胡萝卜、苹果分别切碎。

2. 将香蕉段、胡萝卜碎和苹果碎一起放入果汁机内榨取汁液。

3. 果蔬汁倒入杯中，加入牛奶、蜂蜜和醋，调匀即可。

提示：

1. 汁液过滤后使用，口感更细腻。

2. 蜂蜜提甜味，醋增酸味，两者用量要掌握好。

食用方法：每天1次，每次1杯。

适用人群：可用于顽固性肩背酸痛的人。

盐醋汁——治腹泻

原料：食醋20克，精盐少许。

制法：

1. 取一干净小杯，放入精盐。

2. 倒入食醋。

3. 用筷子轻轻搅匀即可。

提示：

1. 一定要把精盐搅至溶化后饮用。

2. 如果嫌味道太酸，可加少量纯净水稀释。

食用方法：1次服下。

适用人群：适用于吃东西不慎或着凉导致腹泻的人。

芝麻油醋蒜——解毒杀菌

原料：大蒜1头，精盐少许，食醋、芝麻油适量。

制法：

1. 大蒜去皮洗净，同精盐放钵内捣成泥状。

2. 加入食醋调成糊状。

3. 再加入芝麻油拌匀，放置15分钟，即可食用。

提示：

1. 盐与蒜同捣，使蒜蓉更有黏性。

2. 边加醋边搅，容易调匀。

食用方法：每日 1～2 次，用量依个人承受能力而定。

适用人群：适用于口腔患着。

面丸醋茶——治呃逆

原料：面粉 50 克，米醋适量。

制法：

1. 面粉入碗，加醋调成糊状。

2. 再制成豌豆大小的球状。

3. 然后上笼蒸熟，取出晾冷，存用。

提示：

1. 面粉醋丸提前做好存用。

2. 也可采用水煮的方法制熟。

食用方法：用茶汁送服面醋丸，每日 2 次，每次 3 粒。

适用人群：可用于易胃气上逆动膈引起呃逆的人。

醋蛋液——补钙

原料：泡蛋米醋 150 克，鸡蛋 1 个。

制法：

1. 将鸡蛋用沸水烫洗干净，晾干表面水分。

2. 取一消毒容器，先装入鸡蛋，再倒入泡蛋米醋。

3. 加盖泡 2 天以上至蛋壳完全消失，只留一张薄皮。

4. 用干净筷子捅破，搅拌均匀，再放 24 小时，即可食用。

提示：

1. 必须选用泡蛋米醋。如果没有，就要选 9 度米醋。低于 9 度的米醋达不到效果。

2. 鸡蛋表面有细菌，定要洗涤干净。

3. 醋蛋液放入冰箱冷藏，一周内吃完。

4. 不太适应过酸的口味，可添加适量的蜂蜜或果糖。

食用方法：每日 1 次，每次 20 克醋蛋液与 5 倍凉开水混合后服用。

适用人群：适用于骨质疏松、缺钙的人饮用。

醋拌苤蓝——清热解毒

原料：苤蓝 200 克，醋、酱油各适量。

制法：

1. 苤蓝洗净，去皮，切成细丝，放在碗中。

2. 坐锅点火，倒入醋和酱油烧沸，淋在苤蓝上。

3. 加盖静置 5 分钟，再把醋液入锅烧沸，淋在苤蓝上。

4. 再加盖静置 5 分钟，拌匀即成。

提示：

1. 选用新鲜的苤蓝，水分足，口感脆。

2. 两次烧沸醋液，不仅起到杀菌的作用，而且使原料容易入味。

食用方法：佐餐食用。

适用人群：适用于维生素缺乏导致的口腔溃疡及十二指肠球部溃疡的人。

醋渍杨桃——帮助消化

原料：杨桃 250 克，红醋适量。

制法：

1. 杨桃洗净，切片。

2. 取一干净容器，装入杨桃，倒入红醋。

3. 加盖浸泡 10 分钟为准。

提示：

1. 以颜色呈鹅黄色，皮薄如膜，肉脆滑汁多，酸甜可口者为佳。

2. 时间以杨桃浸透醋液为准。

食用方法：随意服之。

适用人群：适用于食积不化、胸闷呕吐者。

蒜醋拌苦菜——解毒、止痢

原料：鲜苦菜200克，醋、蒜瓣、精盐各适量。

制法：

1. 鲜苦菜择洗干净，放在开水中烫熟，捞出冷水浸凉。

2. 把苦菜换清水洗两遍，挤干水分，切成小段，放在碗内。

3. 蒜瓣捣成细蓉，加醋、精盐和香油调成味汁，淋在苦菜上，拌匀即成。

提示：

1. 如果爱吃苦菜的苦味，不要烫的太熟，也不要过多的漂洗。

2. 苦菜定要挤干水分再调味。

食用方法：佐餐食用。

适用人群：适用于痢疾、黄疸、叮肿等病的患者。

酸甜山药——健脾开胃

原料：山药200克，白醋、白糖、色拉油适量。

制法：

1. 山药洗净表面污泥，去皮切片，用清水漂洗两遍，沥去水分。

2. 坐锅点火，注色拉油烧热，倒入山药片炒至断生。

3. 加白醋和白糖炒入味即成。

提示：

1. 山药漂洗的目的是去除部分黏液，使吃起来爽口。

2. 旺火快炒，断生即可。

食用方法：佐餐随意食用。

适用人群：适用慢性胃炎、慢性肠炎、腹泻等患者。

冰糖姜醋饮——止瘙痒、退皮疹

原料：醋100克，生姜10克，冰糖2块。

制法：

1. 生姜洗净，切片。

2. 坐锅点火，倒入醋，加入姜片煮开。

3. 再加入冰糖煮至溶化，即可取汁饮用。

提示：

1. 把姜味煮出来即可。

2. 加入冰糖和醋的用量以调成适口的酸甜味为佳。

食用方法：每次20克，每天2次。

适用人群：适用于因吃生猛海鲜的皮肤过敏者。

苦楝根皮醋饮——驱蛔虫

原料：鲜苦楝根皮60克，葱白10克，食醋适量。

制法：

1. 将苦楝根皮洗净去红外皮，切碎。

2. 砂锅上火，添入500克清水，放入葱白和苦楝根皮碎同煎浓缩至100克。

3. 再加食醋调匀，即成。

提示：

1. 干品用量减半，以皮厚、去栓皮者为佳。

2. 若是儿童服用，醋的用量要减少一些。

食用方法：一次温服，一日两次。

适用人群：适用于胆道蛔虫症患者。

醋炖杏仁猪肚——治咳嗽

原料：熟猪肚250克，甜杏仁15克，醋250克。

制法：

1. 甜杏仁洗净，用纱布包好；熟猪肚洗净，切片。

2. 砂锅上火，放入猪肚片、甜杏仁和醋。

3. 大火烧沸，以小火炖至醋干，离火。

4. 把杏仁取出焙干研末，备用。

提示：

猪肚提前用水煮熟。若用生猪肚，则不易煮熟。

食用方法：每次食猪肚时，取 3 克杏仁末用温水送服。

适用人群：适用于咳白色泡沫样痰或白黏痰的咳嗽患者。

白醋鸡蛋——养心安神

原料：鸡蛋 1 个，白醋 10 克。

制法：

1. 将鸡蛋磕入碗中，用筷子搅匀。

2. 再加入白醋搅匀。

3. 上笼蒸约 10 分钟至熟即成。

提示：

鸡蛋内加入的白醋不要太多，以免味道太酸。

食用方法：1 次用量，每日晨起趁热服食，可加少量蜂蜜调味，连服半月以上显效。

适用人群：适用于有心气虚、心血不足的心悸、失眠等症状的患者。

煎葛根醋——防治心血管疾病

原料：陈醋 500 克，葛根 100 克。

制法：

1. 葛根洗净，切成薄片。

2. 砂锅上火，倒入陈醋，放入葛根片。

3. 以小火煎煮 15 分钟,取醋汁晾凉,装入密封容器内备用。

提示：

葛根以块肥大、质坚实、色白、粉性足、纤维少者为佳。

食用方法：每日 1 次，每次 20 克，加等量的温开水服之。

适用人群：长期服食可降血压、软化血管。

煎陈皮醋——帮助消化

原料：陈醋 250 克，陈皮 50 克。

制法：

1. 陈皮用温水洗净，晾干表面水分。

2. 砂锅上火，倒入陈醋，放入陈皮。

3. 以小火煎煮 5 分钟，取醋汁晾凉，装入密封容器内备用。

提示：

陈皮以片大、色鲜、油润、质软、香气浓、味甜苦辛者为佳。保存时应置阴凉干燥处，防霉防蛀。

食用方法：每次 10 克，加等量水服之。

适用人群：适用于腹胀、腹痛等消化不良者。

鸡蛋酸汤——治呕吐

原料：醋 60 克，鸡蛋 1 个，白糖适量。

制法：

1. 鸡蛋磕入碗中，用筷子搅匀。

2. 坐锅点火，添入适量清水烧沸，淋入鸡蛋液。

3. 待蛋花浮起后，加醋和白糖调味，略煮即成。

提示：

1. 不要长时间加热，否则，蛋花不滑嫩。

2. 加少量的白糖中和酸味。

食用方法：温热服之。

适用人群：适宜肝脏疾病和脾胃虚寒引起的妊娠呕吐。

醋 的趣闻趣事

驱病避邪打醋坛

　　民间传说，《封神演义》中辅佐周武王打下天下的姜子牙，打败殷纣王后，姜子牙登上封神台大封诸神。由于受封的人多，等轮到封自己时，才发现所有神位统统都被封完了。他的师傅就让他成为家户的醋坛神，虽然没有神位级别，但享受人间敬奉的第一顺序。所以，农村人家过年时祭祀的第一项就是打醋坛。

　　具体做法是：把年前从河滩里捡来鸡蛋大小、干净而无破碎的河卵石，在大年三十做晚饭时，就把河卵石放进炉膛内烧，贴罢春联，打扫完庭院后，把烧得通红的石块放入脸盆中，立即在石块上浇上醋，盆中立即发出"哧哧"的声音。在醋味四散的时刻，再倒入滚烫的开水，醋味顿时充满了房间，人们端起盆子，依次在各个房间进出。端盆者尽量弯着腰，将散发着清香的水汽和醋味带进各房间的角角落落。如果没有河卵石，就把铁器烧红，用铁筷篱提着，一手拿着醋往上面浇，"滋——"的一声响过，冒出一股白烟，周围一片醋味。这就是敬醋坛神姜太公呢。醋坛打过处，插上香，这才是敬其他神灵。这种打醋坛的方法说来是敬醋坛神，其实是利用醋酸蒸发出的气体对房间起到一个很好的杀菌消毒作用，以起到除秽洁庭、驱病避邪的功效。

女皇锁醋龙体安

　　相传女皇武则天在东都洛阳，一连几顿吃多了自己喜欢的粗粮面食，结果一段时间腹胀气滞，没有食欲，看见啥也不想吃，搞得身体越来越差。武则天皇帝很着急，下诏让御医们快想办法，不然会被砍头的。

御医们苦思冥想了好久，争论来争论去，没能想出一个好办法来。大家正着急之时，一个御医说：醋有帮助消化，刺激食欲的作用，能很好地解决这一问题。于是，御医让武则天皇帝进餐时佐洛阳小米陈醋。连着吃了两三顿，武则天皇帝就胃口大开，龙体转安。并重赏了献计的御医。从此以后，武则天御膳时总要放上一壶米醋。此习惯流传与民间，洛阳宴席开始先上一大碗米醋，以开胃解酒，流传至今。

华佗用醋救病人

华佗是东汉末年杰出的医学家，被誉为"神医"。有一次，他行医至江苏徐州，在路上遇到一个躺在车上的病人，这人因咽喉阻塞咽不下东西，呻吟着十分痛苦。华佗仔细诊视了病人，便对病人的家属说：你向路旁卖饼人家要三两蒜齑（大蒜末），加半碗酸醋，调和了吃下去就可以治愈。病人按他的指点服了药，立刻吐出一条很长的虫，病人很快好了。病人把虫挂在车边去找华佗道谢。华佗的孩子恰好在门前玩耍，一眼看见，就说："那一定是我爸爸治好的病人。"那病人走进华佗家里，见墙壁上挂着同样的长虫，竟有十多条。这是在《三国志·华佗传》上面记载的一个典故。华佗用这个民间单方，早已治好了不少病人。真可为："华佗游学到徐州，路遇患者巧用醋，转危为安去病痛，名扬天下载史书。"

第四篇 解烦除忧醋饮料

醋饮料与家用烹饪的醋完全是两个概念。醋饮料可以将水果、蔬菜和花草中的各种维生素、无机盐和其他微量元素完整地保留下来。专家认为，醋饮料中含有丰富的氨基酸，能提高身体的新陈代谢，防止脂肪堆积，促进体内脂肪分解，还有消除疲劳、稳定血压、防止动脉硬化、促进血液循环，防腐抗菌等作用。醋饮料一般在超市都可以买到，如果您有兴趣，可以照着下面的配方来制作无添加香料、防腐剂、色素等放心的醋饮料。

第一节　醋饮料制作知识

一、醋饮料制作方法

在家制作醋饮料有两种方法：

1. 将花草或果蔬泡在米醋里一段时间成花草或果蔬醋，再用适量的水稀释即成醋饮料。

2. 将鲜果蔬榨汁后，加入适量的醋、冰糖或蜂蜜调匀，即成醋饮料。

二、醋饮料制作原则

1. 要选用酿造米醋，它富含氨基酸、有机酸、维生素 B_1、维生素 B_2、维生素 C、矿物质等，是安全且营养的调味品。

2. 要选用当季生产的有机果蔬。

3. 蔬果清洗后，要完全晾干水分，并且放在常温下风干。

4. 容器以玻璃器皿或陶瓷等耐酸材料为佳。

5. 糖以冰糖为佳，也可用白糖代替。

6. 泡制时间要够，让原料的养分充分溢于醋中。

7. 醋泡好后要注意防止阳光直接照射，通风良好的橱柜，甚至桌子、床底下都是很好的保存场所。

8. 制好的醋如果要长期浸泡，记得不要经常开盖，否则，易滋生细菌。

三、醋饮料饮用方式和最佳时间

1. 醋饮料饮用方式

酿好的花草、果蔬醋，可以用 5～8 倍的纯净水或凉开水稀释饮用。但要注意两点：一是不要用开水来稀释，否则会破坏其中的营养成分。二是兑水比例不是绝对的，可依个人口味来增减，如感觉太酸可以多加些水，或者加适量糖或蜂蜜味道会更好。

2. 醋饮料饮用最佳时间

喝醋饮料最佳时间是在饭后，可以帮助消化，消除油腻。空腹最好不要饮用。

第二节　醋饮料制作实例

一、营养爽口单味醋饮

♛苹果醋饮

特点：果香浓郁，酸甜适中。

功效：苹果营养丰富，含有果胶，维生素。与醋制成饮品，有调节血压，通血管，降低胆固醇，帮助食物消化吸收，控制调节体重的效果。

方法一：

原料：苹果 150 克，食醋 150 克，冰糖 150 克。

制法：

1. 苹果洗净，一剖两半，剜去核后，切成滚刀小块。

2. 取一个消毒的广口玻璃瓶，依次放入苹果块、冰糖和食醋。

3. 加盖封口，浸泡半个月即成苹果醋。

饮法：取一干净茶杯，先倒入 30 克苹果醋，再倒入 150 克凉开水，调匀即可饮用。

提示：

1. 最好选用小米醋，这样做出来的苹果醋口味柔和，酸甜适中，不刺激。

2. 在腌制过程中偶尔打开盖子，放出发酵产生的气体。

美味拓展：将喝醋后剩下的苹果切丁，与适量的冰糖入锅炒成黏糊状，即得苹果酱。

方法二：

原料：苹果 2 个，蜂蜜、食醋各适量，热水 200 克。

制法：

1. 苹果洗净，去皮及核，切成 1 厘米见方的块，备用。

2. 把苹果丁放在搅拌杯内，接着倒入热水，搅拌半分钟左右成汁状，过滤后倒入杯中。

3. 加入蜂蜜和食醋调成酸甜味，即成。

饮法：直接饮用。

提示：

1. 用热水榨苹果汁，不会变成褐色。

2. 苹果有酸甜之分，如果选用的是酸苹果，食醋的用量较甜苹果要少一些。

美味拓展：此醋饮与辣椒油、酱油调成味汁，可拌制丝瓜、黄瓜、藕片等凉菜。

👑 香蕉醋饮

特点：香蕉味突出，酸中透甜。

功效：香蕉含有丰富的蛋白质、维生素、矿物质和果胶，米醋中的微生物能完整把香蕉的养分提取出来保存在醋液中。此醋饮能稳定血压，降低胆固醇，还可以有效地调节肠道内的菌群，抑制有害菌繁殖，预防中风。

原料：米醋 500 克，香蕉 300 克，冰糖 150 克。

制法：

1. 香蕉剥去外皮，斜刀或直刀切成厚片或小段，待用。

2. 取一玻璃容器，装入香蕉片和冰糖，倒入米醋。

3. 加盖密封，浸泡两个月即成香蕉醋。

饮法：取一净茶杯，先倒入 30 克香蕉醋，再倒入 150 克凉开水，调匀即可饮用。

提示：

1. 香蕉去皮后会变成褐色，所以，去皮后应尽快处理。

2. 香蕉含有糖分，加冰糖量不要太多。

美味拓展：将喝完后剩下的香蕉，与适量的冰糖入锅炒成黏糊状，即得香蕉酱。

♛ 柠檬醋饮

特点：色泽淡黄，味道酸甜。

功效：此醋饮能生津健胃，预防感冒，润肠通便，促进尿酸代谢，强壮肝脏机能。

原料：米醋 600 克，柠檬 300 克，冰糖 200 克。

制法：

1. 将整个柠檬用纯净水洗净，自然晾干表面水分，用小刀划开口子。

2. 取一玻璃器皿，装入鲜柠檬和冰糖。

3. 再倒入米醋，加盖密封 45 天成柠檬醋。

饮法：取一净茶杯，先倒入 30 克柠檬醋，再倒入 150 克凉开水，调匀即可饮用。

提示：

1. 柠檬的外皮营养价值很高，所以在制作柠檬醋时应该连皮一起制作。不过在挑选时要选择表面光滑、外皮比较薄且有弹性的柠檬。

2. 柠檬含有的柠檬苦素会使醋略带苦味，冰糖量应略多一些。

美味拓展：柠檬醋与橄榄油调成油醋汁，可用于拌制各种沙拉。

👑 梅子醋饮

特点：色泽褐亮，梅香味浓。

功效：此醋饮有消除疲劳，新陈代谢，防止老化，提高免疫力，杀菌防腐，健胃整肠，改善酸性体质的功效。

原料：米醋500克，青梅500克，冰糖200克。

制法：

1. 青梅放入盆中，加入精盐和少许水，用手揉搓一会，再换清水洗去盐分和绒毛，用牙签把蒂头剔净，晾干表面水分。

2. 将每只青梅用小刀划开口子，装入玻璃容器中，接着加入冰糖和米醋。

3. 加盖密封，放在阴凉处静置四个月即成梅子醋。

饮法：梅子醋和水以1∶5的比例在杯中调匀，即可饮用。

提示：

1. 青梅表面的绒毛一定要洗净。

2. 青梅味酸，制作时应多加一些冰糖。

美味拓展：将青梅取出沥去醋液，用蜂蜜腌渍，可当小零食食用。也可将梅子醋对入汽水，制成汽水醋饮。

👑 金橘醋饮

特点：色泽澄黄，酸甜可口，具有橘子特有的香气。

功效：金橘含有大量维生素A、维生素C，能润肺止咳、化痰利咽，常用于治疗声音沙哑及喉咙疼痛。所以，此饮品不仅能消除疲劳，提神醒脑，助消化，美容养颜，还特别适于患喉炎、感冒咳嗽的病人和用嗓过度的人。

原料：米醋 600 克，金橘 250 克，冰糖 250 克。

制法：

1. 金橘洗净，晾干表面水分，用小刀划开口子。

2. 把金橘装进广口瓶中，加入冰糖，注入米醋。

3. 再加盖密封，泡 45 天即成金橘醋。

饮法：取一茶杯，先倒入 50 克橘醋，再倒入 6 杯的纯净水，调匀即成。

提示：

1. 金橘要求糖分高，香气浓，充分成熟，汁液丰富，无霉烂。

2. 要将醋具放在阴凉通风处，应避免阳光直射，并注意防潮。

美味拓展：把金橘肉取出，与适量糖在锅中炒去水分，即得美味金橘酱。

橙子醋饮

特点：色黄透亮，酸甜可口。

功效：橙子富含维 C 及多种矿物质，可润喉、消除疲劳、养颜美容、促进肠道蠕动、预防便秘。经过醋泡制后，此醋饮非常适合女性饮用，既能让身材变得苗条，又能美白肌肤，同时还有润肠通便、降低血糖、预防疲劳的功效。

原料：米醋 1000 克，橙子 600 克，冰糖 150 克。

制法：

1. 将橙子用盐擦洗干净，沥干水分，连皮切片。

2. 把橙子片放入广口瓶中，加入冰糖和醋。

3. 盖好盖子，放阴凉处，泡 45 天即成橙子醋。

饮法：每次取 20～30 克，加 8 倍温开水稀释，睡前饮用。

提示：

橙皮表面一般都会有保鲜剂，必须清洗干净。

美味拓展：把橙肉取出，与适量糖在锅中炒去水分，即得美味橙子酱。

葡萄醋饮

特点：色泽紫红，酸甜可口。

功效：此醋饮能够减少肠内不良细菌数量，帮助有益细菌繁殖，消除皮肤色斑，预防血管破裂出血。此外，葡萄醋内的多糖、钾离子能降低体内酸性，从而缓解疲劳，增强体力。

方法一：

原料：米醋 600 克，葡萄 250 克，冰糖 150 克。

制法：

1. 将葡萄洗净，沥干水分。

2. 把葡萄放入广口玻璃瓶中，加入冰糖和米醋。

3. 盖好盖子，放阴凉处，泡 45 天即成葡萄醋。

饮法：每次取 30 克，加 5 倍温开水稀释饮用。

提示：

1. 葡萄要买好的，葡萄的颜色越紫越好，而且颗粒要大。

2. 清洗葡萄时不要将果蒂去除，以免脏水滞留在蒂上。

美味拓展：此醋饮可泡藕片、黄瓜等脆性蔬菜，制成清凉小菜。

方法二：

原料：葡萄 500 克，食醋、蜂蜜、纯净水各适量。

制法：

1. 葡萄用温水洗净，控干水分，然后一粒粒摘下，放于盘中备用。

2. 取一块消毒的纱布放在盆口上，接着将葡萄捏破放于纱布上。

3. 包裹后挤出汁液，倒在杯中，加入食醋、蜂蜜和纯净水调匀即成。

饮法：直接饮用。

提示：

1. 以选择香气浓、糖分高、颜色美的玫瑰香葡萄为佳。这种葡萄榨出的汁颜色好看，味道香。

2. 酸甜度根据自己的口味掌握。

美味拓展：挤后剩下的葡萄可做成果酱。

♛ 草莓醋饮

特点：色红惹人，酸香回甜。

功效：长期坚持饮用草莓醋可以改善慢性疲劳，缓解肩膀酸痛，还会对便秘、抑制青春痘、雀斑的生长也有很好的帮助。

原料：米醋1000克，熟透的草莓500克，冰糖200克。

制法：

1. 将草莓充分洗净，除蒂，晾干表面水分。

2. 按一层草莓撒一层冰糖的顺序装入广口瓶中，然后缓缓地注入米醋。

3. 加盖密封，置于阴凉处，泡45天即成草莓醋。

饮法：每天皆可饮用，每次取30克，加5倍的凉开水调匀饮用。

提示：

草莓应挑选色泽鲜亮、有光泽、结实、充分成熟者。个大内发空、发瘪不饱满的草莓最好不要选用。

美味拓展：草莓醋和橄榄油按2∶1的比例勾兑，然后加少许胡椒和盐即成沙拉用的草莓油醋汁。

方法二：

原料：鲜草莓200克，食醋、蜂蜜、纯净水适量。

制法:

1. 草莓用盐水稍微浸泡后,洗净晾干,切成小丁。

2. 草莓丁放在搅拌机内,加入纯净水和蜂蜜,搅拌约 1 分钟成汁液。

3. 把草莓汁倒在杯中,加入食醋调成酸甜味即成。

饮法: 直接饮用。

提示:

喜欢口感细腻的,草莓汁就打久点;喜欢有些颗粒感,就少搅拌一会。

美味拓展: 此醋饮加点辣椒粉,会形成一种味道独特的饮品。

👑 猕猴桃醋饮

特点: 色泽暗绿,酸甜香醇。

功效: 猕猴桃醋富含维生素 A、维生素 C 及纤维质,能有效促进人体的新陈代谢,抗老化,预防感冒,滋润皮肤,预防黑斑和雀斑,保健肠胃帮助消化,预防高血压。特别适合高血脂、高血压患者、腿部粗胖者饮用。

原料: 米醋 600 克,猕猴桃 250 克,冰糖 150 克。

制法:

1. 将猕猴桃洗净,沥干水分,去皮切块或圆片。

2. 把改刀的猕猴桃装入广口瓶中,加入冰糖和米醋。

3. 盖好盖子,放阴凉处,泡 45 天即成猕猴桃醋。

饮法: 每天皆可饮用,每次取 30 克,加 5 倍的凉开水调匀饮用。

提示:

猕猴桃用沸水略烫,便可轻松去皮。

美味拓展: 猕猴桃沥去醋液,与冰糖入锅炒至融合,即得猕猴桃酱。

👑 桑葚醋饮

特点：色泽黑紫，酸甜爽口。

功效：桑葚含有氨基酸、葡萄糖、苹果酸、鞣质、花青素、维生素、矿物质等营养成分，能促进骨髓造血功能，滋养肾脏，改善贫血，止咳润肺，改善支气管等。经过醋浸泡后，温润又补血，当感冒、头痛、咳嗽、喉咙发痒或沙哑时，饮一杯稀释的温热桑葚醋饮，立即可以缓解症状。

原料：米醋600克，桑葚500克，冰糖100克。

制法：

1. 桑葚择净丫枝，洗净，晾干表面水分。
2. 把桑葚装进容器中，注入米醋。
3. 加盖密封两个月成桑葚醋。

饮法：取一茶杯，先舀入50克桑葚醋，再倒入200克开水，调匀即可饮用。

提示：

1. 桑葚极嫩，洗涤时要轻慢，以免弄烂。由于桑葚本身具有天然的甜味，制作时加糖不要太多。
2. 如果浸泡后在醋表面有一层白色悬浮物，那是微生物菌膜，是正常现象，不必担心。

美味拓展：桑葚果粒从醋中取出后，可加白糖在锅中炒去水分制成果酱。

👑 木瓜醋饮

特点：色泽黄亮，甜中微酸，回味绵长。

功效：此醋饮可改善口干舌燥，养颜美容，促进肠胃消化机能。对胃寒虚弱者尤宜。

方法一：

原料：米醋1000克，木瓜500克，冰糖200克。

制法：

1. 木瓜洗净，去皮切开，去籽后切块。

2. 按一层木瓜一层冰糖的顺序装入广口玻璃瓶中，倒入米醋。

3. 加盖封口，置于阴凉处浸泡两个月即成。

饮法：每次取 30 克于杯中，加入 5 倍温开水稀释饮用。

提示：

1. 要求成分成熟，无病虫害，无霉烂变质的木瓜。有机栽培的木瓜可以连着果皮带子一起浸泡，一般的木瓜必须去皮与种子。

2. 木瓜果肉浸泡一段时间后，果肉会分解沉淀物在容器底部，这是自然现象，可以食用。

美味拓展：分离出的木瓜片可以制成果脯、果酱。还可在煎肉、烤肉时，腌制调味用木瓜醋，能够使肉质软化，增加美味。

方法二：

原料：木瓜 500 克，白砂糖 500 克，食醋、纯净水各适量。

制法：

1. 将木瓜表面杂质和灰分洗净，切成 1 厘米厚的薄片，除去果心和种子。

2. 按一层木瓜一层白砂糖的顺序装于盆中，加盖密封腌 6～10 小时，滤出木瓜汁。

3. 取适量木瓜汁放入杯中，倒入 4 倍纯净水调匀，再加食醋调好酸甜味即成。

饮法：直接饮用

提示：

1. 白砂糖和木瓜肉的比例以 1∶1 或 1∶2 为好。

2. 腌木瓜时加盖，防止香气溢出。

美味拓展：将糖渍后的木瓜片烘干，即成香甜筋道的木瓜脯。

♛ 菠萝醋饮

特点：色泽黄亮，悦目诱人，酸香回味。

功效：菠萝肉质细嫩，既是盛夏消暑解渴的珍品，也是良好的减肥健康水果。菠萝加醋，有助于生津润燥，促进新陈代谢，去油腻，帮助消化，消除饱餐后的腹胀感，排除肠道废物。对治疗咽喉痛、肺炎、尿道炎有效。

方法一：

原料：糙米醋 600 克，菠萝 400 克。

制法：

1. 菠萝削去外皮，切成块状备用。

2. 取干净且干燥的玻璃罐，放入菠萝块和米醋。

3. 将罐口密封好．静置于阴凉处泡 2 个月后即成。

饮法：取菠萝醋 30 克于杯中，用 5 倍冷开水稀释，加适量蜂蜜调匀，饭后饮用。

提示：

如果不想浪费菠萝皮的营养，那么稍微刷洗干净外皮，擦干水后晾干，就可以切片使用。

美味拓展：菠萝块从醋中取出后，可加冰糖在锅中炒去水分制成菠萝酱。

方法二：

原料：鲜菠萝半个，白砂糖、食醋各适量，精盐少许，纯净水 150 克。

制法：

1. 将鲜菠萝去皮挖"眼"，取净肉切成大小一致的小方丁。

2. 把菠萝丁放在搅拌机内，加入纯净水没过原料，再加入精盐，接通电源，按启动键，搅拌约 1 分钟成汁液。

3. 把菠萝汁倒在杯中，加入白砂糖和食醋调好酸甜味即成。

饮法：直接饮用。

提示：

1. 应选香气浓郁、皮色深沉带光泽的甜熟菠萝。

2. 此醋饮中加少许精盐，不仅味道好喝，而且还可以达到去过敏的目的。

美味拓展：把滤出的菠萝渣同白砂糖入锅，可炒成一道软甜香滑的小甜品。

火龙果醋饮

特点：晶莹透亮，酸甜利口。

功效：火龙果果实中的花青素含量很高，具有抗氧化、抗自由基、抗衰老的作用，还能提高对脑细胞变性的预防，抑制痴呆症的作用。

原料：米醋500克，火龙果500克，白糖100克。

制法：

1. 把火龙果洗干净、去掉果蒂和芽的部分，果皮切条，果肉切小块。

2. 取一消毒的广口玻璃瓶，装入火龙果皮和果肉，再加入白糖，最后倒入米醋至离瓶口大约3厘米处。

3. 加盖密封，放阴凉处泡两个月，即成火龙果醋。

饮法：取30克石榴醋于杯中，兑入6倍的凉开水饮用。

提示：

1. 瓶子一定不能有一点油渍。

2. 火龙果皮含有丰富的花青素，同果肉一起泡醋效果更好。

美味拓展：此醋饮与切成丁的火龙果肉拌在一起，入冰箱镇凉，非常适合夏季食用。

石榴醋饮

特点：酸甜味适中，香气诱人。

功效：石榴醋饮含有多种氨基酸和微量元素，有助消化、软化血管、降血脂和血糖，降低胆固醇等多种功能。对饮酒过量者，有解酒奇效。

原料：米醋 500 克，石榴 3 个，冰糖 100 克。

制法：

1. 将石榴剥开取籽，放进消毒的容器内。

2. 加入冰糖，倒入米醋。

3. 盖好盖子，置于阴凉处泡 60 天即成。

饮法：取 50 克石榴醋于杯中，兑入 3 倍的凉开水饮用。

提示：

买石榴时挑选籽的颜色越深越好。

美味拓展：将 50 克石榴醋搭配 150 克牛奶，即可制成美味的酸奶。也可结合 150 克碳酸水调配饮用，带来清爽的口感，绝对比高糖高热量的汽水饮料要健康的多。

♛ 樱桃醋饮

特点：色红惹眼，酸甜润口。

功效：樱桃含有丰富的碱性氨基酸、糖类物质、维生素等，做出来的樱桃醋相比樱桃来说，营养更高。除了缓解眼疲劳，对电脑族经常出现的手指关节、手腕等部位酸胀疼痛都有缓解作用。

原料：米醋 500 克，樱桃 250 克，冰糖 150 克。

制法：

1. 把樱桃洗净，晾干表面水分，剪开去核。

2. 把樱桃放进瓶子里，加入冰糖和米醋。

3. 加盖密封泡 1 个月，即成樱桃醋。

饮法：每次取 30 克樱桃醋，用 5 倍的凉开水调匀饮用。

提示：

选择颜色比较深的樱桃，做出的樱桃醋颜色漂亮，也更有营养。

美味拓展：将喝醋后剩下的樱桃和白砂糖入锅，可炒成晶莹

剔透、酸甜可口的樱桃酱。

橄榄醋饮

特点：色泽深黄，味道酸甜。

功效：橄榄醋饮能减肥，防止动脉硬化，清肺，保护肠胃，能治咽喉痛。

原料：米醋 600 克，新鲜橄榄 300 克，冰糖 250 克。

制法：

1. 将新鲜青橄榄洗干净，晾干表面水分。

2. 把青橄榄放进干净的容器中，放入冰糖，倒入米醋。

3. 加盖密封，置阴凉处泡三个月即成。

饮法：每天皆可饮用，每次取 30 克于杯中，兑入 5 倍的凉开水稀释饮用。

提示：

1. 要选颗粒饱满、色泽鲜绿的橄榄。

2. 洗好的橄榄定要晾干表面水分再用。

美味拓展：用橄榄醋来拌沙拉，非常开胃爽口。

红枣醋饮

特点：颜色好看，味道酸甜。

功效：此醋饮能抗衰老，抑制和降低人体衰老过程中过氧化物的形成。还能提高人体免疫力，对肝脏尤其好。

原料：米醋 600 克，红枣 250 克，冰糖 100 克。

制法：

1. 红枣用清水泡胀，洗净，晾干表面水分。

2. 将红枣和冰糖装入容器内，再倒入米醋。

3. 盖好盖子，放置阴凉处泡两个月即成。

饮法：每天皆可饮用，每次取 30 克于杯中，兑入 5 倍的凉开水稀释饮用。

提示：

红枣最好用米醋清洗，不要用水洗，沾水容易使醋变质。

美味拓展：将喝醋后剩下的红枣打成泥，与白砂糖入锅炒成红枣馅作点心用。

♛ 黑枣醋饮

特点：酸味清新，富有营养。

功效：滋润心肺，生津止咳，抗老化，可带动气血循环，减少心血管的淤塞。经常饮用不仅能补血养颜，还能有效抑制肥胖，使身材更苗条。

原料：陈醋500克，黑枣250克。

制法：

1. 黑枣不用清洗，拣去杂质，待用。

2. 黑枣和陈醋放进玻璃罐中。

3. 加盖密封，存放2个月后即成黑枣醋。

饮法：取黑枣醋15克于杯中，加5倍的凉开水调匀，每天饭前30分钟饮用。

提示：

好的黑枣皮色应乌亮有光，黑里泛出红色，颗大均匀，短壮圆整，顶圆蒂方，皮面皱纹细浅。

美味拓展：喝完醋后，将剩下的黑枣与蜂蜜打成酱，搭配面包食用，味道不错。

♛ 鸭梨醋饮

特点：酸中有甜，甜中带酸。

功效：鸭梨醋饮促进新陈代谢，调节酸碱平衡，消除疲劳，降低胆固醇，提高机体的免疫力，促进血液循环，开胃消食，解酒保肝，美容护肤，延缓衰老等。

原料：米醋600克，鸭梨300克，冰糖150克。

制法：

1. 将鸭梨洗净，晾干表面水分，去蒂切块。

2. 将鸭梨块和冰糖装入容器内，倒入米醋。

3. 加盖密封，静置阴凉处泡 45 天即成鸭梨醋。

饮法：每天皆可饮用，每次取 30 克于杯中，加 5 倍的凉开水调匀饮用。

提示：

鸭梨带皮和籽浸泡，具有更好的功效。

美味拓展：将鸭梨块沥去醋液，同冰糖入锅可炒成鸭梨酱。

♛ 山楂醋饮

特点：口味纯正，酸甜适中，风味浓郁。

功效：此醋饮营养丰富，具有降血压、降血糖、预防心血管疾病、抗心律不齐等功能。

方法一：

原料：米醋 600 克，鲜山楂 250 克，冰糖 250 克。

制法：

1. 鲜山楂洗净，去蒂，晾干表面水分。

2. 取一广口玻璃瓶，装入鲜山楂和冰糖，再倒入米醋。

3. 盖好盖子，置于阴凉处泡 2 个月即成。

饮法：每次取 30 克山楂醋于杯中，兑入 8 杯的凉开水稀释饮用。

提示：

选取成熟度高的山楂，除去腐烂果、杂质、虫蛀果，特别要严格剔除虫蛀果，因为它们会使产品带有苦味。

美味拓展：将山楂沥去醋液，同冰糖入锅炒制成山楂酱。

方法二：

原料：鲜山楂 100 克，陈醋、白砂糖、纯净水各适量。

制法：

1. 山楂洗净，去蒂及核，同大约是山楂量 3 倍的 60℃温水放入料理机内榨取汁液，待用。

2. 纯净水倒入杯中，加入白砂糖搅拌直到溶化。

3. 再加入山楂汁和陈醋调匀即成山楂醋饮。

饮法：直接饮用。

提示：

1. 选择无霉烂，无虫蛀，颜色鲜艳，充分成熟的优质山楂。

2. 原料配方比大约为：山楂汁 30％，陈醋 11％，白砂糖 10％，水 49％。

美味拓展：运用此醋饮料泡制各种可生食的蔬菜，脆嫩爽口，开胃消暑。

👑 沙棘果醋饮

特点：色呈棕红，酸味柔和绵长，又有沙棘果的清香。

功效：沙棘是一种营养价值很高的果实，含有丰富的氨基酸、脂肪酸、微量元素，特别是维生素 C 含量很高。通过与醋调配成醋饮料，具有提高人体免疫力、促进人体正常发育、养颜瘦身，降低血脂和血压，保肝护胃，软化血管之功效。

方法一：

原料：米醋 600 克，沙棘果 200 克，冰糖 150 克。

制法：

1. 将沙棘果洗去表面泥沙，晾干表面水分。

2. 把沙棘果和冰糖装入消毒的广口玻璃瓶内，再倒入米醋。

3. 加盖密封，置于阴凉处泡 60 天即成沙棘醋。

饮法：每次取 30 克沙棘醋于杯中，兑入 8 杯的凉开水稀释饮用。

提示：

选用充分成熟的沙棘果实。

美味拓展：沙棘醋与蒜泥、香油或红油调成味碟，用来蘸饺子、包子、大饼食用，深受人们的喜爱。

方法二：

原料：鲜沙棘果 200 克，陈醋、白砂糖、纯净水适量。

制法：

1. 将鲜沙棘果中的发霉、变色的果实挑出及去除树枝、石块等杂物，洗净，控干水分，放在榨汁机内榨取汁液，待用。

2. 纯净水倒入杯中，加入白糖搅拌至溶化。

3. 再加入沙棘汁和陈醋调匀即成沙棘醋饮。

饮法：直接饮用。

提示：

原料配方比大约为：沙棘汁 5％，陈醋 5％，白砂糖 10％，水 80％。

美味拓展：运用此醋饮可泡制各种可生食的蔬菜，如黄瓜、生菜、圆白菜等，脆嫩爽口，开胃消暑。

♛ 荔枝醋饮

特点：口感清爽纯净，酸甜诱人，更富有浓郁的荔枝香气。

功效：荔枝醋饮不仅具有补充能量，增加营养的作用，还对大脑组织有补养作用，能明显改善失眠、健忘、神疲等症。

方法一：

原料：糯米醋 500 克，鲜荔枝 300 克，冰糖 100 克。

制法：

1. 将鲜荔枝剥去外壳，待用。

2. 取一消毒的玻璃瓶，装入荔枝肉和冰糖，再倒入糯米醋至九分满。

3. 盖好盖子，静置阴凉处泡 3 个月即成荔枝醋。

饮法：每天皆可饮用。每次取 50 克于杯中，兑入 5 倍的纯净水稀释饮用。

提示：

选择颜色紫红，充分成熟的优质荔枝。

美味拓展：喝完醋剩下的荔枝肉打成泥，调一些白糖、香油和辣椒粉，就可以作为面包、馒头的蘸酱。

方法二：

原料：鲜荔枝 500 克，食醋、白砂糖、蜂蜜、纯净水适量。

制法：

1. 将新鲜荔枝去壳去核后，把果肉放在榨汁机内榨取汁液，备用。

2. 纯净水倒入杯中，加入白砂糖搅拌至溶化。

3. 再加入荔枝汁、食醋和蜂蜜调匀，即成荔枝醋饮。

饮法：直接饮用。

提示：

原料配方比大约为：荔枝汁 30％，食醋 4％～8％，蜂蜜 3％，白砂糖 10％，纯净水 50％～70％。

美味拓展：此醋饮可用于荔枝肉片、荔枝鱼片的调味。

👑 百香果醋饮

特点：味道酸甜，有百香果的清香味。

功效：此醋饮有帮助消化、调解血液的酸碱平衡、消除疲劳、预防衰老、调节肠胃道功能、增强肝脏机能、降血压、降血糖、健美减肥、美容护肤等功效。

方法一：

原料：米醋 400 克，百香果 600 克，冰糖 350 克。

做法：

1. 百香果清洗干净，晾干水分。

2. 百香果剖开取果肉，放入玻璃瓶中，加入冰糖，倒入米醋。

3. 轻敲瓶底去气泡，即可封盖，浸泡约一个月即成。

饮法：每次取 30 克，用 5 倍的纯净水稀释饮用。

提示：

优质的百香果应该具有特殊的香味，且香味越浓郁表示成熟度越好，味更佳。

美味拓展：百香果醋和咸味酱油、香油调成酱汁，可作为白煮排骨、白煮鸡翅、白灼油菜的蘸碟。

方法二：

原料：百香果 500 克，食醋、白砂糖、纯净水各适量。

制法：

1. 将百香果用清水漂洗洗净表面，对半切开，挖出果瓤。

2. 把百香果瓤放在搅拌机里搅拌一会，滤出果汁，倒入杯中。

3. 先加适量纯净水稀释后，再加食醋和白砂糖调好酸甜味即成。

饮法：直接饮用。

提示：

如喜欢浓浓的百香果味，就少加纯净水。

美味拓展：此醋饮适宜作煎牛扒、煎里脊、煎丸子的调味。

👑 杨桃醋饮

特点：酸酸甜甜，有杨桃的果香味。

功效：杨桃中所含的大量糖类及维生素，有机酸等，是人体生命活动的重要物质。搭配醋制成醋饮，能清热止咳、解毒利尿、帮助消化，对声音沙哑、喉痛有效。

原料：米醋 500 克，杨桃 400 克，冰糖 100 克，

制法：

1. 杨桃洗净，晾干表面水分后，切成厚片。

2. 取一个玻璃罐，先装入杨桃，再装入冰糖，加盖腌 7 天左右至冰糖全部溶化。

3. 打开盖子，加入米醋搅匀，再加盖密封两个月，即成杨桃醋。

饮法：取一杯子，先倒入 30 克杨桃醋，再加入 150 克凉开水，调匀饮用。

提示：

以颜色呈鹅黄色，皮薄如膜，肉脆滑汁多，酸甜可口者为佳。

美味拓展：将喝过醋剩下的杨桃打成泥，与白砂糖在锅中炒成杨桃酱。

♛ 李子醋饮

特点：酸中带甜，果味香浓。

功效：李子肉中含有多种氨基酸，经醋酸化后，此醋饮在消炎杀菌、软化血管、调节血压、改善肠胃、滋润皮肤、健脑、醒酒等功能得到进一步加强。

原料：李子 500 克，陈醋 500 克，冰糖 200 克。

制法：

1. 将李子用温水洗净，晾干表面水分，用小刀在表面划上刀口。

2. 取一个消毒的玻璃坛子，先装李子和冰糖，再倒入陈醋。

3. 加盖封口，泡约 1 个月即成李子醋。

饮法：取一个杯子，先倒入 30 克李子醋，再倒入 150 克凉开水调匀即成。

提示：

1. 李子有酸有甜，灵活掌握加糖量。

2. 李子表面划上刀口，以方便出汁。

美味拓展：把李子取出来，去核取肉与适量白糖打碎，入锅炒成味道酸甜的李子酱。

🤴 花生醋饮

特点：色泽素雅，味酸甜美。

功效：花生能增加毛细血管弹性，止血，预防脑溢血、心脏病、高血压。用醋泡过后，此醋饮能消除慢性疲劳，对偏头痛、慢性气管炎、脚气、水肿有疗效。

原料：米醋 600 克，新鲜花生米 100 克，冰糖 150 克。

制法：

1. 将新鲜花生米用清水淘洗两遍，晾干表面水分。
2. 将花生米、冰糖和米醋装入玻璃瓶中。
3. 加盖密封，浸泡 45 天即成花生醋。

饮法：每次取 30 克于杯中，加入 5 倍的凉开水稀释饮用。

提示：

一定要选用新鲜、未经任何加工的花生米。

美味拓展：将泡过的花生米当小菜下酒，或同其他原料烹菜，均是难得的美味。

👑 核桃醋饮

特点：色淡清亮，味道酸甜。

功效：此醋饮既能滋养脑细胞，增强脑功能。还可以令皮肤滋润光滑，富有弹性。当感到疲劳时，喝些核桃醋饮，有缓解疲劳和压力的作用。

原料：米醋 600 克，核桃 250 克，冰糖 150 克。

制法：

1. 将核桃仁用沸水略泡，去表层红衣。
2. 取一个干净的玻璃瓶，装入核桃仁和冰糖，再倒入米醋。
3. 加盖密封两个月即成核桃醋。

饮法：取一干净茶杯，先倒入 30 克核桃醋，再倒入 180 克凉开水，调匀饮用。

提示：

选用新鲜的核桃仁也可以。但不可选用罐头瓶或袋装的，因为里面加了防腐剂之类的东西。

美味拓展：泡过 10 天后，把核桃仁取出来也是一道不错的开胃小菜，既好吃又不腻。

👑 菊花醋饮

特点：色泽淡黄，味道酸甜。

功效：菊花所含的微量元素硒和铬最丰富，硒能抗衰老，铬能分解胆固醇。此醋饮能降火气，除体湿，养肝明目，是治疗肺热咳嗽，消炎，解头痛眩晕，降低胆固醇，消脂减肥的佳品。

原料：米醋 300 克，冰糖 100 克，鲜小菊花 60 克。

制法：

1. 将鲜小菊花用纯净水洗净，自然晾干表面水分。
2. 取一玻璃器皿，装入鲜小菊花和冰糖。
3. 再倒入米醋，加盖密封 1 周成菊花醋。

饮法：取一干净茶杯，先倒入 30 克菊花醋，再倒入 150 克凉开水，调匀即可饮用。

提示：

干燥的小菊花亦可，但选购时注意其气味，也不需经过清洗过程。

美味拓展：用菊花醋拌制余熟的鱼片、肉片和可生食的黄瓜等，味道也不错。

👑 桂花醋饮

特点：味道酸甜，桂花香味浓。

功效：此醋饮非常养阴润肺，生津化痰，健肠整胃，可治疗慢性胃病与风湿，也是消除口臭与缓解牙痛的佳品。

原料：米醋 300 克，冰糖 100 克，鲜桂花 60 克。

制法：

1. 将鲜桂花用纯净水洗净，自然晾干表面水分。

2. 取一玻璃器皿，装入鲜桂花和冰糖。

3. 再倒入米醋，加盖密封 20 天即成桂花醋。

饮法：取一干净茶杯，先倒入 30 克桂花醋，再倒入 150 克凉开水，调匀即可饮用。

提示：

市售干燥的桂花也可，只是香气不及鲜桂花。

美味拓展：桂花醋喝完，剩下的桂花用果汁机打成泥状，加白糖和其他果脯打碎调成桂花果脯馅，作面点的馅心用。

👑 樱花醋饮

特点：味道酸甜，樱花香味浓。

功效：樱花含有丰富的天然维生素 A、B 族维生素、维生素 E，用醋泡过后作醋饮，可改善贫血症状，益脾养肝，增进食欲，美容养颜。

原料：米醋 300 克，冰糖 100 克，樱花 60 克。

制法：

1. 将樱花用纯净水洗净，自然晾干表面水分。

2. 取一玻璃器皿，装入桂花和冰糖。

3. 再倒入米醋，加盖密封 20 天即成樱花醋。

饮法：取一干净茶杯，先倒入 30 克樱花醋，再倒入 150 克凉开水，调匀饮用。

提示：

樱花是樱树的花，而不是樱桃树的花。使用前必须拣洗干净，晾干水分。

美味拓展：喝完醋后，剩下的樱花打成泥，与蜂蜜调匀，制成樱花酱佐食面包、馒头等，营养味美。

🜲 熏衣草醋饮

特点：甜酸适口，并有熏衣草的清香味。

功效：用熏衣草泡过的醋饮能够很好地排除体内大量毒素，排走体内游离的脂肪，从而达到清脂肪和排毒瘦身的效果，特别适合便秘型肥胖的女人饮用。此外，对软化血管和改善失眠也有较好效果。

原料：米醋 500 克，冰糖 250 克，鲜熏衣草 100 克。

制法：

1. 鲜熏衣草洗净，晾干表面水分。

2. 取一干净广口瓶，装入鲜熏衣草和冰糖，倒入米醋。

3. 加盖密封，浸泡 20～30 天即成熏衣草醋。

饮法：每餐饭后取 30 克，加 5～8 倍水稀释饮用。

提示：

熏衣草要选用鲜嫩部位。如果选用干品，用量减半，以味道越浓郁的品质越好。

美味拓展：熏衣草渣调一些酱油、橄榄油和辣椒粉，就可以做成拌面酱。

🜲 玫瑰花醋饮

特点：色呈玫瑰，味道酸甜。

功效：玫瑰花富含蛋白质、脂肪、淀粉、多种氨基酸、维生素和微量元素等人体必不可少的多种营养成分。经过醋浸泡后，可抗风湿，消炎净血，促进新陈代谢，帮助消化，调节生理机能，养颜美容。

原料：米醋 300 克，冰糖 100 克，鲜玫瑰花 60 克。

制法：

1. 将鲜玫瑰花瓣用纯净水洗净，自然晾干表面水分。

2. 取一玻璃器皿，装入玫瑰花瓣和冰糖。

3. 再倒入米醋，加盖密封 1 周便成玫瑰花醋。

饮法：取 30 克玫瑰醋倒入杯中，兑入 5 倍的凉开水，调匀饮用。

提示：

1. 干燥的玫瑰花也可，但要注意干燥过程中添加了人工香料与色素的玫瑰花。

2. 泡的时间最好长一点，让玫瑰花蕾中的营养充分融入米醋中。

美味拓展：玫瑰花醋也可做油醋汁拌生菜沙拉食用，增添美食的风味。

♛ 迷迭香醋饮

特点：芳香诱人，酸味自然。

功效：迷迭香醋饮能增强记忆力，消脂减肥，消除胃胀气，减轻腹痛，安神助眠，能帮助调理女性忧郁情绪，降低胆固醇，有杀菌，抗氧化作用。

原料：米醋 600 克，新鲜迷迭香 200 克。

制法：

1. 新鲜迷迭香叶洗净，晾干水分。

2. 将迷迭香与米醋装入玻璃罐内。

3. 加盖密封 1 个月即成迷迭香醋。

食法：每次取 30 克，加入适量蜂蜜，以凉或温开水稀释 8 倍，饮用。

提示：

1. 可选用市上售的干燥迷迭香，但香气稍逊一些。

2. 米醋要完全盖住迷迭香，以防发霉。

美味拓展：烹调海鲜时，添加迷迭香醋，既可增添美味，也可解毒。

♔ 紫苏醋饮

特点：颜色美丽，酸甜宜人。

功效：紫苏含有丰富的胡萝卜素，能使血液变得干净，提高免疫力。经常饮用，可以预防衰老、行气散寒、化解鱼蟹毒，对利尿、感冒咳嗽也有效。

原料：米醋 500 克，冰糖 500 克，紫苏 250 克。

制法：

1. 紫苏洗净，阴干表面水分。

2. 取一干净广口瓶，装入紫苏和冰糖，倒入米醋。

3. 加盖密封，浸泡 20～30 天即成紫苏醋。

饮法：每餐饭后取 30 克，加 5～8 倍水稀释饮用。

提示：

1. 紫苏有红紫苏和青紫苏，只是颜色不同，哪一种都行。但使用红紫苏可浸泡出鲜艳的酒红色。

2. 糖的浓度一定要够，才能顺利萃取出紫苏的精华。

美味拓展：紫苏醋和酱油等量调配成蘸酱，搭配生豆腐、烫青菜或油炸食品食用，别有风味。

♔ 薄荷醋饮

特点：色泽悦目，清凉酸甜。

功效：此醋饮能治疗感冒发热，缓解咽喉痛，消除口疮、胀气、止痒，解除肝郁，还有醒酒的功能。

原料：米醋 600 克，鲜薄荷 120 克，冰糖 150 克。

制法：

1. 鲜薄荷叶洗净，晾干表面水分。

2. 取一干净广口瓶，装入薄荷叶，倒入米醋。

3. 加盖密封，浸泡 1 周即成薄荷醋。

饮法：每天皆可饮用。每餐饭后取 20 克左右，加 5～8 倍水

稀释饮用。

提示：

用市售干燥的薄荷叶亦可，只是香气比鲜品稍差些。

美味拓展：薄荷醋喝完，剩下的渣也是宝，用果汁机打成泥状，放在冰箱备用，泡花草茶时可以少量添加。

♛ 黑豆醋饮

特点：色黑透亮，酸中回甜。

功效：黑豆营养丰富，且不含胆固醇。中医认为，有滋补肾脏，活血利尿，消水肿的功效。常喝此醋饮，不仅对治疗骨质疏松症有显效，还能使发色乌黑，缓解妇女更年期症状。

原料：米醋 600 克，冰糖 200 克，黑豆 50 克。

制法：

1. 将黑豆拣净杂质，洗净，晾干表面水分。

2. 取一玻璃容器，装入黑豆和冰糖，倒入米醋。

3. 加盖密封，浸泡两个月即成黑豆醋。

饮法：取一干净茶杯，先倒入 30 克黑豆醋，再倒入 150 克凉开水，调匀即可饮用。

提示：

泡醋静置一段时间后，黑豆会胀大，醋的表面会出现粉色结块状的悬浮物，那是蛋白质链接物，这都是正常现象，悬浮物可直接食用，若不想要这些悬浮物，只需要每隔一段时间，摇晃容器，就不会有悬浮物了。

美味拓展：将醋豆取出，沥去醋液，加适量蜂蜜腌渍，可当零食食用。

♛ 辣椒醋饮

特点：酸甜微辣，十分爽口。

功效：辣椒中含有"辣椒素"，与醋制成饮品，可以开胃，抗菌，抑杀肠胃内的寄生虫，增强身体的免疫力，对于预防神经痛、关节炎、风湿症与坏血病有很好的效果。还可帮助中风病人肠道蠕动，以利排便。

原料：米醋 600 克，红色牛角辣椒 75 克，冰糖 400 克。

制法：

1. 将红色牛角辣椒洗净，晾干表面水分，去蒂，斜切为二。

2. 取一玻璃容器，先装入牛角辣椒和冰糖，再倒入米醋。

3. 加盖密封浸泡 45 天即成辣椒醋。

饮法：取一干净茶杯，先倒入 30 克辣椒醋，再倒入 200 克凉开水，调匀即可饮用。

提示：

如果选用的是个大且不太辣的牛角辣椒，可减少冰糖的用量。

美味拓展：把醋泡过的辣椒取出来，再同适量的冰糖放在搅拌机内打碎，即成辣椒酱。

👑 姜醋饮

特点：色泽黄亮，姜味突出。

功效：姜能增进食欲，温脾健胃。俗语有："富人吃参，穷人吃姜"，可见姜的营养很丰富。常喝姜醋饮，能促进血液循环，改善许多病症，特别适合体质虚寒者。

原料：米醋 600 克，鲜生姜 300 克，冰糖 250 克。

制法：

1. 将鲜生姜刮洗干净，晾干表面水分，切片。

2. 取一玻璃容器，装入姜片和冰糖，倒入米醋。

3. 加盖密封，浸泡 45 天即成姜醋。

饮法：取一干净茶杯，先倒入 30 克姜醋，再倒入 150 克凉开水，调匀即可饮用。

提示：

姜不需去皮，洗净风干即可。

美味拓展：将姜片取出切丝，可与绿豆芽等原料烹炒，也可搭配海鲜食用，增加美味。

👑 大蒜醋饮

特点：蒜味浓郁，味道酸甜。

功效：此醋饮性质温热，可以补气血，促进气血循环，预防感冒，提高身体的免疫力，改善手脚冰冷等症状。

原料：糙米醋 600 克，大蒜 300 克，冰糖 100 克。

制法：

1. 将大蒜分瓣，去皮，放入洗净的广口瓶内。

2. 倒入冰糖和糙米醋。

3. 加盖密封，置于阴凉处，约两个月即成。

饮法：每次 30 毫升大蒜醋，加 8 倍温或冷开水稀释饮用。

提示：

1. 选用已经完全阴干的大蒜。

2. 如果使用糯米醋泡大蒜醋的话，蒜瓣容易变绿变质，所以最好使用糙米醋才可避免。

美味拓展：泡过的蒜瓣作火锅的调料，非常开胃爽口。

👑 洋葱醋饮

特点：洋葱风味浓郁，味道酸甜。

功效：此醋饮可以补充钙质、降低胆固醇、预防动脉硬化，也可使体内维持弱碱性的健康状态。

原料：陈年醋 600 克，洋葱 300 克，冰糖 100 克。

制法：

1. 洋葱剥去外皮，洗净晾干，切成圆片。

2. 把洋葱片装入玻璃广口瓶内，放入冰糖与陈年醋。

3. 加盖密封，置于阴凉处，半个月左右即成。

饮法：取洋葱醋 30 克左右，加 8 倍温开水稀释饮用。

提示：

洋葱有黄皮、白皮和紫皮之分，选哪一种都可以。

美味拓展：泡过的洋葱可当小菜佐饭吃，也可与少量醋烹调醋熘菜肴。

♛ 胡萝卜醋饮

特点：色泽粉红，酸甜美味。

功效：此醋饮能降血压血糖，预防便秘，提高视力，增强免疫力，抗病毒，抗肿瘤。

方法一：

原料：米醋 600 克，胡萝卜 250 克，冰糖 100 克。

制法：

1. 胡萝卜洗净，晾干表面水分，切成筷子粗条状。

2. 取一消毒广口玻璃瓶，装入胡萝卜条、冰糖和米醋。

3. 加盖浸泡一个月即成。

饮法：取胡萝卜醋 30 克倒入杯中，加入 5 倍的凉开水，调匀饮用。

提示：

1. 胡萝卜连皮使用，效果才佳。

2. 如果选用的是有机胡萝卜，泡在醋中颜色不会有太大的改变。若胡萝卜颜色变的太深，则说明胡萝卜的农药残留很多。

美味拓展：将泡过一星期的胡萝卜条捞出来当小菜食用，爽口清脆。

方法二：

原料：胡萝卜 2 根，蜂蜜、食醋、纯净水各适量，色拉油 10 克。

制法：

1. 将胡萝卜刮洗干净，横着切成厚片。

2. 胡萝卜片入碗，加入色拉油拌匀，上笼蒸软，取出晾凉。

3. 将胡萝卜片和纯净水放在搅拌机内，搅打成汁。

4. 过滤后倒在杯中，加入食醋和蜂蜜调好酸甜味即成。

饮法：直接饮用。

提示：

1. 胡萝卜素因属脂溶性物质，在油脂中才能被很好地吸收。所以蒸制时加点油最好。

2. 也可用榨汁机直接榨汁制作醋饮料。

美味拓展：将过滤出的胡萝卜蓉与冰糖入锅，可炒制成胡萝卜酱。

♛ 西红柿醋饮

特点：色泽橙红迷人，酸甘味美。

功效：西红柿透过醋的浸润后功效更多，具有清热消暑，保护肝脏，润泽肌肤，抑制体内自由基产生，预防高血压与癌症等功效。

方法一：

原料：糙米醋 500 克，西红柿 300 克。

制法：

1. 西红柿洗净．去蒂，擦干表面水分，切成滚刀块。

2. 取干净且干燥的玻璃罐，放入西红柿块和糙米醋。

3. 将玻璃罐口密封好，放置在阴凉处泡两个月即成西红柿醋。

饮法：取 30 克醋于杯中，用 8 倍的凉开水稀释，饭后饮用。

提示：

要选用熟透的西红柿。

美味拓展：将西红柿块取出来，与白糖入锅炒干水气，即得西红柿酱。

方法二：

材料：番茄 2 个，蜂蜜、食醋各适量，纯净水 100 克。

制法：

1. 将番茄洗净，用开水烫软去皮，然后切碎。

2. 用清洁的双层纱布包好，把番茄汁挤出，倒入杯内。

3. 加入纯净水调匀，再加入食醋和蜂蜜调好酸甜味即成。

饮法：直接饮用。

提示：

1. 应选用新鲜、成熟、颜色红艳的番茄。若番茄切开后内部发青，则不宜使用。

2. 如喜欢番茄酸酸的味道，就不要加蜂蜜来调味。

美味拓展：此醋饮入锅烧开，勾芡，制成酸甜汁，可作焦熘菜肴的调味。

♔ 南瓜醋饮

特点：色黄迷人，酸甜怡口。

功效：南瓜营养丰富，与醋合制成饮品，是长寿养生的保健佳品，能预防男性前列腺肿大，预防便秘与结肠癌，提升免疫力，并能防止脱发。

方法一：

原料：米醋 600 克，南瓜 250 克，冰糖 50 克。

制法：

1. 南瓜用温水洗净表面，风干后，切成小块，待用。

2. 将南瓜连皮带子一起装入玻璃瓶中，倒入冰糖和米醋。

3. 加盖封口，浸泡两个月即成南瓜醋。

饮法：每天皆可饮用，每次取 30 克于杯中，加 5 倍的凉开水调匀饮用。

提示：

注意容器要密封好，以免杂菌进入，导致发霉腐坏。

美味拓展：将泡过的南瓜沥去醋液，切成小片，可与绿豆

芽、圆白菜等爆炒。

方法二：

原料：净南瓜 200 克，食醋、白糖、蜂蜜各适量。

制法：

1. 净南瓜切片，放在不锈钢锅中，加入 300 克水煮熟。

2. 把煮好的南瓜和南瓜水倒入料理机内打成浆，过滤取汁。

3. 将南瓜汁倒入杯中，加入食醋、白糖和蜂蜜调匀即成。

饮法：直接饮用。

提示：

要选用皮色金黄、瓜肉橘黄、含糖量高、纤维少、无病虫害的老熟南瓜。

美味拓展：将过滤出的南瓜蓉入锅，加冰糖可炒成色黄味甜的南瓜酱。

♕ 苦瓜醋饮

特点：色泽淡绿，甜酸可口，并有苦瓜的清香味。

功效：此醋饮能促进皮肤新陈代谢，预防感冒，降血压，治疗中暑与眼球红肿，明目清心，下火。

方法一：

原料：米醋 600 克，苦瓜 250 克，冰糖 250 克。

制法：

1. 苦瓜用温水洗净表面，风干后，切成小段，待用。

2. 将苦瓜段连籽一起装入玻璃瓶中，倒入冰糖和米醋。

3. 加盖封口，浸泡一个半月即成苦瓜醋。

饮法：每天皆可饮用，每次取 30 克于杯中，加 8 倍的凉开水调匀饮用。

提示：

应选用表面果瘤粒大而饱满、色泽碧绿漂亮、肉质厚实的新鲜苦瓜。以选用野生苦瓜为最佳。

美味拓展：将泡过的苦瓜沥去醋液，切片，与精盐和辣椒油拌匀，即得一道下粥小菜。

方法二：

原料：鲜苦瓜 250 克，食醋、蜂蜜、纯净水适量。

制法：

1. 苦瓜洗净，切成小丁，同适量纯净水放在榨汁机中压榨成汁液。

2. 把苦瓜汁过滤去渣，倒入杯中。

3. 加入食醋和蜂蜜调味，即成。

饮法：直接饮用。

提示：

榨汁时可加适量的水，减轻苦味。如喜欢苦味，可以少加水。

美味拓展：取新鲜苦瓜切片，用此醋饮浸泡，置冰箱冷藏至入味，即成冰苦瓜。

♔ 牛蒡醋饮

特点：清澈透亮，酸香清爽。

功效：牛蒡含有丰富的蛋白质、氨基酸、多种维生素、矿物质及食物纤维。此醋饮能抗衰老、提高人体免疫力，降低血脂，防治便秘，对高血压、糖尿病、肠癌等疾病有预防作用。

原料：米醋 600 克，牛蒡 350 克。

制法：

1. 将牛蒡洗净，晾干表面水分，横着切成片，待用。

2. 取一消毒玻璃瓶，装入牛蒡，倒入米醋。

3. 盖好盖子，浸泡 45 天即成牛蒡醋。

饮法：每天皆可饮用，每次取 30 克于杯中，加 8 倍的凉开水调匀饮用。

提示：

1. 牛蒡洗净即可，不需去皮。

2. 喜欢酸酸甜甜的口味，可加蜂蜜或冰糖调味。

美味拓展：将醋泡过的牛蒡加上白糖拌匀，即成一道酸甜可口的下酒小菜。

♛ 甜菜根醋饮

特点：色泽红艳，味道酸甜。

功效：甜菜根汁富含有益心脏健康的维生素 C、维生素 K、膳食纤维和多酚类物质。经过用醋泡制后，此醋饮对预防甲状腺肿、防治动脉粥样硬化、治疗高血压都有一定疗效。

原料：米醋 600 克，甜菜根 350 克，冰糖 100 克。

制法：

1. 将甜菜根洗净，晾干表面水分，横着切成片，待用。

2. 取一消毒玻璃瓶，装入甜菜根、冰糖和米醋。

3. 盖好盖子，浸泡 30 天即成甜菜根醋。

饮法：每天皆可饮用，每次取 30 克于杯中，加 5 倍的凉开水调匀饮用。

提示：

甜菜根要挑选新鲜而柔嫩者。若切开内部有空洞者，最好不用。

美味拓展：可把泡过的甜菜根捞出来，加点香油拌匀，佐粥食用，非常利口。

♛ 莲藕醋饮

特点：色泽雪白，清香酸甜。

功效：熟藕性温、味甘，有益胃健脾、养血补益、生肌止泻的功效。此醋饮对肺热咳嗽、烦躁口渴、脾虚泄泻、食欲不振等症者饮用，疗效颇佳。

原料：莲藕 150 克，蜂蜜、食醋各适量，纯净水 200 克。

制法：

1. 莲藕洗净污泥，削去皮，切成小块，泡在清水中。

2. 将藕块放入搅拌机内，加入纯净水搅打成汁，并滤去渣滓。

3. 将藕汁倒入不锈钢锅中，以小火加热至熟，盛出晾凉。

4. 加入食醋和蜂蜜调味即可。

饮法：直接饮用。

提示：

1. 藕易氧化，避免用铁锅加热。

2. 要小火加热，边加热边搅拌防止糊锅。

美味拓展：将剩下的藕蓉与适量面粉、鸡蛋和精盐拌成稠糊，做成丸子油炸成熟，佐椒盐食用，即成外焦内嫩的椒盐藕丸子。

👑 紫薯醋饮

特点：色呈深蓝，味道酸甜。

功效：此醋饮是低脂肪低热能的食物，同时能有效地阻止糖类变为脂肪，有利于减肥健美，防止亚健康和通便排毒。还含有丰富的膳食纤维，有促进肠胃蠕动、预防便秘和结肠直肠癌的作用。

方法一：

原料：米醋 500 克，紫薯 250 克，冰糖 100 克。

制法：

1. 紫薯洗净表面污泥，晾干表面水分，切成滚刀小块。

2. 取一广口玻璃瓶，装入紫薯块、冰糖和米醋。

3. 加盖密封，置于阴凉处泡两个月即成紫薯醋。

饮法：每天取 30 克于杯中，加入 5 倍的纯净水调匀饮用。

提示：

紫薯表面的斑点及杂物必须去净，否则，在泡制时极易变坏。

美味拓展：将紫薯沥去醋液，上笼蒸软，取出，淋上炼乳，即成一道甜品。

方法二：

原料：紫薯200克，白砂糖、食醋适量，纯净水200毫升。

制法：

1. 红薯洗净，上笼蒸烂，取出晾凉。

2. 将红薯压成极细的泥，加适量开水稀释调匀，过滤去渣。

3. 把紫薯汁倒入杯中，加入白砂糖和蜂蜜调匀即成。

饮法：直接饮用。

提示：

如果将紫薯打成汁制作醋饮料，必须入锅煮沸晾凉后使用。因为紫薯中的淀粉颗粒不经高温破坏，难以消化。

美味拓展：将过滤出的紫薯蓉加冰糖入锅炒干水气，即得一道甜而不腻的炒紫薯泥，佐酒下饭均佳。

♛ 芹菜醋饮

特点：色泽淡绿，味道微酸，并有芹菜的清香味。

功效：芹菜有降血脂、降血压的作用，搭配食醋饮用，有更好的效果。

原料：鲜芹菜200克，食醋、纯净水各适量。

制法：

1. 鲜芹菜洗净，切成小丁。

2. 把芹菜丁放入榨汁机内，加入纯净水，榨取汁液。

3. 芹菜汁入杯，加入食醋调好酸味即成。

饮法：直接饮用。

提示：

1. 芹菜表面有锈斑的不可用。

2. 如果喜欢喝酸中带甜的口味，可加冰糖或白砂糖调味。若是糖尿病人饮用，就加木糖醇调成酸甜味。

美味拓展：将剩下的芹菜蓉和煮熟的花生米放在一起，加精盐和香油拌匀，即成一道下粥小菜。

♛ 百合醋饮

特点：色泽淡雅，酸甜可口。

功效：此醋饮能够起到滋阴养颜清肺、清咽利喉的功能，适于爱美和患有慢性支气管炎、秋天干燥而引起的肺燥咳嗽、肺结核等症的人食用。

方法一：

原料：米醋 500 克，干百合 20 克，蜂蜜适量。

制法：

1. 干百合用温水洗去表面灰分，晾干表面水分。

2. 取一消毒容器，装入干百合和冰糖，再倒入米醋。

3. 加盖密封，置于阴凉处泡两个月即成。

饮法：每天皆可饮用，每次取 30 克，倒入 5 倍的纯净水，调匀饮用。

提示：

干百合以大小均匀、无碎末状的小片、自然的黄白色、无异味的为佳。

美食拓展：将百合滤去醋液，放在熬好的米粥内，可制成百合粥。

方法二：

原料：鲜百合 1 朵，蜂蜜 30 克，食醋、清水适量。

制法：

1. 百合洗净滤干，剥瓣，用沸水略烫，待用。

2. 百合瓣放入碗中，加蜂蜜拌匀，再加清水浸泡，上笼蒸半小时。

3. 取出滤汁，加食醋调好酸甜口味即成。

饮法：直接饮用。

提示：

百合用开水焯烫，是为了去除一些涩味。

美食拓展：可将蒸好的蜂蜜百合作为一道甜汤直接食用。

蜂蜜醋饮

特点：酸酸甜甜，十分爽口。

功效：每一天饮一杯蜂蜜醋饮，能增强体质，排出体内毒素。长期饮用，肌肤会变的红润光泽、细滑白嫩。

原料：食醋 20 克，蜂蜜 20 克，凉开水 200 克。

制法：

1. 取一干净杯子，先用羹匙舀入食醋和蜂蜜。

2. 再倒入凉开水，用羹匙充分调匀即成。

饮法：直接饮用。

提示：

不要使用立即烧沸的水，否则会降低蜂蜜的营养功效。

美味拓展：将可以生吃的蔬菜切片或切丝，用蜂蜜醋饮浸泡，放入冰箱镇凉食用，是非常开胃的一道小菜。

二、混合搭配能量醋饮

将两种或两种以上的原料与醋合制成一种醋饮，不仅口味丰富，而且营养保健功效大大加强。

冬瓜大米醋饮

特点：色泽淡绿，味道微酸，并有芹菜的清香味。

功效：此醋饮具有清热生津的功效，夏秋季节服用有清暑利湿之效。

原料：冬瓜 200 克，大米 30 克，食醋、白砂糖各适量，精盐少许。

制法：

1. 冬瓜洗净，切成滚刀小块；大米淘洗干净，沥水。

2. 坐锅点火，添入 750 克清水烧沸，下冬瓜块、大米和精盐，以中火煮 40 分钟。

3. 取汁液晾凉，加入食醋和白砂糖调味即成。

饮法：直接饮用。

提示：

1. 冬瓜连皮及籽瓤一起煮制。

2. 可选用不同颜色的酿造醋来调味。

美味拓展：将剩下的冬瓜和大米可当粥品食用。若加蜂蜜调味，别有风味。

♕ 杏仁桂花醋饮

特点：色泽自然，味道甜酸，有桂花的清香味。

功效：此醋饮具有保健美容、润肺化痰功效，适宜女性四季常饮。

方法一：

原料：米醋 500 克，甜杏仁 100 克，鲜桂花 20 克。

制法：

1. 甜杏仁、鲜桂花分别用温水洗一遍，晾干表面水分。

2. 把甜杏仁和鲜桂花装入玻璃容器内，倒入米醋。

3. 盖好盖子，密封置于阴凉处泡 45 天即成杏桂醋。

饮法：每次取 30 克于杯中，加 5 杯的纯净水和适量蜂蜜调匀饮用。

提示：

鲜桂花不可久存，以免香味挥发。

美味拓展：甜杏仁取出沥去醋液，与辣椒油和盐拌匀，即成一道开胃小菜。

方法二：

原料：甜杏仁 20 克，桂花 10 克，冰糖、食醋各适量。

制法：

1. 甜杏仁捣碎，待用。

2. 坐锅点火，添入适量清水烧沸，入甜杏仁煮 15 分钟，再入桂花煮 10 分钟。

3. 过滤取汁，加冰糖和食醋调味即成。

饮法：直接饮用。

提示：

1. 一定要选用甜杏仁。

2. 可温饮也可入冰箱镇凉饮之。

美味拓展：桂花和杏仁碎放在一起，加白糖调味，即为杏桂馅，可作汤圆、点心的馅心。

♛ 苦菜苹果醋饮

特点：色泽碧绿，甜酸微苦。

功效：此醋饮有帮助消化，增加食欲，消除疲痨，调节体液酸碱平横，软化血管，美容护肤等功效。

原料：苹果 350 克，苦菜 150 克，食醋、蜂蜜、纯净水各适量。

制法：

1. 苦菜择净杂质，洗净，用沸水烫漂 3～5 分钟，捞出冷却。

2. 苹果洗净，切成小丁，同苦菜放在榨汁机内，加入纯净水榨取汁液，过滤待用。

3. 将苦瓜苹果汁倒在杯中，加入食醋和蜂蜜调匀即成。

饮法：直接饮用。

提示：

1. 新鲜苦菜以春天刚长出的，有 5～6 片叶，刚开花的为佳；苹果要选含糖量高的。

2. 苦菜和苹果的用量比例约为3∶7。如果苦菜太多，味道会过苦，使人无法接受。

美味拓展：将烫过的苦菜加醋调味，也是一道下酒小菜。

♕ 桂圆红枣醋饮

特点：清澈透明，酸甜适口，有桂圆和红枣香味。

功效：桂圆与红枣泡成醋饮用，可平衡神经系统、止咳化痰、健肠整胃、缓和胃下垂及十二指肠溃疡症状，并能安定神经、滋润皮肤。

原料：米醋500克，桂圆肉、红枣各100克。

制法：

1. 桂圆肉、红枣分别用温水洗净表面灰分，晾干水分。

2. 将桂圆肉和红枣装入玻璃瓶内，再倒入米醋。

3. 加盖封口，置阴凉处泡2个月即成。

饮法：每天皆可饮用，每次取30克，加5倍纯净水和适量蜂蜜调匀饮用。

提示：

注意把有虫蛀的红枣挑出来，以免影响质量。

美味拓展：将桂圆肉和红枣沥去醋液，加蜂蜜腌渍后，晾干即成果脯。

♕ 山药核桃醋饮

特点：口感酸甜独特，有山药味的清香。

功效：此醋饮营养丰富、均衡，能够起到益智醒脑、润肺补肾、止咳祛喘的功能，特别适合患有肺肾两虚而导致的长期哮喘等症的人饮用。

原料：米醋500克，山药150克，核桃仁100克。

制法：

1. 山药洗净表面污泥，去皮切块；核桃仁用沸水略泡，去表层红衣。

2. 把山药和核桃仁装入玻璃容器内，倒入米醋。

3. 加盖密封，静置泡 2 个月即成。

饮法：每天皆可饮用，每次取 30 克，加 5 倍纯净水和适量蜂蜜调匀饮用。

提示：

喜欢喝酸酸的口味，不加蜂蜜调味也可以。

美味拓展：把核桃仁和山药捞出来，加少许盐拌匀，可作小菜食用。

山楂核桃醋饮

特点：口感润滑，味道酸甜，核桃香味浓。

功效：此醋饮料有补肺肾、润肠燥、消食积之功，可用于肺虚咳嗽、气喘、食积、高血压、高脂血症及老年便秘等患者。

原料：炒核桃仁 150 克，山楂 50 克，食醋、白糖各适量。

制作：

1. 炒核桃仁和适量水放在搅拌机中打成浆，过滤待用。

2. 山楂去核、切片，加 500 克水煎煮半小时，过滤取汁。

3. 将核桃汁和山楂汁放在一起。

4. 加入食醋和白糖调匀即成。

饮法：直接饮用。

提示：

山楂汁有酸味，与核桃汁合匀后，尝试酸味后，再加食醋调味。

美味拓展：煮过的山楂与白砂糖入锅，以中火炒成山楂酱。

果味薄荷醋饮

特点：气香清凉，果味四溢，味道酸甜。

功效：奇异果富含美白功效的维生素 C 和减少皱纹产生的维生素 A。加上具有神清气爽、解毒败火的薄荷和具有美容光焕发功效的食醋制成醋饮料，既能美白又能除面部皱纹，女性们多饮，效果非常好。

方法一：

原料：米醋 500 克，奇异果 2 个，苹果 2 个，薄荷叶 10 克，冰糖 200 克。

制法：

1. 奇异果洗净，切片；苹果洗净，切块；薄荷叶洗净，晾干表面水分。

2. 把奇异果、苹果、薄荷叶和冰糖装入容器内，倒入米醋。

3. 加盖密封，静置泡 2 个月即成。

饮法：每天皆可饮用，每次取 30 克，加 5 倍纯净水调匀饮用。

提示：

各种原料一定要晾干表面水分。否则，在泡制时极易变坏。

美味拓展：也可以把奇异果、苹果取出来，与奇异果醋一起放入果汁机中打成酱汁，佐餐食用，味美且营养丰富。

方法二：

原料：奇异果 2 个，苹果 1 个，薄荷叶 3 片，食醋、蜂蜜、纯净水各适量。

制法：

1. 奇异果洗净削皮，切成四块；苹果洗净不必削皮，去核切块；薄荷叶切成碎末。

2. 将奇异果、苹果和薄荷叶一起放入搅拌机中。

3. 加入纯净水打成汁液，过滤后倒在杯中

4. 加入食醋和蜂蜜调味即成。

饮法：直接饮用。

提示：

新鲜薄荷叶宜包入塑料袋中，置入冰箱冷藏。

美味拓展：将滤出的奇异果渣和苹果渣入锅，加上白砂糖炒成混合果酱。

👑 番茄菠萝醋饮

特点：色泽诱人，甜中带酸。

功效：菠萝可以解暑止渴，消食止泻。番茄具有抗衰老作用，能使皮肤保持白皙。两者与醋制成饮料，女性常饮可以使皮肤光滑滋润。

原料：番茄 2 个，菠萝半个，食醋、蜂蜜各适量，纯净水100 克，淡盐水 200 克。

制法：

1. 番茄洗净，切成小方块。

2. 菠萝去皮，切成小方块，放在淡盐水中浸泡 10 分钟，待用。

3. 将番茄块和菠萝块一起放入搅拌大杯内，加入纯净水搅打成汁液，过滤取汁。

4. 把番茄菠萝汁倒入杯中，加食醋和蜂蜜调味即成。

饮法：直接饮用。

提示：

1. 菠萝肉用淡盐水泡后榨汁，既防止过敏，又味道可口。

2. 此汁中加入适量的蜂蜜，既可提升口味，又使功效更强。

美味拓展：番茄菠萝醋也可做油醋汁拌在生菜沙拉食用，增添美食的风味。

👑 什果蔬菜醋饮

特点：色泽丰富，果蔬味浓。

功效：此醋饮料有多种水果和蔬菜制成，其中含有丰富的纤维素，能够促进体内的新陈代谢，消除体内多余脂肪，有瘦身消脂、消食健胃、促进新陈代谢的功效。

原料：菠萝肉 50 克，芹菜 2 根，葡萄柚 1 个，黄瓜 1 根，雪梨 1 个，食醋、蜂蜜各适量，纯净水 100 克。

制法：

1. 芹菜洗净，放在开水锅中烫至变色，捞出过凉，切成小段。

2. 葡萄柚去皮，切成块状；雪梨洗净，去皮及籽，切成块状；菠萝肉和黄瓜分别切成小块。

3. 将所有果蔬放入搅拌机内，加入纯净水打成果汁，过滤后盛入杯中。

4. 加入食醋和蜂蜜调成酸甜适口，即成。

饮法：直接饮用。

提示：

芹菜烫的时间不要过长，避免损失更多的营养和汁液。

美味拓展：将果蔬渣与适量白糖和辣椒粉入锅中炒成甜辣酱，可佐食面包、馒头等。

👑 紫色果蔬醋饮

特点：色艳紫红，酸中含甜。

功效：此种醋饮料富含花青素，是一种非常强的抗氧化、抗衰老的物质。不仅对眼睛有很好的保护作用，而且也有预防高血压、高血糖、癌症的功效。

原料：紫甘蓝 100 克，草莓 100 克，桑葚 100 克，食醋适量。

制法：

1. 将所有原料洗净，控干水分，然后把紫甘蓝切成细丝。

2. 把加工好的原料依次放入打浆机内打成细浆，过滤倒入杯中。

3. 再加入食醋调匀即成。

饮法：直接饮用。

提示：

三种原料的用量最好各占三分之一。

美味拓展：此醋饮与煮好的绿豆拌匀食用，也同样味美合口。

👑 包菜桃子醋饮

特点：味道酸甜，凉爽宜人。

功效：包菜含有抗氧化的营养素，可以抗衰老，提高人体免疫力，还可以增进食欲，促进消化，预防便秘。桃肉具有养阴、生津、润燥活血的功效。两者一起榨汁，搭配食醋和蜂蜜饮用，对胃溃疡、便秘、食欲不振均有一定作用。

原料：包菜250克，桃子200克，食醋、蜂蜜各适量。

制法：

1. 包菜洗净，放入开水锅中焯一下，捞出晾凉剁碎。

2. 桃子洗净，切成两半，去核，切成黄豆大小的块。

3. 将包菜和桃子放入榨汁机中，加适量纯净水榨取汁液，倒在杯中。

4. 加入食醋和蜂蜜调匀即成。

饮法：直接饮用。

提示：

挑选桃子以按压时硬度适中的为宜，太软则容易烂。

美味拓展：将包菜和桃子蓉放在小碗内，加入白砂糖拌匀，入冰箱镇凉，可作消夏食品享用。

👑 兰花白菜醋饮

特点：味美色绿，十分爽口。

功效：这道醋饮料的维生素 C 含量极高，不但有利于人的生长发育，更重要的是能提高人体免疫功能，促进肝脏解毒，增强人的体质，增加抗病能力，提高人体免疫功能。还可以消除体内多余的脂肪，达到瘦身纤体的效果。

原料：西兰花100克，圆白菜50克，番茄1个，食醋、蜂蜜各适量。

制法：

1. 将所有原料洗净。西兰花放在开水中烫一下，捞出晾凉，同番茄分别切成小丁；圆白菜切碎。

2. 将切好的所有原料一起放入搅拌机内，加入纯净水打成汁液。

3. 将蔬菜汁过滤后，倒在杯中，加入食醋和蜂蜜调匀即成。

饮法：直接饮用。

提示：

1. 西兰花焯水后再榨汁，色泽更好看。

2. 这道饮品也可不加蜂蜜调味。

美味拓展：将过滤出的渣料与蜂蜜拌匀，入冰箱镇凉，可作消夏小食品享用。

♔ 双瓜香蕉醋饮

特点：味中有味，甜中含酸。

功效：哈密瓜可净化血液、利尿、润肺；木瓜能帮助消化、消除黑斑、雀斑等；香蕉排便通畅，清除尿酸及血液的胆固醇。三者一起与醋制成饮料，有很好的美容瘦身效果。

原料：哈密瓜 100 克，木瓜 100 克，香蕉 1 个，蜂蜜、食醋、纯净水各适量。

制法：

1. 哈密瓜、木瓜分别洗净，去皮、去籽后切块；香蕉去皮，切块。

2. 将加工好的所有原料一起放入搅拌机大杯内，加入纯净水，打成汁液。

3. 将汁液过滤后，倒在杯中，加入食醋和蜂蜜调匀即可。

饮法：直接饮用。

提示：

1. 选用的香蕉以表皮略带黑色斑点为好。

2. 控制好加水量，使榨出的果汁不要过浓或过稀。

美味拓展：把过滤出的双瓜和香蕉蓉与白砂糖入锅，可炒成果酱食用。

👑 玫瑰枸杞红枣醋饮

特点：色呈玫瑰红，酸甜利口。

功效：此醋饮不仅能美容养颜，解酒护肝，而且对预防心脏病、中风有特效。也具有防癌作用，提高人体免疫力。

原料：米醋 500 克，玫瑰花 10 克，枸杞子 30 克，干枣 3个，柠檬 1 个，蜂蜜、纯净水各适量。

制法：

1. 把干红枣表面附着的灰尘用净布擦干净，然后撕成小块；枸杞洗净。

2. 玫瑰、枸杞和红枣块放入干净无水无油的小碗内，倒入适量米醋清洗一下，装在玻璃瓶内。

3. 先倒入一半米醋，加盖浸泡 1 周后，再加入剩余米醋，浸泡 1 个月即成。

饮法：取 1 汤匙玫瑰枸杞红枣醋于玻璃杯中，对入 5 杯的纯净水和适量蜂蜜，搅拌均匀，加入 1 片柠檬，即可饮用。

提示：

1. 红枣、玫瑰和枸杞用米醋清洗，不容易使醋变质。

2. 柠檬最后放，增加香气，现放现喝，若放置太久，柠檬的味道溶于醋中，酸味太重。

美味拓展：把泡过的红枣沥去醋液，加蜂蜜腌渍晾干，可作零食享用。

👑 玫瑰龙眼醋饮

特点：色泽粉红，味道酸甜。

功效：玫瑰搭配龙眼酿醋含丰富铁质，可养气血，排宿便，增强记忆力，对失眠也可有效改善，能让你喝出粉嫩好气色。

原料：糯米醋 500 克，桂圆 600 克，冰糖 300 克，玫瑰花 5 克。

制法：

1. 龙眼洗净擦干水，剥除壳与果核，取果肉备用。

2. 以一层龙眼肉、一层冰糖的方式放入广口玻璃瓶中。

3. 再放入玫瑰花，倒入糯米醋，然后封紧瓶口，放置于阴凉处，静置浸泡三个月即成。

饮法：每次取 30 克，用 5 倍的纯净水稀释饮用。

提示：

1. 桂圆含有大量的果糖、蔗糖，甜分高，所以冰糖的用量较少。

2. 饮用时也可加入适量蜂蜜，丰富滋养效果。

美味拓展：玫瑰龙眼醋搭配冰沙食用，更爽口消暑。

♕ 桂圆银耳冰醋饮

特点：口感润滑，冰凉酸甜。

功效：银耳富有天然植物性胶质，与桂圆和柠檬醋制成冰醋饮料，长期服用可以润肤，并有祛除脸部黄褐斑、雀斑的功效。

原料：桂圆 50 克，干银耳 25 克，白砂糖 30 克，柠檬醋、冰块、纯净水各适量。

制法：

1. 将银耳用清水泡发，撕成小片；桂圆用清水泡软。

2. 坐锅点火，添入适量清水烧沸，放入银耳煮软，离火晾冷。

3. 将桂圆肉和银耳放入榨汁机中。

4. 依次加入柠檬醋、白砂糖、冰块及凉开水，打成汁液即成。

饮法：直接饮用。

提示：

1. 煮银耳的水应与原料一起打汁。

2. 喜欢细泥的口感，打的时间长一些。反之，时间短点。

美味拓展：此醋饮淋在可食的生菜上，更觉营养、爽脆。

醋 的趣闻趣事

"贵妃醋" 由来惹人笑

中国四大美女之一杨贵妃爱吃荔枝，有"一骑红尘妃子笑，无人知是荔枝来"诗句为证。到了荔枝成熟的季节，要求每天都能吃到新鲜荔枝。但荔枝产于南方，多在两广、福建、四川、台湾等地。但唐朝的都城却在西安，离最近的荔枝产地尚有千里之遥。再加上鲜荔枝难以保存，离枝后两三日便色香味尽去。唐玄宗为博得杨贵妃欢心，就派人从数千里外的南方用千里马运送荔枝到长安。而无荔枝时节，为给杨贵妃解馋，宫廷里发明了一种用鲜荔枝泡醋，再加蜂蜜和冰泉水，来满足杨贵妃吃荔枝的欲望。此醋饮喝得贵妃娘娘朱唇轻抿百媚生，乐得皇帝笑开颜。又传安史之乱时，杨贵妃流亡到日本，并把御制贵妃醋的秘方也带到了日本，后来日本人又把它传到了韩国。当时，日、韩人非常仰慕贵妃之美，便饮用贵妃醋解相思相恋之愁。因此，日韩饮醋之风盛行至今，贵妃醋也得以广为流传。

曹操饮醋元气盛

传说在三国的时候，魏国的国君曹操，由于军事上的失利，率兵退至洛阳，等待天时。他整日闭门不出，饮食一天天减少，体力也大不如以前。文武大臣看到这种情景，都焦虑不安。有谋士徐庶想到一法，遂与大臣计议，齐赞良计妙法。第二天，曹操正闲坐厅堂闭目沉思，忽闻阵阵清香扑鼻而来，不禁为心一动，想外出游玩。在徐庶的巧谏下，率一千文臣武将驾临菏泽寺。菏泽寺前有一菏泽泉，泉水源源不断，水波荡漾，清澈无比；荷花鲜艳无比，香风阵阵，沁人心脾；荷叶如盖，碧色连天。曹操欣赏到这美景，一时间心旷神怡，心中大悦。其间又有侍者献上菏泽香醋，曹操细品，顿觉肺润气顺，元气大盛，不由连声赞叹。并下令让全军士兵在进餐时佐菏泽香醋，以增士气。因菏泽泉水美醋香，曹操就让亲信曹洪率三千虎卫军驻守这里，负责供应此处甘水，并监督菏泽香醋的酿造，以备使用。

第五篇 配出不同风味醋

在一日三餐的餐桌上，人们在吃饺子、包子、烧麦时，蘸上一点醋，吃着才觉有味；在吃臊子面条、喝面条汤时，往碗中滴上几滴醋，感觉更有味道；更有人不论吃什么饭，都喜欢放点醋，吃着才过瘾。为了丰富自己的味蕾，就动手运用普通的醋，经过巧妙的调配，来变化出美妙各异的风味醋吧。

👑 辣味醋

原料：香醋 500 克，霸王椒 75 克。

制法：

1. 霸王椒去蒂洗净，再用开水烫一下，揩干水分，切成小块。
2. 把霸王椒块放在榨汁机内搅打成细蓉，盛出待用。
3. 将霸王椒蓉与香醋装在玻璃容器中混合均匀。
4. 盖好盖子，泡一两天，过滤去渣，取汁即成。

特点：色泽深红，味道酸辣。

提示：

1. 霸王椒为辣椒的一种，定要用开水烫过，否则，会使醋变质。
2. 喜欢辣味的可以加大霸王椒的用量。

👑 五香陈醋

原料：陈醋 500 克，甘草 3 克，八角、丁香、砂姜各 2 克，桂皮 1 克。

制法：

1. 将八角、桂皮、丁香、砂姜和甘草用热水洗去表面灰分，控干表面水分。

2. 取一消毒玻璃容器，装入八角、桂皮、丁香、砂姜和甘草。

3. 再倒入陈醋，加盖密封，浸泡半个月即成。

特点：色泽酱红，五香酸味。

提示：

1. 桂皮有苦味，用量不宜多。

2. 各种香料不应带生水放入醋中，否则易变质。

甜陈醋

原料：陈醋 1000 克，红片糖 250 克，生姜 50 克。

制法：

1. 生姜洗净，去皮，剁成末。

2. 坐锅点火，倒入陈醋，加入姜末和红片糖。

3. 待烧沸至红片糖融化，出锅。

4. 过滤去渣，取汁即成。

特点：酱红，气香，酸甜。

提示：

1. 选择优质的红片糖。

2. 加热时间以糖溶化即可，切不可长时间熬制。

姜黄醋

原料：白米醋 1000 克，生姜 200 克，姜黄粉 50 克。

制法：

1. 生姜洗净，去皮，切成小丁。

2. 把生姜丁放入榨汁机中，搅打成细泥，盛出备用。

3. 白米醋入玻璃容器，加入姜泥和姜黄粉，充分搅匀。

4. 加盖泡约 1 天，过滤去渣，即成。

特点：色黄，酸香。

提示：

1. 选择质量上乘的姜黄粉。

2. 浸泡时间要够，使生姜和姜黄粉的味道充分与醋融合。

👑 蒜味醋

原料：糯米白醋 1000 克，大蒜 200 克。

制法：

1. 大蒜剥皮分瓣，剁成细末。

2. 糯米白醋入玻璃容器内，加入蒜末。

3. 加盖浸泡 2 天，过滤即成。

特点：色白，味酸，蒜香。

提示：

1. 大蒜剁好后立即使用，否则，会受空气影响而变色。

2. 也可选用有色的陈醋、香醋。

👑 酱香醋

原料：陈醋 500 克，酱油 500 克。

制法：

1. 取一干净且消毒的玻璃瓶，倒入酱油。

2. 再倒入陈醋。

3. 加盖拧紧，充分摇晃混合，即成。

特点：酱红，鲜酸。

提示：

1. 玻璃瓶消毒后，应倒置控干水分，以免成品变质。

2. 酱油有咸味和甜味之分，根据口味爱好选用。

👑 鱼露醋

原料：陈醋 500 克，鱼露 500 克，生姜 50 克，芹菜 50 克。

制法：

1. 生姜洗净，去皮切丝；芹菜择洗干净，切成小段。

2. 坐锅点火，倒入陈醋和鱼露。

3. 加入姜丝和芹菜段。

4. 待烧沸后，略煮，过滤去渣，取汁即成。

特点：酱红，香酸。

提示：

1. 生姜和芹菜的水分定要控干。

2. 加热时间不能太长，否则，陈醋和鱼露的鲜香味会挥发。

👑 橘油醋

原料：陈醋 500 克，陈皮 15 克，橘油 25 克。

制法：

1. 陈皮用热水泡软，用小刀把内层白色筋膜刮去，待用。

2. 将陈醋、橘油和陈皮混合放在一消毒容器内。

3. 加盖浸泡一星期，即可取用。

特点：酱红，橘香，味酸。

提示：

1. 橘油，又称橘皮油。由芳香科植物橘的果皮经冷榨而得，为浅橙色至橙红色液体，具果香带脂蜡香。

2. 陈皮内的白色筋膜味苦，最好刮去后使用。

👑 红枣醋

原料：浙醋 500 克，红枣 50 克。

制法：

1. 红枣用温水泡半小时，洗净表面污物，晾干表面水分。

2. 把红枣切开去核，待用。

3. 红枣放在浙醋内，混合浸泡一星期，即成。

特点：色红，枣香，味酸。

提示：

1. 红枣表面粥褶内藏有泥沙，只有泡舒展后才容易洗净。

2. 如选用新鲜的红枣，则可缩短泡制时间。

♛ 醪糟醋

原料：白醋 1000 克，醪糟 500 克。

制法：

1. 将白醋倒在消毒的玻璃容器内。

2. 再倒入醪糟。加盖泡 3 天。

3. 过滤去渣，取汁即成。

特点：色白，味酸，醪糟香。

提示：

1. 尽量选取米的中央带有大洞的醪糟，说明发酵比较久。

2. 开封的醪糟，在冰箱里能储存 10 天左右。天热时把刚买的醪糟，用微火烧开，放凉后装入密封的容器内，放在阴凉通风处，可保存较长时间。

♛ 芥油醋

原料：白醋 1000 克，芥子油 100 克。

制法：

1. 将白醋倒在消毒的玻璃容器内。

2. 加入芥子油，搅拌均匀。

3. 加盖泡 3 天即成。

特点：色艳味酸，芥辣味浓。

提示：

1. 也可选用色泽黄亮，辣味冲鼻，无苦味的芥末酱代替芥子油。

2. 根据自己嗜辣程度加入芥子油。

♕ 麻香醋

原料：陈醋 1000 克，花椒 100 克。

制法：

1. 花椒拣净黑籽与丫枝。
2. 坐锅点火，放入花椒，以小火焙黄出香，盛出待用。
3. 将陈醋倒在消毒的玻璃容器内。
4. 加入花椒，泡一星期即成。

特点：酱红，麻酸。

提示：

1. 选用色红艳油润，粒大均匀，香气浓郁，麻味足的花椒。
2. 花椒不要用旺火炒，以免炒糊，影响风味。

♕ 话梅醋

原料：白醋 500 克，奶油话梅 50 克。

制法：

1. 将奶油话梅放在消毒的玻璃容器中。
2. 倒入白醋混合。
3. 加盖浸泡 10 天，即成。

特点：淡黄，味酸，梅香。

提示：

1. 奶油话梅以甜中带酸，富奶油芳香，果肉食尽后，尚可从果核中吮吸甜香之味者为上品。
2. 奶油话梅质硬，浸泡时间长一些，才能突出风味。

♕ 花雕醋

原料：花雕酒 500 克，香醋 500 克。

制法：

1. 将香醋倒在消毒的玻璃容器中。

2. 再倒入花雕酒。

3. 加盖混匀即成。

特点：淡黄，味酸，酒香。

提示：

1. 优质花雕酒色泽应呈橙黄色至深褐色，清亮透明，有光泽，瓶底有微量的聚集物，无异味。如果色泽发暗，口味变酸，则是已经变质了。

2. 也可选用其他风味的醋。

山楂醋

原料：白米醋 500 克，冰糖 125 克，白酒 125 克，山楂片 50 克，红曲米 35 克。

制法：

1. 山楂片用温水洗去表面灰分，晾干水分，待用。

2. 坐锅点火，依次放入白米醋、红曲米、白酒、冰糖和山楂片。

3. 待烧沸后盛在容器中，浸泡一夜。

4. 过滤去渣，加入白酒，搅匀即成。

特点：红色，酸甜。

提示：

1. 加入少量红曲米增加颜色，可不用。

2. 冰糖用量以成品透出甜味即可。

菠萝醋

原料：菠萝肉 500 克，白醋 500 克，白糖 200 克。

制法：

1. 菠萝肉用淡盐水浸泡 10 分钟，切成小丁，放在搅拌机内绞成细泥，盛出。

2. 将菠萝泥与白醋混合，倒入白布袋内，挤取其汁。

3. 加入白糖调匀，即成。

特点：黄色，酸甜，果香。

提示：

1. 菠萝肉用淡盐水泡过后，味道更好。

2. 不喜欢甜味的，可少加白糖。

♕ 虾米醋

原料：浙醋 500 克，虾米 50 克，洋葱、生姜、香菜、料酒各 25 克。

制法：

1. 洋葱、生姜和香菜分别洗净，切碎。

2. 虾米用温水洗净，挤干水分。

3. 浙醋和料酒入锅，加入洋葱碎、生姜碎、香菜碎和虾米。待烧开略煮，出锅过滤去渣，取汁即成。

特点：红色，鲜醇，咸酸。

提示：

1. 虾米洗净即可，不要把本身的咸味去除。

2. 加热时间以把各种原料的味道煮出即可。

♕ 酸奶醋

原料：白米醋 500 克，酸奶 500 克，生姜 100 克，白糖 250 克。

制法：

1. 生姜洗净，去皮，绞成细泥，待用。

2. 坐锅点火，倒入酸奶、白米醋、白糖和姜泥。

3. 待烧沸后，出锅，过滤去渣，取汁即成。

特点：色泽乳白，味酸奶香，姜味突出。

提示：

1. 要选用优质酸奶。

2. 生姜要搅成细泥。

海带醋

原料：水发海带 150 克，陈醋 100 克。

制法：

1. 水发海带洗净沙粒，切成丝。

2. 坐锅点火，添入 500 克清水，煮 1 小时至汁剩一半时，取汁过滤。

3. 将海带汁和醋调匀，即可装消毒的瓶子里存用。

特点：色泽褐红，酸香爽口。

提示：

1. 海带有沙粒，一定要洗净。

2. 海带汁与醋的比例约是 3∶1 或 2∶1。

香蕉醋

原料：米醋 500 克，香蕉 200 克。

制法：

1. 香蕉剥去外皮，切成厚片或小段，待用。

2. 取一玻璃容器，装入香蕉片，倒入米醋。

3. 加盖密封，浸泡 3 天即成。

特点：香蕉味突出，酸中透甜。

提示：

1. 香蕉去皮后会变成褐色，所以，应尽快处理。

2. 浸泡时间越长，醋的香蕉味越浓。

桂花醋

原料：小米醋 500 克，鲜桂花 25 克，冰糖 100 克。

制法：

1. 鲜桂花用纯净水洗净，自然晾干表面水分。

2. 取一玻璃器皿，装入桂花和冰糖。

3. 再倒入米醋，加盖密封一周成桂花醋。

特点：酸中回甜，桂花味香。

提示：

1. 鲜桂花要立即使用，以免香味挥发。

2. 如果选用的是糖桂花，就不要加冰糖了。

👑 香瓜醋

原料：小米醋 500 克，香瓜 200 克。

制法：

1. 香瓜去皮，切成小块。

2. 取一玻璃器皿，装入香瓜，倒入小米醋。

3. 加盖密封一周，即成香瓜醋。

特点：瓜香味浓，酸香微甜。

提示：

1. 选用品质好，甜脆适口，香味浓，含糖量高的香瓜。

2. 香瓜的用量不要太少，以免瓜香味不浓。

醋 的趣闻趣事

🔨 宋太祖病愈食醋蒜

相传公元947年，宋太祖赵匡胤统兵下河东，征剿北汉。远征途中，狂风四起，雷电交加，天空黑暗。不一会儿，一场来势汹汹的强降雨席卷大地，致使将士不能前行，故下令让将士驻扎清源县羊房口休息。

由于受到了雨淋和风吹，军队中就有很多将士身受风寒。赵匡胤自己也患上此病，终日咳嗽不止，头痛、流涕。

此时军医发现，随军所带的药物中治"风寒病"的药不足，配不成方。当军医正犯愁时，有位鹤发童颜的老者在帐外求见。他特地挑了两坛醋蒜送到军营。老者道："这是寒舍藏三年老陈醋蒜头，和饭吃下便愈。"太祖看了看这些醋蒜，说："我现在胃口不好，这醋蒜实在没有什么吃头。"老者笑道："将军有所不知，我听说你们治'风寒病'的药物不足，所以特地给你们送'药'来了！"太祖不解地说："我还没听过醋蒜能治病。"老者说："醋蒜治'风寒病'非常灵效，我们乡下人得了'风寒病'，就吃醋蒜，几天就好了。"太祖听了，半信半疑，但在药物不足的情况下，为了安定军心，也只好如此。他和患病的将士们，在吃饭时搭配一些醋蒜。果然没过几天，病情全都有了好转，恢复了健康。太祖大悦，遂赐老叟纹银百两，绢扇一把。并于扇面书曰："味食之道，亦可除病，河东老醋，尽善尽美。"

李世民为醋添笑谈

在现代生活中，男女之间有第三者介入，双方往往发生争风吃醋现象；有些人见别人受到表扬或奖励，心存嫉妒，也被戏称为吃醋。那么，"吃醋"一词是怎么来的呢？据史书记载，人到中年的李世民做了唐朝的皇帝。在洛阳大会群臣，表彰重臣房玄龄辅国之功，特赐给房玄龄几名美女做妾。房玄龄磕头求饶，请他收回恩赐。并说夫人肝火至旺，脾气刚烈，故不允。李世民令人传来房夫人，对她说："朕要赐给房玄龄几个美女做妾，你愿意吗?"房夫人回答说不愿意。李世民又说："你愿意的话，我饶了你的抗旨之罪，不愿意的话，我就赐你死!"房夫人回答说不愿意。李世民很气愤，令人拿来毒酒，让房夫人喝下去。房夫人听了这话，非常平静地拿起酒盏，一饮而尽。然后坐在一边等死。这时，唐太宗大笑起来，他说："夫人有所不知，孤赐你的只是一杯陈醋而已。"从那以后，吃醋的故事为中国食醋史添了一笔笑谈，使人们用醋不敢叫吃醋而叫吃酸为吃嫉妒。

以醋为主要调料，搭配其他辅料能调配出很多风味不同的味汁和酱料，既能保证在烹调中快速出菜，又能让舌尖上的味蕾感受到醋的美妙变化。以下介绍54种，供大家参考。

♛ 酸辣油醋汁

这是用橄榄油和苹果醋，搭配辣椒等调出的一种油醋汁，色泽淡褐、具有咸香酸辣的特点。

原料：苹果醋45克，洋葱25克，辣椒5克，蒜瓣2粒，香菜1颗，黑胡椒粉5克，精盐3克，橄榄油15克。

制法：

1. 洋葱剥去外皮，蒜瓣去皮，香菜择洗干净，辣椒去蒂。将4种原料分别切末。

2. 坐锅点火，放入橄榄油烧热，投入洋葱末、蒜末和辣椒末炒香，盛在小碗内。

3. 依次加入苹果醋、黑胡椒粉、精盐和香菜末，用筷子调匀即可。

提示：

1. 最好隔夜冷藏后，让各种原料都入味，风味更佳。

2. 此汁冰箱冷藏可存放两周，室温存放1～2天。

运用：适宜拌制各种沙拉。

♛ 红酒油醋汁

这是以橄榄油、苹果醋和红酒等调料配制而成的一种油醋汁，成品色泽红亮、具有甜中带酸的特点。

材料：苹果醋 15 克，糖浆 10 克，红酒 10 克，精盐、黑胡椒粉各少许，橄榄油 15 克。

制法：

1. 糖浆放入小碗内，注入橄榄油搅拌均匀。

2. 再加入红酒和苹果醋搅匀。

3. 最后放入精盐和黑胡椒粉调匀即成。

提示：

1. 橄榄油应慢慢加入到糖浆内，并边加边搅。此油也可用其他食油代替，但风味稍逊。

2. 如果不喜欢太甜的味道，可以减少糖浆的用量。

运用：适宜拌制各种沙拉。

♛ 葡萄油醋汁

这是用橄榄油、柚子醋加上葡萄泥等调料配制而成的一种油醋汁，成品呈液体，色泽淡红，具有味香甜酸的特点。

材料：鲜葡萄 100 克，柚子醋 45 克，白葡萄酒 15 克，橄榄油 15 克，青葱 10 克。

制法：

1. 鲜葡萄洗净，撕去表皮，用牙签挑出籽后，入绞拌机内打成泥。

2. 青葱洗净，切成细末。

3. 将葡萄泥放入碗内，加入柚子醋和白葡萄酒调匀。

4. 再加入橄榄油和青葱末调匀，即成。

提示：

1. 加入适量的白葡萄酒，可使味汁清香可口。

2. 橄榄油也可用芝麻油代替。

运用：适宜拌制各种沙拉。

♛ 白酒油醋汁

这是以橄榄油、白酒醋和白葡萄酒等调料配制而成的一种油醋汁，色泽素雅、具有味道酸甜的特点。

原料：白酒醋 45 克，白葡萄酒 30 克，果糖 30 克，红葱头 10 克，香叶 1 片，橄榄油 30 克。

制法：

1. 红葱头剥去外皮，洗净，切成碎末。

2. 果糖用擀面杖擀碎；香叶用温水洗净。

3. 锅置火上，放橄榄油烧热，投入红葱头碎和香叶炒香，盛在小碗内晾冷。

4. 再加入白酒醋、白葡萄酒和果糖，搅拌均匀即成。

提示：

1. 橄榄油可用其他食油代替。

2. 要用小火和低油温把香料的香味炸出来。

运用：适宜拌制各种沙拉。

♛ 洋葱油醋汁

这是用洋葱泥、辣椒粉、味啉和醋等调料配制而成的一种油醋汁。色泽红亮，具有咸香酸辣的特点。

材料：洋葱 50 克，食醋 60 克，橄榄油 30 克，味啉 10 克，精盐 5 克，辣椒粉 5 克。

制法：

1. 洋葱剥去外皮，洗净，剁成细泥。

2. 辣椒粉放在小碗内，先加洋葱泥拌匀。

3. 把橄榄油烧热，倒在辣椒粉，搅匀。

4. 待晾冷后，加入精盐和食醋调匀即成。

提示：

1. 辣椒粉以韩式辣椒粉为佳。

2. 也可用香油代替橄榄油。

运用：适用于沙拉、凉拌、白煮和蒸菜的调味。

♛ 法式油醋汁

这种油醋汁是用橄榄油、白酒醋和法式芥末酱等调料配制而成的，色泽亮丽，具有味道酸辣，开胃利口的特点。

原料：白酒醋 15 克，法式芥末酱 5 克，白糖、精盐各 2 克，胡椒粉 1 克，橄榄油 15 克。

制法：

1. 先将白酒醋放在小碗内。

2. 加入白糖、精盐和胡椒粉，调匀至白糖溶化。

3. 再把法式芥末酱放在另一小碗内，慢慢加入橄榄油搅拌成乳状。

4. 最后倒入调好的白酒醋，再搅拌均匀即可。

提示：

1. 橄榄油和白酒醋的比例约为 3：1。

2. 要掌握好加料顺序，并且顺一个方向搅拌。

3. 还可以根据个人喜爱加入蒜茸、香草碎，调成蒜香或香草味型的油醋汁。

运用：适宜拌制各式荤素沙拉。

♛ 松仁油醋汁

这是以橄榄油、黑醋、红酒醋搭配油炸松仁等配制而成的一种油醋汁，口味酸中略带点甜味，并加以香菜的清香、松子仁的香味，起到开胃作用。

原料：黑醋、红酒醋各 15 克，松子仁 10 克，香菜 5 克，精盐 4 克，橄榄油 90 克。

制法：

1. 橄榄油入锅，放入松子仁，以小火炸至酥香，离火晾冷。

2. 香菜择洗干净，切成末。

3. 黑醋和红酒醋混合入锅，用小火煮匀盛出。

4. 将所有原料放在一起调匀即成。

提示：

1. 炸松仁时定要用小火和低油温。

2. 两种醋煮的时间不能过长，否则会影响味道。

3. 香菜应在上菜前加入味汁中。

运用：适宜拌制各种沙拉，或配食海鲜类菜肴。

法芥红醋汁

这是用法式芥末酱加红醋等调料配制而成的一种味汁，色泽深红，具有味道酸辣，略带甜味的特点。多用于拌制各式荤素沙拉。

原料：红醋 75 克，法式芥末酱 10 克，鸡蛋 1 个，白糖 5 克，红葱头 20 克，精盐、黑胡椒粉各少许。

制法：

1. 红葱头剥皮，切成碎末。

2. 鸡蛋煮熟，捞出剥壳，切成碎粒。

3. 法式芥末酱放在小碗内，加入红醋调匀。

4. 再加入其他原料，充分调匀即可。

提示：

1. 加入白糖是中和红醋的酸味，用量以刚透出甜味为佳。

2. 芥末酱的量依个人喜好酌量加入。但必须突出芥末味。

运用：适宜拌制各种荤、素沙拉。

香草油醋汁

这是以香醋和橄榄油为主要调料，搭配少许的黑胡椒和精盐调配而成的一种味汁，具有用料简单，味道酸香的特点。

原料：香醋 25 克，橄榄油 75 克，精盐、黑胡椒各适量。

制法：

1. 将香醋倒入小碗中。

2. 加入精盐和黑胡椒搅匀。

3. 再加入橄榄油，充分调匀即成。

提示：

1. 如果想突出意式风味，最好选用意大利香醋。

2. 醋与油的比例约为 1：3。

3. 一定要充分搅匀。

运用：适宜拌制各种沙拉，如：果蔬沙拉、鸡肉沙拉等。

♕ 蒜香油醋汁

这是以苹果醋和橄榄油为主要调料，辅加炒香的蒜末和洋葱调配的一种味汁，具有酸香、蒜香的特点。

原料：苹果醋 25 克，蒜瓣、洋葱各 5 克，橄榄油 75 克，精盐、黑胡椒各少许。

制法：

1. 蒜瓣、洋葱分别去皮，切成细末。

2. 坐锅点火，放 10 克橄榄油烧热，下蒜末和洋葱末炒香，盛出晾凉待用。

3. 将香醋倒入小碗中，加入精盐、黑胡椒和剩余橄榄油，充分调匀。

4. 再加入炒过的蒜末和洋葱末调匀即成。

提示：

1. 没有苹果醋，就用红酒醋。也可用 2 份陈醋或米醋和 1 份红酒调匀代替红酒醋。

2. 蒜末和洋葱末炒黄至透明即可，千万不要炒糊。

运用：适宜拌制各种沙拉。

♕ 菊香梨汁

这是将菊花茶熬成汁水后，加入梨汁、白糖和米醋等调制而成的一款味汁，色泽素雅、酸甜适口、菊花清香。

原料：菊花茶 25 克，大雪梨 1 000 克，白糖 100 克，米醋 200 克，精盐少许。

制法：

1. 菊花茶用温水洗去灰分；大雪梨洗净，切块，放入榨汁机内榨取汁液。

2 不锈钢锅上火，倒入 1 000 克清水，放入菊花茶，用小火熬出香味，过滤去渣，取汁待用。

3. 净锅置火上，倒入菊花茶汁，加白糖、精盐和梨汁熬至融合。

4. 再加米醋调匀成酸甜口，盛出备用。

提示：

1. 一定要选用皮薄、细腻、汁足的大雪梨；汁内的渣料务必除净。

2. 加入米醋的用量要与甜味的比例相协调，做到酸甜可口。

运用：适宜浸泡脆嫩蔬菜和煎、焦熘菜的调味，如菊花樱桃萝卜、菊梨瓦块鱼、梨汁煎鸡脯、梨汁泡白菜心等。

♕ 哈葡酸甜汁

这是以哈密瓜汁、葡萄汁为主，加入白糖、白醋等调料制成的一种味汁，色泽黄亮、具有酸甜可口、果味清香的特点。

原料：哈密瓜、葡萄各 500 克，白糖 50 克，白醋 100 克，香菜 10 克，鲜红尖椒 3 只，精盐少许。

制法：

1. 将哈密瓜、葡萄分别去皮除籽，放在榨汁机内榨取汁液。

2. 香菜择洗干净，切末；鲜红椒去籽除筋，切成小碎粒。

3. 净不锈钢锅上火，放入哈密瓜汁、葡萄汁、香菜末、红椒粒、白糖和精盐熬匀。

4. 再加白醋调成酸甜味即成。

提示：

1. 白糖起辅助增甜的作用，用量应该在品尝甜度后补加，不能过甜，以防腻口。

2. 香菜末和红椒粒起调色、调味的作用，用量勿多。

3. 因白醋长时间加热会挥发一部分酸味，故应后放，调至酸甜可口。

运用：此味汁主要适宜做煎菜、炒菜的调味，如哈葡面包虾、菠萝牛肉夹、哈葡脆银芽等。

♛ 酸甜草蓉汁

这是用草莓制泥，加白砂糖、大红浙醋等料调配而成的一种味汁，具有色泽红亮、味道酸甜的特点。

原料：鲜草莓500克，白砂糖200克，大红浙醋100克，盐少许。

制法：

1. 鲜草莓洗净，控干水分，去蒂待用。

2. 草莓与白砂糖一同放在电动搅拌机内打成泥。

3. 不锈钢锅置火上，放500克清水和草莓泥，用小火熬至浓稠。

4. 再加大红浙醋和盐调匀，稍熬，盛容器内存用。

提示：

1. 要选用充分成熟、新鲜红艳的草莓。溃烂和霉烂部分一定要处理干净。

2. 大红浙醋起增酸提色的作用，用量要恰到好处，以免压抑草莓的清香味。

3. 白糖的用量也要掌握好，使口味达到酸甜可口的程度。

运用：适宜泡制一些蔬菜原料和部分焦熘菜的浇汁，如酸甜

草莓藕卷、酸甜草莓马蹄、酸甜草莓鱼条等。

👑 煳辣糖醋汁

这是以米醋搭配白糖、煳辣油等调料配制而成的一种味汁，成品具有鲜红、酸甜、咸辣的特点。

原料：米醋20克，白糖10克，精盐10克，味精5克，鸡精2克，煳辣油20克。

制法：

1. 将白糖、精盐、味精和鸡精依次放在小碗内。

2. 加入20克纯净水，搅拌至溶化。

3. 再加入米醋和煳辣油，充分调匀即成。

提示：

1. 白糖等固体调料定要先用水溶化。

2. 要充分搅拌均匀，使煳辣油与其他调料充分融合。

运用：适宜作各种荤素凉菜的调味，如菊花白菜、冰脆西芹、腌藕片等。

👑 玫瑰蒜醋汁

这是用米醋、柠檬汁、白糖、红糖和玫瑰酱等调配成酸甜汁后，再加入大蒜腌渍出味而制成的一种味汁。色泽淡雅，成品具有微甜带酸、蒜味浓郁等特点。

原料：米醋500克，红糖250克，白糖150克，柠檬汁150克，玫瑰酱100克，大蒜75克，美极鲜酱油25克，白酒20克，精盐适量。

制法：

1. 大蒜分瓣，剥去老皮，用刀拍裂，待用。

2. 取一经过消毒的广口玻璃瓶，装入蒜瓣。

3. 再依次加入红糖、白糖、玫瑰酱、米醋、柠檬汁、美极鲜酱油和白酒。

4. 最后加盖晃匀，静置 1 周即好。

提示：

1. 用米醋和柠檬汁一起来提酸味，较单用米醋的色泽和酸味更佳。

2. 汁液中加酱油调色，宜少不宜多。

运用：可做一些熘菜、煎菜品的调味，如滑熘鸡条、煎带鱼等。

♛ 洋葱味汁

这是以白醋为主要调料，加入洋葱、酱油、白糖和鱼露等调料配制而成的一种味汁，色泽淡雅，具有微甜带酸的特点。

原料：白醋 100 克，酱油 75 克，白糖 50 克，鱼露 50 克，橄榄油 50 克，洋葱 40 克，高粱白酒 20 克，精盐适量。

制法：

1. 洋葱剥去外皮，切成两半，再横刀切成粗丝。

2. 取一洁净玻璃瓶，依次放入橄榄油、白醋、酱油、白糖、鱼露、高粱白酒和精盐调匀成酸甜汁。

3. 再放入洋葱丝，加盖腌约 24 小时，即可取汁烹菜。

提示：

1. 如果不喜欢洋葱辣辣的味道，切丝后用盐腌一下，挤去部分汁水再用。

2. 糖与醋的比例应当掌握好，以成品透出酸甜味为佳。

运用：此味汁可拌制或炒制各种荤素凉菜，如爆炒酸甜豆芽，凉拌鱼片等。

♛ 辣椒酱醋汁

这是在用香醋和酱油调好的味汁内，加入小米椒制作而成的一种味汁，色泽褐亮，具有酸甜带辣的特点。

原料：香醋 150 克，酱油 150 克，冰糖 100 克，小米椒 50 克，米酒 25 克，色拉油适量，清水 200 克。

制法：

1. 小米椒洗净，揩干水分，去蒂，斜刀切成两半，待用。

2. 将酱油、冰溏、清水、米酒和香醋共纳不锈钢锅内熬至溶化，离火晾凉。

3. 把晾冷的酱醋味汁装在玻璃瓶内。

4. 纳入小米椒，加盖，腌 3 天，即可使用。

提示：

1. 若用的是甜味酱油，就需要加适量精盐。

2. 腌的时间久一点，味道更浓。

运用：适宜腌制各种根茎、瓜果蔬菜，也可作为冷、热菜的调味，如腌西葫芦、腌白萝卜条、菜心拌头肉等。

👑 香瓜糖醋汁

这是在传统的糖醋汁内加入香瓜制成的一种味汁，具有香气扑鼻，味道酸甜，香瓜风味浓郁的特点。

原料：白糖 500 克，米醋 250 克，香瓜 250 克，生姜丝 25 克，茴香 10 克，清水 1 000 克。

制法：

1. 香瓜放在清水中洗去泥渍和茸毛，除去瓜蒂，切成 1 厘米见方的小丁。

2. 不锈钢锅上火，添入清水，放入生姜丝、茴香、白糖、米醋和精盐调成酸甜口味。

3. 离火晾冷，倒在玻璃瓶内。

4. 加入香瓜丁，加盖，腌约 5 天，即成。

提示：

1. 选用优质香瓜，确保味汁的质量。

2. 味汁煮开即可，不可久煮，以免酸味挥发。

运用：此味汁适宜制作煎菜、烹菜、凉拌菜的调味。如蛋煎番茄、炸烹南瓜、冰苦瓜等。

👑 胡萝卜味糖醋汁

这是以胡萝卜汁、米醋和白糖调配的一种糖醋味汁，色呈淡红色，味道具有酸甜的特点。

原料：胡萝卜200克，米醋70克，白糖50克，精盐5克。

制法：

1. 胡萝卜刮洗干净，切成小片。

2. 胡萝卜片同适量水放入榨汁机里边榨成汁，过滤即得胡萝卜汁。

3. 不锈钢锅上火，倒入100克胡萝卜汁，加入白糖煮至溶化。

4. 再加入米醋和精盐，煮沸后用吉士粉勾芡即成。

提示：

1. 加热时间不可过长，以避免出现更多的泡沫。

2. 用吉士粉勾芡，既可能增加成菜的香味，又不会影响其色泽。

运用：适宜作焦熘菜品的调味，如糖醋排骨、糖醋里脊等。

👑 南瓜味糖醋汁

这是以南瓜汁、米醋和白糖调配的一种糖醋味汁，具有色呈淡红，味道酸甜的特点。

原料：南瓜200克，米醋70克，白糖50克，精盐5克。

制法：

1. 南瓜洗净去皮，切成小片。

2. 南瓜片同适量水放入榨汁机里边榨成汁，过滤即得南瓜汁。

3. 不锈钢锅上火，倒入100克南瓜汁，加入白糖煮至溶化。

4. 再加入米醋和精盐，煮沸后即成。

提示：

1. 最好选用南瓜中的板栗南瓜来榨汁，原料不但出汁多，而且味道和色泽更理想。

2. 此味汁不宜用铁锅熬制，否则，色泽会变暗。

运用：适宜作炒菜的蘸汁和焦熘菜品的调味，如炸豆沙南瓜，焦熘肉条等。

♛ 玫瑰色糖醋汁

这是以紫卷心菜汁、米醋和白糖调配的一种糖醋味汁，色呈玫瑰，味道具有酸甜的特点。

原料：紫卷心菜 200 克，白糖 60 克，米醋 50 克，精盐 2 克。

制法：

1. 紫卷心菜洗净，控干水分，用手撕成小片。

2. 紫卷心菜片放入榨汁机里边榨成汁，过滤取汁，待用。

3. 将紫卷心菜汁、白糖、米醋和精盐依次放入容器内。

4. 用羹匙充分调匀即成。

提示：

1. 选择鲜嫩的紫卷心菜，出汁率高。

2. 此味汁不宜用铁锅熬制，否则，色泽会欠佳。

运用：适宜作腌泡菜的味汁和焦熘菜品的调味，如泡白萝卜条、泡糖醋黄瓜、炸豆沙茄盒等。

♛ 柿椒味糖醋汁

这是以红柿椒汁、米醋和白糖调配的一种糖醋味汁，色泽悦目，味道具有酸甜的特点。

原料：红柿椒 200 克，白糖 60 克，米醋 50 克，番茄酱 10 克，精盐 2 克。

制法：

1. 红柿椒洗净，去蒂及籽，用手掰成小块。

2. 把红柿椒块放入榨汁机里边，加入适量水榨成汁，过滤取汁，待用。

3. 将红柿椒汁、白糖、米醋、精盐和番茄酱一起放入锅内。

4. 上火加热至溶化即成。

提示：

1. 加进少量的番茄酱，起调色作用。但用量不宜多，以免把柿椒的味道压住。

2. 如选用黄色柿椒，就用湿吉士粉勾芡，以增加黄亮的色泽和香味。

运用： 适宜作腌菜的味汁和焦熘菜品的调味，如腌藕片、腌山药、焦熘脆虾仁等。

酸奶糖醋汁

这是以酸奶、葡萄糖粉和白米醋调好的糖醋汁，具有色泽洁白，酸甜适口的特点。

原料： 酸奶 100 克，葡萄糖粉、白米醋各适量，精盐 2 克。

制法：

1. 将酸奶倒入小碗中。

2. 加入葡萄糖粉和精盐搅拌均匀。

3. 再加入白米醋，充分调匀即可。

提示：

1. 选用优质酸奶为佳。

2. 因为酸奶本身带有酸味和甜味，所以要注意好葡萄糖粉和白米醋的用量。

运用： 适宜作各种蔬菜沙拉的调味，如黄瓜沙拉、冰红豆等。

豆瓣味汁

这是以豆瓣酱、白糖和醋为主要调料。辅加其他调料配制而成的一种复合味汁，具有豆瓣味醇厚，甜酸味鲜美、姜葱蒜香味适度的特点。

原料：豆瓣酱 30 克，白糖 25 克，醋 20 克，小葱、生姜、蒜瓣各 5 克，酱油、味精、鲜汤、香油、色拉油各适量。

制法：

1. 豆瓣酱剁成细蓉；小葱、生姜、蒜瓣分别剁成末。

2. 坐锅点火，注色拉油烧热，下入姜末、蒜末和豆瓣酱炒香至油呈红色。

3. 掺入鲜汤，加入酱油和白糖，调好颜色和甜味。

4. 沸后煮匀，再加味精、醋、香油和葱末搅匀即成。

提示：

1. 豆瓣酱定咸味用量大，但不压鲜味酱油和味精提鲜。

2. 白糖和醋的配合呈恰当的甜酸味。但醋应最后放。

运用：此味汁一般用于烧制鱼类和豆制品菜肴，如豆瓣烧鱼、大蒜烧鱼、豆瓣烧豆腐等。

芥末酸甜汁

这是以醋、白糖和芥末糊调配而成的一种味汁，具有清辣爽口，酸甜适中的特点。

原料：芥末粉 50 克，醋 50 克，白糖 25 克，精盐 2 克，橄榄油 50 克。

制法：

1. 芥末粉放碗中，加入少量冷水调成稠糊状，上笼蒸透取出，用筷子快速搅拌出冲鼻的辣味。

2. 将白糖和醋放在一小碗内，用羹匙调匀。

3. 再加入芥末糊调匀。

4. 最后加入精盐和橄榄油调匀即成。

提示：

1. 蒸透的芥末糊必须用筷子顺一个方向搅拌，这样才能去除其苦味。

2. 每加入一种调料都要搅拌一次，以方便调匀。

运用：适宜拌制各种荤、素沙拉，如香芥牛条、香芥海蜇等。

♔ 五香酸甜汁

这是在香料水中加入浙醋和白糖调配而成的一种味汁，色泽黑褐，具有酸甜微辣，芳香诱人的特点。

原料：红醋 100 克，洋葱 60 克，白糖 20 克，丁香、小茴香各 20 克，草果、大料各 10 克，清水 250 克。

制法：

1. 洋葱剥皮，切成小丁。

2. 丁香、小茴香、草果、大料用温水洗净，晾干，放在料理机中粉碎，待用。

3. 坐锅点火，添入清水烧开，放入洋葱丁和混合香料煮出香味。

4. 再加入白糖和红醋煮至溶化，过滤即成。

提示：

1. 一定要用小火慢慢把香料的香味煮出来。

2. 红醋一定要最后加，以免酸味挥发，酸甜味不可口。

运用：适用于制作煎菜、炸烹菜的调味，如香煎牛柳、油爆香螺、滑烹鸡腿等。

♔ 茄汁醋葱汁

这是以洋葱、番茄和香醋为主料，辅加白糖等调料配制而成的一种复合味汁，成品色泽暗红，具有酸香酸辣，微带鲜咸的特点。

原料：番茄 150 克，香醋 75 克，洋葱 60 克，白糖 15 克，香菜、蒜瓣各 10 克，鲜姜 5 克，泡辣椒 3 克，精盐 5 克，味精 3 克，胡椒粉 2 克。

制法：

1. 番茄洗净去皮，洋葱剥皮，分别切成小块；香菜择洗干净，切碎；鲜姜洗净，用刀拍松。

2. 将番茄块、洋葱块、香菜、蒜瓣、鲜姜和泡辣椒放在一起剁成细蓉，放在碗内。

3. 依次加入香醋、白糖、精盐、味精和胡椒粉调匀成稀糊状即可。

提示：

1. 番茄皮籽要去净；所有原料要剁细。

2. 必须用香醋，且用量要够，以突出酸味。加入白糖量以成品透出甜味即可。

3. 置于冰箱内保鲜，不可超过两天。

运用：适宜腌制各种果蔬和炸熘菜品的调味，如茄汁醋香藕，茄汁醋香肠，茄汁醋香虾等。

👑 葡萄干蒜醋汁

这是以米醋、葡萄干和葡萄酒为主要调料配和而成的一种复合味汁，具有色泽淡红，酸甜辣带咸鲜味，别有西式调味风格的特点。

原料：米醋 150 克，葡萄干 100 克，红葡萄酒 90 克，大蒜 60 克，鲜姜 50 克，精盐、味精各适量。

制法：

1. 大蒜剥皮，洗净，用刀拍裂；鲜姜洗净，切丁。

2. 将蒜瓣、姜丁、葡萄干和葡萄酒共放入料理机内打成酱，倒在碗中。

3. 加入米醋、精盐和味精调匀即成。

提示：

1. 将成泥的原料一定要打细。

2. 加入米醋的量根据个人的口味而增减。

运用：适宜拌生熟食品或蘸食，以及煎炒菜的调味，如葡干蒜醋藕片、葡干蒜醋鸡丁、葡干蒜醋豆腐等。

♕ 西柠汁

这是以西柠汁、白醋和白糖调配而成的一种味汁，色泽嫩黄鲜艳，具有酸甜适口，微带咸鲜的特点。

原料：白糖 75 克，白醋 60 克，西柠汁 30 克，精盐少许，吉士粉 5 克。

制法：

1. 不锈钢锅上火，倒入白醋和白糖煮至溶化。

2. 加入精盐和西柠汁烧沸。

3. 勾入吉士粉成粥汤般稀稠，即可。

提示：

1. 熬汁时间不宜太长。

2. 勾入吉士粉增加汁的黄色和特殊香味，用量不宜多。

运用：适用于煎菜、焦熘菜的调味。如西柠煎软鸡、西柠煎软鸭、西柠煎豆腐等。

♕ 蔬香京都汁

这是在蔬菜汁内加入浙醋、白糖、OK 汁等调料配制而成的一种味汁，色呈玫瑰，具有酸甜浓郁，回味咸鲜的特点。

原料：浙醋 250 克，白糖 175 克，酱油 20 克，精盐 20 克，OK 汁 15 克，番茄 50 克，胡萝卜 30 克，洋葱 25 克，清水 250 克。

制法：

1. 洋葱、胡萝卜和番茄分别切成薄片。

2. 坐锅点火，添入清水煮沸，放入洋葱、胡萝卜和番茄片煮半小时，过滤成蔬香汁。

3. 把蔬香汁倒入锅内，加入白糖煮至溶化，离火晾凉。

4. 加入浙醋、OK汁、酱油和精盐调匀即成。

提示：

1. 最好选用砂锅熬蔬菜汁，火宜小不宜大。

2. 酱油的用量不要太多，以免成菜后影响买相。

运用：适宜作煎、烧菜的调味，如京都焗排骨、京都焗乳鸽、京都煎鸡脯等。

♛ 西式泡菜汁

这是以香醋、白糖、干辣椒和香叶等香料配制而成的一种泡菜味汁，色泽棕红，具有酸甜香辣的特点。

原料：香醋500克，白糖300克，精盐120克，干辣椒50克，丁香30克，香叶10克，胡椒粒10克。

制法：

1. 干辣椒、丁香和香叶用温水洗去灰分。其中把香叶柄撕开。

2. 将香醋倒入不锈钢小盆内，加入白糖搅拌至溶化。

3. 再加入精盐、干辣椒、丁香、香叶和胡椒粒即成。

提示：

1. 香叶撕开叶柄后使用，其香味才能溢出来。

2. 一定要选用优质香醋。

运用：适宜泡制各种蔬菜，如泡洋白菜、泡黄瓜、泡冬瓜条等。

♛ 黑醋甜椒汁

这是用黑醋、白糖和红甜椒配制而成的一种味汁，色泽黑亮，具有味道酸甜的特点。

原料：红甜尖椒 50 克，白糖、黑醋各适量，高汤 125 克。

制法：

1. 红甜尖椒洗净，去蒂，横着切成圈，待用。

2. 坐锅点火，倒入高汤烧开。

3. 放入甜椒圈、白糖和黑醋同煮片刻即可。

提示：

1. 高汤以大骨汤或鸡汤为佳。

2. 煮制时间不要太长。

运用：可作为海鲜菜肴的淋汁，如白灼鲜鱿片、温拌海蜇、糖醋鱼片等。

👑 小米辣汁

这是用小米辣酱和醋为主要调料，搭配其它调料配制出的一种味汁，颜色红亮，具有辣咸中略带酸香的特点。

原料：小米辣酱 25 克，醋 15 克，生抽 10 克，小葱 10 克，白糖 5 克，精盐、味精、香油、香叶粉各适量，色拉油 40 克，鲜汤 150 克。

制法：

1. 小葱择洗干净，切成鱼眼颗，待用。

2. 坐锅点火，放色拉油烧至六成热时，下小米辣酱炒出香味和红油。

3. 加入鲜汤、精盐、生抽、白糖和香叶粉煮出味。

4. 再放醋、小葱颗和香油调匀即成。

提示：

1. 小米辣酱起定辣咸味的作用，使用量要适度。

2. 醋、小葱颗和香油增香合味，最好在放入主料烧入后加入，这样味道才浓。

运用：一般用于烧菜、炒菜的调味，如小米烧肥肠，炒酸辣鸡丝等。

🜲 茴香泡汁

这是用鲜茴香、白醋和泡野山椒汁等调料配制而成的一种味汁，成品具有清香、味醇、咸酸的特点。

原料：鲜茴香 50 克，白醋 40 克，精盐、姜片、葱节各适量，泡野山椒汁 500 克。

制法：

1. 鲜茴香洗净，控干水分，剁成细茸。

2. 取一小盆，依次放入泡野山椒汁、白醋、精盐、姜片、葱节和鲜茴香茸，充分调匀即成。

提示：

1. 鲜茴香茸定主味，突出清香，用量要足。

2. 白醋起助酸的作用，用量应适可而止。

运用：适宜浸泡各种荤素原料，原料入味后捞出，可加香油、味精拌匀，再装盘上桌。如香浸藕片、香浸鸡翅等。

🜲 野山椒浸汁

这是用泡野山椒、干红七星椒和白醋等料调配而成的一种味汁，具有咸酸，微辣，爽口的特点。

原料：泡野山椒汁 500 克，泡野山椒 50 克，白醋 50 克，精盐 50 克，葱白 20 克，干红七星椒 10 克。

制法：

1. 葱白切成小节；干红七星椒用干净湿布抹去灰分。

2. 取一小盆，依次放入泡野山椒汁、泡野山椒、白醋、精盐、葱节和干红七星椒调匀即成。

提示：

1. 泡野山椒和干红七星椒定辣味。

2. 泡野山椒汁和精盐定咸味。

3. 白醋起助酸的作用。

运用：适宜浸泡各种荤素原料，原料入味后捞出，可加香油、味精拌匀，再装盘上桌。如野椒泡凤爪、爽口耳片等。

♔ 花生仁酸辣汁

这是以生抽和醋为主料，辅加油炸花生米等调配而成的一种味汁，具有酸辣回甜，鲜香爽口的特点。

原料：生抽 30 克，红油辣椒 30 克，油炸花生仁 25 克，小葱 20 克，醋 20 克，精盐、白糖、味精、香油各适量。

制法：

1. 油炸花生仁去皮，剁成碎末；小葱择洗干净，切末。

2. 取一净碗，先放入生抽、醋、红油辣椒、精盐、味精和白糖搅拌至溶化。

3. 再加入油炸花生仁碎、小葱末和香油，调匀即成。

提示：

1. 红油辣椒定辣味，醋定酸味。两者用量要控制好。

2. 油炸花生米和香油增香，味精提鲜，白糖合味。三者用量均要适可而止。

运用：一般用作凉面条、凉粉和凉菜的调味，如凉拌酸辣面、拌凉面皮等。

♔ 泡姜汁

这是以泡姜和米醋为主要调料，辅加白糖、小葱等料配制而成的一种味汁，具有咸酸清香，泡姜味浓的特点。

原料：泡子姜 25 克，米醋 20 克，小葱 5 克，精盐、味精、香油各适量，白糖少许。

制法：

1. 泡子姜切粒，入钵，捣成细蓉。

2. 小葱择洗干净，切成细末。

3. 取泡子姜蓉放在小碗内，依次加入米醋、精盐、味精、

香油、白糖和小葱末，调匀即成。

提示：

1. 泡子姜定主味，米醋定酸味。两者用量要控制好。

2. 白糖合味提鲜，用量宜少不宜多。

运用：一般用于凉拌菜和炒菜、清蒸鱼等菜肴的调味，如泡姜松花、泡姜炒豆芽等。

♕ 酸辣粉汁

这是以红辣椒油、酱油、醋、鲜汤等调料配制而成的一种味汁，色泽红亮，具有酸辣麻香的特点。

原料：醋 15 克，小香葱 10 克，酱油 5 克，精盐、味精、花椒粉、香油各适量，红辣椒油 30 克，鲜骨汤 100 克。

制法：

1. 小香葱择洗干净，切鱼眼颗。

2. 坐锅点火，倒入鲜骨汤烧开，待用。

3. 取一净碗，依次放入酱油、醋、红辣椒油、精盐、味精、花椒粉和香油，充分调匀。

4. 再倒入烧沸的鲜骨汤搅匀，撒上小葱颗即成。

提示：

1. 鲜骨汤一定要烧沸后使用。

2. 花椒粉定麻味，醋提酸味。两者的用量均要适度。

运用：一般用于烫热的米粉、米线、粉皮、粉丝等。如酸辣粉皮、酸辣米线等。

♕ 葱椒醋汁

这是用陈醋和葱油为主料，辅加白糖、野山椒等料配制而成的一种味汁，具有醋味酸浓，增进食欲的特点。

原料：陈醋 300 克，白糖 100 克，精盐 50 克，味精 30 克，干野山椒 30 克，葱油 60 克，草果 1 枚。

制法：

1. 将草果放入陈醋内浸泡 3 小时，过滤待用。

2. 干野山椒洗净，去蒂，剁成细末。

3. 坐锅点火，放入葱油烧热，下入野山椒末炒出香味。

4. 加入陈醋、精盐、白糖和味精，边搅拌边加热至完全溶解，即成。

提示：

1. 也可选用泡野山椒，但用量加倍。

2. 陈醋加草果浸泡的目的，是减弱陈醋的刺鼻味。

3. 加热时间以原料溶化即可。

运用：适宜腌泡各种干果、蔬菜，如醋泡杏仁、醋泡花生米等。

👑 蚝油陈醋汁

这是在蚝油内加入陈醋和白糖调配而成的一种味汁，具有味道咸鲜，略带酸甜的特点。

原料：蚝油 25 克，陈醋 20 克，白糖 10 克，香油少许。

制法：

1. 陈醋入碗，加入白糖，搅拌至溶化。

2. 再加入蚝油调匀。

3. 最后加入香油调匀即成。

提示：

1. 选用色正味佳的蚝油和陈醋。

2. 不加盐，以蚝油定咸味。

运用：适宜拌制可食的生菜，或煮熟的肉料。如蚝油醋生菜、美味鹅肝等。

👑 桂花山楂汁

这是将山楂糕打烂成泥后，加入白糖、白醋、桂花酱等料调

配而成的一种味汁，具有色泽紫红，味道酸甜的特点。

原料：山楂糕 50 克，白醋 75 克，白糖 50 克，桂花酱 10 克，纯净水适量。

制法：

1. 将山楂糕切成小丁，放在搅拌机中打成泥。

2. 山楂泥入碗，加入纯净水，用筷子充分搅拌均匀。

3. 再加入白糖、白醋和桂花酱，调匀即成。

提示：

1. 也可选用鲜山楂。但打成泥前用开水烫一下，色泽更红艳。

2. 控制好纯净水的用量，不要使味汁过稀。

运用：多用于拌制蔬菜果类，如：楂汁马蹄、楂味青笋、珊瑚藕片等。

♕ 辣粉醋汁

这是用醋、酱油和油泼辣椒粉调配而成的一种味汁，褐亮油润，具有酸辣味美，清爽利口的特点。

原料：酱油、醋各 50 克，辣椒粉 3 克，精盐适量，色拉油 10 克。

制法：

1. 辣椒粉放在小碗内，先加少许清水和精盐拌匀。

2. 再注入烧至极热的色拉油，搅匀。

3. 待晾冷后，加入酱油和醋调匀便成。

提示：

1. 辣椒粉以韩式辣椒粉为佳。

2. 色拉油要烧热，才能把辣椒粉的辣味激出。

运用：适用于拌制白煮肉类原料和可生食的蔬菜。如拌羊耳、拌生菜、拌菜心头肉等。

👑 蒜香酸辣汁

这是用醋、辣椒粉、蒜、生抽等调料配制而成的一种味汁，色泽褐红，具有酸辣咸香的特点。

原料：陈醋 50 克，蒜瓣、葱各 10 克，花椒数粒，生抽、精盐、味精、熟芝麻、香油、纯净水各适量，色拉油 30 克。

制法：

1. 大蒜洗净，捣成泥；大葱切成葱花。

2. 将两者放入碗中，加入辣椒粉和精盐。

3. 坐锅点火，注色拉油烧热，下花椒炸煳捞出，把热油泼在辣椒粉上。

4. 再将陈醋入锅加热至沸腾，倒入碗中调匀，最后加入生抽、味精、香油、熟芝麻和纯净水调匀即成。

提示：

1. 加热醋的目的是让醋的口感更柔和。

2. 水的用量不要太多，以免味汁太淡。

运用：适宜作水饺、包子的蘸料，也可用于白煮菜肴的蘸碟，如白煮排骨等。

👑 酒香芒果酱

这是以芒果肉打泥，加糖油、红酒、醋等调配而成的一种酱，色泽美观、具有润滑甜酸、酒味浓醇的特点。

原料：芒果肉 500 克，优质红酒 200 克，白糖 100 克，白醋适量，精盐少许。

制法：

1. 芒果肉洗干净，切块，放在电动搅拌机内打成泥状。

2. 不锈钢锅上小火，放入 100 克清水和白糖。

3. 用手勺不停地搅炒至有粘性，倒在小盆内，晾凉。

4. 再加入芒果肉泥、红酒、精盐和白醋，用筷子顺一个方

向搅匀即成。

提示：

1. 白糖炒至有粘性即好，时间千万不要过长，否则冷却后结晶呈玻璃状。

2. 芒果肉一定要打成极细的泥状，成品才有细腻的口感。

3. 诸料合在一起后要充分搅打均匀，使其呈半流体状。

运用：此酱汁除可作煎菜、熘菜的调味、炒菜的蘸碟外，还可拌制各种荤素凉菜，如芒果酱里脊片、果香煎鸡翅、酒香果酱洋菜等。

♛ 红醋酸甜酱

这是以红醋为主要调料，辅加白糖、红辣椒、洋葱等料煮制的一种酱，色泽深红，具有酸甜微辣，口感黏滑的特点。

原料：红醋 50 克，白糖 40 克，洋葱 15 克，红辣椒 10 克，生姜 5 克，黑胡椒粉、精盐、酱油、水淀粉各少许，色拉油 25 克，鸡高汤 200 克。

制法：

1. 洋葱剥去外皮，红辣椒洗净，去蒂，分别切成小粒；生姜刮洗干净，切末。

2. 坐锅点火，放色拉油烧热，下入姜末、洋葱粒和红辣椒粒煸炒。

3. 加入鸡高汤、精盐、酱油、白糖和黑胡椒粉煮至溶解。

4. 再加入红醋调好酸甜口味。

5. 最后淋入水淀粉，搅匀即成。

提示：

1. 底油不要烧的太热，以免把细小的姜末炸煳。

2. 红辣椒可用辣椒粉代替，因人而异。

运用：此调味酱适合用来搭配面食或煎、烤肉类原料的蘸食。如煮意面、烤羊排、煎银鳕鱼等。

蛋黄芥醋酱

这是用白醋、蛋黄、芥末酱等原料调配而成的一种复合酱，色泽嫩黄，具有酸鲜咸甜微辣，开胃消食，油香滑润的特点。

原料：白醋 100 克，白糖 20 克，芥末酱 15 克，精盐 10 克，味精 6 克，白胡椒粉 4 克，熟鸡蛋黄 2 个，黄油 45 克，色拉油 75 克。

制法：

1. 熟鸡蛋黄放在案板上，用刀压成细泥。
2. 鸡蛋黄泥放入碗内，加入芥末酱和色拉油调匀。
3. 再加入白醋、白糖、精盐、味精和白胡椒粉搅匀。
4. 黄油入锅加热至溶化，也倒入鸡蛋黄内调匀。
5. 最后加适量水调匀成糊状即可。

提示：

1. 蛋黄要压细，芥末酱要调好。
2. 每加一次原料都要顺一个方向搅拌。
3. 奶油加热溶化即可，不要太热。

运用：适宜冷拌荤素菜或生食鲜活水产品，如蛋油素什锦、蛋油香芹、蛋油萝卜丝、蛋油生鱼片等。

番茄苹果酱

这是以番茄酱、苹果醋和红酒醋调配而成的一种酱，色泽红亮，味道具有咸酸的特点。

原料：番茄酱 25 克，蒜瓣 20 克，精盐 3 克，苹果醋、红酒醋各适量。

制法：

1. 蒜瓣用刀拍裂，剁成细末。

2. 坐锅点火，放色拉油烧热，下蒜末炸黄。

3. 倒入番茄酱炒出红油，盛在小碗内。

4. 加入精盐、苹果醋和红酒醋调匀即成。

提示：

1. 番茄酱有涩味，一定要用热油炒透。

2. 两种醋的用量要适度。

3. 此酱冰镇后食用，口感较佳。

运用：可用于煎、炒菜或清蒸海鲜类的味碟，如酒煎鱼片、干炸蘑菇、清蒸鲈鱼等。

珊瑚酱

这是以泡胡萝卜茸、米醋、鱼露等调料配制而成的一种味酱，颜色红亮，泡菜香浓，味道具有酸甜的特点。

原料：泡胡萝卜 50 克，米醋 20 克，白糖 20 克，番茄酱、鱼露各 10 克，小葱 10 克，精盐、味精、香油各适量，色拉油 25 克。

制法：

1. 泡胡萝卜剁成细蓉；小葱择洗干净，切末。

2. 坐锅点火，放色拉油烧热至六成，下泡胡萝卜蓉、番茄酱和葱末炒出香味。

3. 放鱼露、精盐、米醋、白糖和味精调味。

4. 最后加香油，调匀便成。

提示：

1. 泡胡萝卜定主味，表现泡咸酸。最好选用色红味正，刚泡入味的胡萝卜做原料。

2. 番茄酱增色，米醋助酸，葱末和香油增香，白糖提甜味，鱼露助咸提鲜，味精增鲜。所以这些调料的用量应适可而止。

运用：一般用于炒菜、拌菜的调味，蒸菜和油炸菜的蘸碟，如酥炸牛奶、珊瑚菜花等。

♕ 复合苏梅酱

这是在苏梅酱的基础上，加入红袍醋、白糖、番茄沙司等调料配制而成的一种复合味酱，色泽深红，具有味道酸甜，滋润细腻的特点。

原料：苏梅酱 25 克，白糖 15 克，番茄沙司 10 克，红袍醋 10 克，精盐少许。

制法：

1. 将白糖和红袍醋一起放入碗中，搅拌至溶化。

2. 再加入苏梅酱和番茄沙司调匀。

3. 最后加入精盐调匀，即成。

提示：

1. 苏梅酱起定甜酸味作用，用量要足。

2. 白糖增甜，用量要够；红袍醋和番茄沙司助酸，用量应适度。

运用：一般用于补充调味，作油炸菜、煎菜的味碟。如香煎鸡翅、脆炸虾球等。

♕ 花生青梅酱

这是用青梅酱和花生酱为主料，辅加苹果醋、白糖等料配制而成的一种味酱，油亮褐红，具有酸甜细腻，果味浓香的特点。

原料：青梅酱 25 克，白糖 20 克，苹果醋 15 克，花生酱 10 克，精盐少许。

制法：

1. 花生酱入碗，加入苹果醋搅澥。

2. 再加入白糖和精盐搅拌至溶化。

3. 最后加入青梅酱，调匀便可。

提示:

1. 青梅酱可突出果酸味的作用,用量要够。

2. 花生酱增香,苹果醋助酸,精盐合味。

3. 必须先用醋把花生酱搅澥后,再加其他调料搅拌。

运用:一般用于拌菜的调味,或菜肴的味碟。如樱桃肉丸、拌时蔬沙拉等。

👑 橘醋酱

这是用橘肉、白糖、米醋和芝麻酱等配制而成的一种味酱,味道具有酸甜,橘香味浓的特点。

原料:橘子 100 克,白糖 20 克,米醋 15 克,芝麻酱 10 克,精盐少许,清水 20 克。

制法:

1. 橘子去皮,分瓣,撕净白色筋络,剁成细蓉。

2. 芝麻酱入碗,分次加入清水调成稀糊状。

3. 把白糖和精盐加入到芝麻酱中调匀。

4. 再加入橘肉蓉和米醋调匀,即成。

提示:

1. 制作时如加入少许橘油,味道更好。

2. 芝麻酱增香,用量宜少。

运用:一般作菜肴的味碟,如脆炸香蕉、软炸鸡柳等。

👑 罗勒香醋酱

这是用香醋、罗勒、青葱和辣椒等料配制而成的一种酱,色泽深绿,具有酸香微辣,清香味浓的特点。

原料:青葱 25 克,香醋 25 克,鲜辣椒、罗勒叶各 10 克,精盐、橄榄油、纯净水各适量。

制法:

1. 青葱、鲜辣椒和罗勒叶分别洗净,控干水分,切碎。

2. 把青葱碎、辣椒碎和罗勒叶放在搅拌机中。

3. 再依次加入纯净水、香醋、精盐和橄榄油，打成稀糊状即可。

提示：

1. 青葱以选用小葱为佳。

2. 加水量以成品呈稀糊状即可。

运用：适宜拌制各种荤素沙拉。如罗勒香醋熏鸡、罗勒香醋菜心等。

♛ 番茄酸醋酱

这是用番茄、番茄酱、陈醋、橄榄油和罗勒叶等料配制而成的一种酱汁，色泽红亮，味道具有酸香的特点。

原料：番茄 100 克，番茄酱 30 克，陈醋 20 克，罗勒叶 10 克，蒜仁 1 粒，精盐 3 克，橄榄油 30 克。

制法：

1. 番茄洗净，用沸水略烫，去皮切块；蒜仁切末。

2. 将番茄块、蒜末和罗勒叶放入搅拌机内。

3. 再加入番茄酱、陈醋、精盐和橄榄油，搅打成稀糊状即成。

提示：

1. 番茄和番茄酱均有酸味，所以一定要掌握好陈醋的用量。

2. 如味道太酸，可加少许蜜糖调味。

运用：适宜拌制各种沙拉，如鸡肉生菜沙拉，黄瓜沙拉、番茄酸醋莴苣等。

♛ 苹果酸辣酱

这是用苹果、番茄、醋和辣椒粉等料配制而成的一种调味酱，色泽淡红，具有酸辣回甜的特点。

原料：苹果 2 个，番茄 2 个，醋 50 克，辣椒粉 10 克，白糖

少许。

制法：

1. 苹果洗净，去皮及籽核，切成小丁；番茄去皮，切小块。

2. 坐锅点火，添入适量清水，放入苹果丁煮软烂，再加入番茄块煮透，用手勺压成糊状。

3. 再加入辣椒粉和白糖炒至溶化，最后加醋调成酸辣回甜口，炒匀即成。

提示：

1. 如果水不够就加一些使苹果始终保持足够水分来炖煮。

2. 如果选用的是酸苹果和酸味浓的番茄，就要减少醋的用量。

运用：适合配烤、煎等食品吃，如面包、奶酪、鸡肉等。

 的趣闻趣事

文人赞醋留诗篇

俗话说，开门七件事，柴、米、油、盐、酱、醋、茶。作为七件事之一的醋，不仅与人们的生活息息相关，而且与历代文人墨客也有着不解之缘。他们以自己的感受、灵感和智慧创作了很多脍炙人口、富有情趣的赞醋诗篇。

白居易闲居履道里时，与神秀长老来往甚密，互有馈赠。一日，神秀长老执酢到履道里与白乐天品茶闲叙酢之神效。兴致之时，神秀长老向白乐天索句，白乐天以酢研墨，挥毫书就："长生殿上竞争传，老来齿衰嫌茶淡。无契之处谁相依，疾酢倍觉酸胜甜。"这首藏头诗暗藏"长老无疾"四字，喻指神秀长老因经常食酢而能长寿健康。

　　宋代大诗人陆游著有《食荠》三篇，其中写道："小着盐醯（醋）助滋味，微加姜桂发精神"。作者在品尝美味佳肴时对佐料醋等的运用而发自心中的感受。可见醋的用途已远不止调味，它在食疗和保健领域中也发挥着独特的作用。

　　"芽姜紫醋炙银鱼（即鲥鱼），雪碗擎来二尺余，尚有桃花春气在，此中内味胜莼鲈。"这首诗是宋代著名词人、美食家苏东坡在镇江焦山食后"醋炙鲥鱼"写下了自己的感受。

　　明代一位女诗人因不满丈夫纳妾而给丈夫的一首"吃醋"诗："恭喜郎君又有她，侬今洗手不当家。开门诸事都交付，柴米油盐酱与茶。"这是诗看上去是"恭喜"，实际上心中又怨又恨，满腹牢骚，全身上下皆充满了"醋意"。

　　清代一食客在杭州楼外楼品尝了"西湖醋鱼"后大加赞赏，诗兴大发，随即在楼外楼墙壁上写下了赞醋诗："裙履联翩买醉来，绿阳影里上楼台，门前多少游湖艇，半自三潭印月回。何必归录张翰鲈，鱼美风味说西湖，亏君有时调和手，识得当年宋嫂无。"

第七篇 以醋调味烹佳肴

食醋是烹调时常用的调味品之一，也是一种基础味料。它不仅味酸，并且含有鲜味、甜味和浓郁的香气，在烹调中应用极为广泛。烹制菜肴时，加入适量的醋，不仅具有除腥解腻、杀菌防腐、防止营养素流失、保证菜肴脆嫩的口感外，而且还能增添菜肴的风味。

一、烹调放醋显奇效

♕ 烹鱼加些醋　除腥又提香

一般鱼类中，即使是新鲜鱼类，也会产生腥味，尤其是淡水鱼类更为突出，因而影响鱼肉的本味。在烹调前，通过调味料食醋中的醋酸与腥臭气味的碱性物质发生中和作用生成盐，而使腥臭气消失，突出鱼肉的香气。同时，食醋中除醋酸外，还含有少量醇类，在热锅中加入食醋时，由于温度的影响，使醋中醋酸与醇类发生酯化反应，生成具有挥发性的酯类等香味物质，从而使鱼类菜肴溢出馥郁气味，增加鱼类复合美味。因此，食醋在烹制鱼类菜肴时，具有除腥、提香作用。

♕ 加醋烧猪蹄　营养风味好

在烧猪蹄时，稍微加一些醋一起烹调，就可使猪蹄中的蛋白质易于被人体消化、吸收和利用。因为猪蹄中主要含有的胶原蛋白，在加酸的热水中易从猪蹄上分解出来，并使猪蹄骨细胞中的胶质分解出磷和钙，使营养价值增加。此外，加一些醋，还可去猪蹄油腻，增加猪蹄的风味。因此，烧猪蹄加一些醋，既营养，风味又好。

👑 牛肉烧和煮　点醋速熟烂

牛肉中结缔组织含量比猪、羊肉多。结缔组织主要由胶原蛋白质组成，使肌肉组织特别坚韧，因此炖煮牛肉，要较长时间加热才可煮烂。但牛肉中胶原蛋白质在酸性环境中加热，可以加速分解成可溶性、柔软的明胶。因此。在烧煮牛肉时，添加适量的食醋，不仅可以加速煮烂牛肉，同时还具有除膻、提香的作用。

👑 制作红烧肉　加醋效果好

红烧肉色泽红亮，肥而不腻，在烧制时适当的加点醋，效果会更好一些。其作用有二，一是醋可以促进蛋白质在加热的条件下更多地水解成氨基酸，使烧出的肉味道鲜香、醇厚，同时使肉中的蛋白质更易被人体消化吸收；二是醋与料酒中的乙醇、肉中脂肪水解出的脂肪酸结合成脂肪酸酯和乙酸乙酯，这些酯的形成不仅增加了菜肴的香味，还促进了脂肪的水解，降低了菜肴中的脂肪含量，起到解腻增香的作用。

👑 凉拌心里美　加醋色更红

心里美萝卜汁液中存在花青素，是一类水溶性色素，在酸性溶液中颜色偏红，而在碱性环境中则呈紫蓝色。因此，含有这种色素的蔬菜，经酸渍后可使其颜色更加鲜红。如凉拌心里美萝卜时，添加适当食醋，不仅可起到消毒作用，而且可使菜肴的色泽更鲜艳，提高菜肴感官质量。

👑 辣椒有辣味　加醋可消减

鲜辣椒中含有丰富的维生素 A、维生素 C 等成分，并可开胃，增强食欲。但有时不是所有人都能忍受其极强的辣味。因

此，可在烹饪新鲜辣椒时放点醋，辣味就不会那么重了。这是因为，辣椒中的辣味是由辣椒碱产生的，而醋的主要成分是醋酸，故放醋可中和掉辣椒中的部分辣椒碱，除去大部分辣味。此外，放醋还可有利于人体消化和吸收辣椒中维生素 C。

♛ 突出酸味菜　醋分两次放

大家都知道醋经加热易挥发，醋香味的逃逸往往影响了菜肴的风味，为了避免醋在加热中的损失，在烹制一些突出带有酸味菜肴，如醋熘绿豆芽、酸辣土豆丝等，醋最好分两次放。第一次在原料入锅后放所用醋量的一小部分，第二次利用菜出锅前加入剩余的食醋，以突出醋的风味。

♛ 炒制豆芽菜　点醋色洁白

黄豆及其制品黄豆芽组织中含有无色或浅黄色的黄铜类色素。它在酸性溶液中较稳定；但遇碱时，黄酮素即发生化学变化，生成黄色的查尔酮色素。因此，在烹制黄豆或黄豆芽时，如采用硬水（pH＝8）烹制时，黄豆或黄豆芽中黄酮素遇碱即生成黄色的查尔酮，使黄豆或黄豆芽色泽偏黄；如在快起锅时，喷洒少量食醋，黄色即消失，因而改善菜肴的外观质量。

♛ 醋水焯菜花　洁白又晶莹

菜花中含有无色或浅黄色的黄铜色素，遇碱时即形成黄色的查尔酮色素，但在酸性溶液中比较稳定。焯菜花时，在沸水中添加少量食醋，使菜花处在酸性环境中，可避免形成黄色的查尔酮色素，使菜花保持洁白晶莹。

♛ 烹调芹菜时　加醋防色黄

芹菜组织中含有绿色的叶绿素、无色的黄酮素和黄色胡萝卜素。由于叶绿素含量较大，因而使新鲜的芹菜呈现鲜绿色。如果用偏碱性的水（硬水 pH＝8）烹制芹菜时，则由于黄酮素在碱性环境中发生变化，生成黄色的查尔酮色素，使芹菜成品呈现黄绿色，影响成品的外观质量。

在烹制芹菜时，可用食醋调整水的 pH，使其中性偏酸，即可避免黄色查尔酮色素生成。但酸性不可过强，否则，会使叶绿素发生脱镁反应，生成褐色的脱镁叶绿素，使芹菜变成黄褐色，影响成品质量。

♔ 爆炒蔬菜时　加醋保脆嫩

烹制蔬菜时，加入少许食醋烹锅，能较长时间保持蔬菜的脆嫩口感。

因为蔬菜组织中含有较多的果胶物质，是蔬菜细胞壁的成分之一，它存在于相邻细胞的细胞壁间的中胶层，起着将细胞粘结在一起的作用，使蔬菜组织硬实挺拔，因而口感脆硬。蔬菜在烹饪加热中，原果胶被水解成可溶性的果胶或果胶酸，因而使蔬菜软化，失去脆性口感，但酸可抑制原果胶转化成果胶或果胶酸，因此醋能保持蔬菜的脆嫩。

♔ 炖制排骨时　放醋更营养

排骨的成分和人的骨骼成分很接近，所以炖排骨可以用于食疗补钙。不过排骨中钙主要以 $CaCO_3$（碳酸钙）的形式存在，在煮食中产生的钙不多，所以在炖排骨的时候加点醋来熬汤效果更好，醋中的醋酸可使排骨中的钙、磷、铁等矿物质溶解出来，利于吸收。

♔ 凉拌海蜇皮　现吃现加醋

凉拌海蜇皮时加适量的醋，不仅增加风味，而且还具有杀菌的作用。但必须在食用前两三分钟加醋为适宜。这是因为过早放醋会使海蜇皮变软发韧，降低脆嫩口感，影响风味。

♛ 豆浆细而滑　点醋变豆花

将细而爽滑的豆浆上火煮沸，点入醋就能变成另一种豆花美食。这是为什么呢？因为大豆泡发加水磨成豆浆，加热煮沸后，大豆球蛋白质的空间结构被破坏，肽链伸展开形成线状，由于蛋白质表面存在有电荷，而同性电荷排斥，而阻止蛋白质颗粒之间聚集而沉淀。当加入食醋时，则会中和大豆蛋白质分子上的负电荷，使部分蛋白质分子表面电荷等于零，从而使大豆蛋白质分子立即聚集而沉淀，豆浆就从乳状液转成半固体状态。

♛ 醋与酒混用　为菜增芳香

在烹制禽畜肉和水产品原料时，除烹入少量的黄酒外，还有食醋，这样可去除原料异味，增加美味。其原理是：黄酒中含有乙醇和酯类，而食醋中除含有大量醋酸外，还含有氨基酸、丁二酸等其他有机酸，这些有机酸与黄酒中醇类在加热后，会发生酯化反应，生成各种芳香气味的酯类，这种酯类挥发性大，因而呈现出芳香气味。

♛ 拌绿色蔬菜　加醋忌过早

蔬菜呈鲜绿色，是由蔬菜细胞组织中存在的叶绿素决定的。叶绿素在酸性环境中发生化学变化，产生黄褐色的脱镁叶绿素，这个反应在室温下反应速度比较缓慢。因此，凉拌绿色蔬菜需添加食醋时，最好在临上桌前加入，否则会影响绿色蔬菜的色泽。

♛ 醋水洗草莓　可防色泽变

草莓细胞汁液中存在花青素，其颜色可随着 pH 不同而呈现出不同的色泽。在酸性环境中偏向红色；而在碱性环境中偏向紫蓝色。因此，如果用硬水（pH 等于 8）洗涤或浸泡草莓，会使鲜红色草莓变得暗淡或呈现紫蓝色。因此洗涤草莓时在水中加少量的食醋，使 pH 偏酸性，可防止草莓变色，色泽更红艳。

♛ 水中加些醋　焯藕不变色

藕组织中含有黄酮素、多酚类物质、多酚氧化酶。当藕切片或切丝后，与空气接触面增加，在氧化酶催化下，多酚类物质被氧化成黑色素，使藕发生变色现象。因此，在烹调前，将切片或切丝的藕放在加有白醋的开水锅中烫漂 10 秒钟，然后再进行烹调，就可避免变色。

♛ 切好土豆丝　醋水浸泡好

土豆中含有酚类的氨基酸，如酪氨酸，同时存在酚类氧化酶。一旦组织破损（如切片或切丝）与空气接触，即可发生酶促褐变，使土豆丝变成粉色或褐色。如果将切好的土豆丝立即浸在加有少许白醋的水中，与空气隔离，即可抑制酶促褐变，防止土豆丝变色。

♛ 爆炒绿豆芽　加醋保营养

绿豆芽中除含有丰富的维生素 C 之外，还含有维生素 B_1、维生素 B_2 及其他营养成分，烹调时易被氧化而遭破坏，放醋可以起到保护这些营养素的作用。另外，醋对豆芽中的蛋白质有明显的凝固作用，能使绿豆芽增加脆度。因此，爆炒绿豆芽时宜放些醋。

♛ 拔丝菜炒糖，　加醋丝更长

在做拔丝菜炒糖浆时，往往会出现拔丝不长或拔出即断的现象。遇到这种情况，可在炒糖时滴入几滴白醋，即可使拉出的糖丝延长，如掌握得好，可达数尺。这是因为蔗糖是双糖，糖液处

在酸性介质中，可加速蔗糖水解成等量葡萄糖和果糖，即转化糖。转化糖具有结晶作用，因而防止蔗糖在过饱和状态出现晶粒，有利于玻璃体形成，便于出丝，并且出丝效果更好。但要注意，下醋的量一定要准确。切勿一下倒入很多。加醋太多，会形成糖稀，反而拔不出丝来。

♔ 做菜需加醋　掌握好时机

做菜需加醋时，对时机掌握恰当与否，对成菜风味特点和质量影响很大，醋在成菜后与成菜前的添加，在菜肴中所起的作用是不同的。这是由于食醋不耐高温、易发挥的特性所决定的。

在烹锅时，先加食醋能起到增香、除去异味的作用，并能保持菜肴质地脆嫩，清爽利口。更重要的是能保护维生素免受破坏。因为有些维生素，如维生素 B_1 和维生素 C，在酸性环境中不易被氧化分解。如果添加食醋太晚，就起不到这种作用。

用食醋作主味的菜肴，为突出醋鲜，就应后放食醋，如酸辣汤、酸甜汁等。否则，加醋后再加热，可使某些蛋白质凝固成絮状，易使汤浑浊，出现浮沫。同时，鲜香气味也因加热而挥发殆尽，菜肴滋味酸涩，不醇正，影响菜肴的质量。因此，在菜肴出锅前加醋能最大限度地突出菜肴的酸鲜风味特色。

♔ 异味重菜肴　烹酒后烹醋

烹制异味重的菜肴时，加些醋和酒能达到增香的目的。但在加入时应先烹酒后烹醋，这样才能达到效果。因为酒与醋受热后极易挥发。但酒具有很高的渗透压，同时又是腥、膻气味物质的很好溶剂，先烹酒可以使酒迅速地通过原料组织的细胞膜，渗透到原料内部，受热挥发后，能除去原料腥、膻气味。同时酒本身所含的有机酸，在加热时也能与醇发生酯化反应，生成芳香气味的酯，由于味的消杀作用，能增香除腥膻，提高菜肴的鲜味。醋受热后能挥发一种香气，如果烹醋过早，香味挥发，菜肴口味酸而涩，影响风味。所以，对于烹制异味重的菜肴时应先烹酒后烹醋，才能达到效果。

👑 白醋腌猪肝　色艳口感脆

有的人爱吃猪肝，但在家里炒出的猪肝不是口感不脆嫩，就是装在盘中还会渗出血水，影响食欲。为了达到最佳效果，先把猪肝切成大块，用淡盐水泡过洗涤，切片后放在碗中用少许白醋腌一下，再挤干水分，加调料爆炒，这样处理后，炒出的猪肝既爽脆，又不渗血水。

👑 醋水泡猪腰　色艳质脆嫩

猪腰切片、条或花刀块后，用加有少许白醋的水浸泡 10 分钟左右，再换清水漂洗两遍，这时猪腰会变大，无血水。再经过炒熟后猪腰鲜嫩爽口，色泽鲜亮。

👑 烹调海带时　加醋即变软

在煮海带或炖海带时，有时会出现久煮还发硬的情况。这时往锅里加少许醋，很快会使海带变软，而且食用起来鲜嫩味美。

👑 面条加碱多　煮时放醋好

有人认为，在做面条时放少许食用碱，不仅比较耐煮，而且吃起来也有劲道。可是在制作时一不小心把碱加多了，这面条吃起来也就不那么如意了。煮面条时加入少量的醋，不仅可消除面条的碱味，而且可以使面条变得白些。

👑 饼丝粘成团　加醋焖即散

在炒饼丝时如果出现黏成团的情况，可顺锅边淋入少量的醋，加盖焖一会，再进行翻炒，原来黏成团的饼丝即会散开，并且成品还有一股醋的香味。

👑 煮制水波蛋　加醋成形好

当锅中的水烧沸，磕入鸡蛋后，因受水的冲力作用，易使鸡蛋散开，致使水波蛋不完整。如果在烧沸的水锅中加入少量白醋搅匀，再磕入鸡蛋。这样能加速鸡蛋蛋白质的变性凝固，鸡蛋入水中后即变性凝固，不易被水冲散，而形成完整的水波蛋。但醋不要加多了，否则会影响口味。

👑 馒头加碱多　蒸水放醋佳

在蒸馒头前，发现碱大了，可以推迟时间让跑跑碱再蒸。要是在蒸后发现碱大了，不要取下馒头，往蒸水中加入 100～150克食醋，盖上锅盖，继续用火蒸 10～15 分钟，使碱与蒸汽中的酸逐渐中和，馒头黄色即消失，不会有酸味。但要注意：馒头如碱味太重，不宜用此法。

👑 凉拌松花蛋　要用姜醋汁

松花蛋一般是用茶叶、石灰泥包裹鸭蛋制作而成的，这会使大量的儿茶酚、单宁和氢氧化钠侵入蛋体的蛋白质中，使单白质分解，并产生氨气。所以松花蛋会有些碱涩味。拌松花蛋时加上一些姜醋汁，不仅可以利用姜辣素和醋酸来中和碱性，除掉碱涩味。而且还可以利用姜醋汁中含有的挥发油和醋酸，破坏松花蛋在制作过程中使用的有毒物质黄丹粉，以及松花蛋在分解过程中产生的对人体有害的硫化氢和氨气。所以，在拌松花蛋时用姜醋汁调味最佳。

👑 蛋花难成形　水中先加醋

在家里做鸡蛋汤时，如果鸡蛋不太新鲜，淋入锅里的沸水中结不起蛋络而容易散开。若在调匀鸡蛋倒入沸水中之前，滴几点醋在水锅里，再将鸡蛋淋入锅中，就能做出漂亮的蛋花汤。

二、咸酸味调制及其菜肴

咸酸味，就是在咸鲜（香）味的基础上加醋突出酸味调制而成的一种口味。一般以总体口味"清香爽口，咸鲜微酸"为宜。由于在调配时所用咸鲜（香）调料的不同，调配出来的口味特色也就大不一样。

（一）咸酸味调制技巧

1. 用于凉拌菜的咸酸味调制

用于凉菜的咸酸味调制一般常用的有姜醋汁、三合油汁和蒜泥醋汁。

①姜醋汁：是以姜和醋为主调制而成的咸酸味，具有咸酸，姜味突出的特点。多用于拌制各种素类凉菜。调制方法是：鲜姜去皮洗净，入钵捣成泥，加入醋、精盐、味精、香油调和即成。

调制时，为使姜醋的混合味突出，定要重用鲜姜与醋，味精不可多放，不然会减弱醋的酸味。

②三合油汁：是以酱油、醋、香油等为主调配而成的咸酸味汁，行业中将此种味汁称之为"三合油汁"，具有咸鲜，酸香、醇厚的特点。调制方法是：大蒜去皮洗净，与葱白剁成末放入碗内，加入烧热的香油、酱油、醋、精盐、味精调匀即成。

调制时，精盐的加入量补充酱油咸味的不足，其用量不可太多；葱白、大蒜起增香作用，用量不可太少。

③蒜泥味汁：是以大蒜、醋、香油等调配而成的，具有蒜味浓，咸酸香，开胃利口的特点。多用于拌制各种荤、素类凉菜。调制方法是：将大蒜剥去外皮，放在钵内，加入精盐后，用木槌捣成细蓉，先加 50 克清水调澥，再加香醋、精盐和味精调匀，即成。

调制时，精盐定咸味，要求用量适中，太少蒜味不浓，太多味咸，无法食用。大蒜与精盐同捣成泥，可使黏性增大，蒜香更浓。

2. 用于炒菜的咸酸味调制

炒菜的咸酸味，是以醋、精盐、味精、葱、姜、蒜、香油、色拉油等调配而成。具体调制方法是：将炒锅上火，放底油烧热后，下葱姜蒜炸香，倒入主料，烹入用醋量的 1/2，翻炒至断生，加精盐、味精和剩余的香醋，翻匀，淋香油，出锅即成。

调制时，不要一次下入所用醋的量。而应在原料下锅后加少量的醋，待原料出锅前再补加适量的醋调好酸味。头遍放醋，既可处去肉类原料中的一些异味，又能保证蔬菜内部的水分不外溢。最后加醋，以起到调酸味的作用。

但要注意白色的菜肴最好用白醋，有色菜肴最好用有色醋。

3. 用于汤、羹菜的咸酸味调制

汤、羹菜的咸酸味，所用调味料主要有：香醋、葱丝、姜丝、酱油、精盐、味精、香油、色拉油等。具体调制方法是：净锅上火，添入清水，放入姜丝和初加工好的主配料，待煮至料熟后，加精盐、味精调好咸鲜味，勾芡或不勾芡，再加香醋调好酸味，淋香油即成。

调制时，应先加精盐和味精调好咸鲜味，再加醋调好酸味。其用量应据本人喜好而定，嗜酸味，多放一些；反之，以刚突出酸味即好。

4. 用于炸烹、熘菜的咸酸味调制

炸熘菜的咸酸味，所用调味料主要有：葱花、蒜末、姜丝、香醋、精盐、味精、酱油、白糖、鲜汤、色拉油等。具体调制方法是：先取一小碗，放入鲜汤（或清水）、酱油、精盐、味精、白糖、香醋、葱姜蒜等料调成咸酸味汁，备用。接着把腌味并挂糊的原料入油锅中炸至金黄焦脆，沥去余油，倒入对好的碗汁，快速颠翻至汁尽时，出锅即成。

调制时注意三点：（1）加入少量的白糖是缓和醋的酸味，用量以尝不出甜味为佳。（2）加入酱油调色，用量应适可而止，以防止用量过多，成菜色黑难看。也可补加少量的番茄沙司来调色。(3) 味汁与原料合匀时动作要迅速，待出酸味时立即出锅。以避免醋的酸味受热过长而过多地挥发，影响口味。

(二) 咸酸味菜肴实例

♛ 姜醋藕片

原料：莲藕 300 克，醋 50 克，鲜姜 25 克，红尖椒 1 只，精盐 3 克，味精 1 克，香油 5 克。

制法：

1. 将莲藕洗净，削去外皮，切成厚约 0.2 厘米的薄片，用清水洗两遍，沥尽水分；红尖椒去蒂去籽，横着切成小圈。

2. 鲜姜去皮洗净，入钵捣成泥，加入醋、精盐、味精和香油调匀成姜醋汁，待用。

3. 汤锅上火，添入适量清水烧开，投入藕片焯至断生，捞出过凉水，控尽水分，整齐码摆在盘中，点缀上红椒圈，淋上姜醋汁即成。

特点：红白相间，脆嫩咸酸。

提示：

1. 藕片烫好后立即过凉，防止变黑，影响色泽。

2. 为保持藕的色泽洁白，最好选用淡色醋或白醋。

♛ 姜醋松花蛋

原料：松花蛋 4 个，鲜姜 30 克，醋 30 克，香菜 10 克，酱油 10 克，精盐 3 克，味精 1 克，香油 10 克。

制法：

1. 松花蛋剥去泥壳，洗净，用刀切成橘瓣块；香菜择洗干净，切成末。

2. 鲜姜去皮洗净，入钵捣成泥，加入醋、酱油、精盐、味精和香油调匀成姜醋汁，待用。

3. 把松花蛋整齐装在盘中，淋上姜醋汁，撒上香菜末，即

可上桌。

特点：褐亮油润，酸香适口。

提示：

1. 切松花蛋时刀面蘸上水，不会黏刀。

2. 调味汁时，如用的是咸味酱油，则需减少用盐量。

♛ 酒醋浸果蔬

原料：西芹、黄瓜、红黄椒各 100 克，哈密瓜、西瓜各 75 克，苹果醋 200 克，白葡萄酒 100 克，葱白 10 克，香叶 2 片，黑胡椒粒少许，色拉油 10 克。

制法：

1. 黄瓜洗净，切成 5 厘米长、小手指粗的条；西芹择去筋络，切成 5 厘米长的段；红黄椒洗净，去籽瓤，用手掰成小块；哈密瓜和西瓜用勺口刀挖成小圆球。均待用。

2. 平底锅上火，放入 5 克色拉油烧热，放入葱段煎成金黄色，取出待用。

3. 取一不锈钢盆，先放入香叶、黑胡椒粒、煎葱段和 5 克色拉油，再倒入白葡萄酒和苹果醋调匀，然后放入加工好的各种果蔬，拌匀后封上保鲜膜，入冰箱浸半小时，即可取出装盘。

特点：原汁原味，酸香可口，消夏佳肴。

提示：

1. 煎葱的目的是去除其中的辣味，留取甜味和提香。

2. 可根据自己的口味选用不同的时令果蔬。

♛ 勺香三蔬

原料：茼蒿、生菜、小青菜各 150 克，红椒丝 10 克，豉油 50 克，醋 30 克，色拉油 50 克。

制法：

1. 茼蒿、生菜、小青菜均洗净，放入沸水锅中焯熟，捞出控尽水分。

2. 取一小碗，装入"三蔬"按实，翻扣在盘中，撒上红椒丝。

3. 把豉油和醋调匀，淋在"三蔬"上，最后浇上烧至极热的色拉油即成。

特点：口感脆嫩，味鲜微酸。

提示：

1. 原料一定要沥尽水分。

2. 重在豉油调咸味，不需加盐和味精。

♕ 鸡丝拉皮

原料：鲜绿豆粉皮 3 张，熟鸡肉 50 克，红甜椒 10 克，醋 50 克，酱油 25 克，葱白、蒜瓣各 5 克，精盐 3 克，味精 2 克，香油 10 克。

制法：

1. 鲜绿豆粉皮切成 0.5 厘米宽的条；熟鸡肉用手撕成不规则的丝；红甜椒洗净，切丝；蒜瓣、葱白分别剁成末。

2. 坐锅点火，添入适量清水烧开，放入绿豆粉皮烫至卷曲，捞出用纯净水过凉，控尽水分。

3. 把蒜末和葱末入小盆内，倒入烧热的香油拌匀，再放入绿豆粉皮、甜椒丝、鸡肉丝、酱油、醋、精盐和味精，拌匀装盘。

特点：凉滑利口，味道酸香。

提示：

1. 水温不能太低，否则不能把绿豆粉皮烫至卷曲。

2. 如果喜欢生蒜和生葱的味道，香油不需要加热，直接使用。

♕ 醋溜山药

原料：山药 350 克，红柿椒 15 克，小葱 1 棵，蒜瓣 2 粒，白醋、精盐、味精、香油、色拉油各适量。

制法:

1. 山药洗净污泥，刨去外皮，斜刀切成薄片，放在加有少许白醋的水中泡约 15 分钟，捞出来沥干水分；红柿椒洗净，切成菱形小片；小葱洗净，切碎；蒜瓣剁成碎末。

2. 不锈钢炒锅上火，放入色拉油烧热，下葱花和蒜末炸香，倒入红柿椒片和山药片，以旺火快速翻炒，烹入白醋，待炒至断生时，调入精盐和味精，淋香油，颠翻均匀，起锅装盘。

特点：色泽白净，酸香脆爽。

提示：

1. 山药片用醋水泡过，不仅防色变，也会使成菜更爽口。

2. 此菜不宜用铁锅烹调，因为山药遇铁会发生褐变反应。

虎皮尖椒

原料：青尖椒 250 克，醋 20 克，葱花 5 克，酱油、精盐、味精各适量，白糖少许，色拉油 20 克。

制法：

1. 将青尖椒洗净，去蒂，从中一切为二，用小刀剜出籽瓤，待用。

2. 炒锅上火烧热，放入青尖椒翻炒至其表面出现不规则的褐红斑点时，加入色拉油和葱花翻炒均匀，调入酱油、精盐、味精、醋和白糖，炒匀出锅装盘。

特点：色似虎皮，清香可口。

提示：

1. 煸尖椒时不放油，并用手勺不时地按压尖椒，其目的是将其水分压出来，使其变软。

2. 加入油和调料后要快速翻炒，否则，尖椒会不脆。

醋烹辣椒

原料：鲜青红辣椒 300 克，蒜瓣 50 克，山西老陈醋 50 克，白糖 15 克，精盐 3 克，色拉油 30 克。

制法：

1. 鲜青红辣椒洗净，晾干水分，去蒂及籽，横切成 2 厘米长的小段；蒜瓣去皮，用刀拍碎。均待用。

2. 坐锅点火，放色拉油烧热，先下蒜瓣炸黄，再放入辣椒段翻炒至皮起皱时，倒入 25 克老陈醋，加精盐和白糖翻炒入味，再加入味精和剩余的老陈醋，淋香油，翻炒均匀，出锅装盘。

特点：酸味突出，佐饭最宜。

提示：

1. 醋应分两次投放。若一次加入，醋受热挥发，影响口味。

2. 加入白糖中和酸味，用量以尝不出甜味为佳。

♛ 皮蛋尖椒

原料：青尖椒 200 克，松花蛋 3 个，老干妈豆豉 20 克，香醋 20 克，小葱 1 棵，生姜 5 克，精盐、味精、香油各适量，色拉油 30 克。

制法：

1. 松花蛋剥去外皮，洗净，切成桔瓣小块；青尖椒洗净，去蒂，用刀略拍，切成 1 厘米长的节；小葱切马耳形；生姜切末。

2. 炒锅上火，放色拉油烧热，下松花蛋煎至起泡时，加入姜末和小葱炒出香味，倒入尖椒节炒至断生，加精盐和味精炒入味，烹香醋，淋香油，快速翻匀，起锅装盘。

特点：吃法特别，美味诱人。

提示：

1. 尖椒表面光滑难入味，故用刀拍松后再切成节，便于入味。

2. 松花蛋有硬心和溏心两种。若为溏心松花蛋，则应先上

笼蒸透后再使用。

👑 腌酸辣椒

原料：新鲜青红辣椒 500 克，生抽、香醋各 100 克，生姜 25 克，白酒 25 克，白糖 15 克，花椒 3 克，精盐适量。

制法：

1. 将新鲜青红辣椒洗净，晾干表面水分，去蒂后，顶刀切成 0.5 厘米长的短节；生姜刨皮洗净，切小片。

2. 把辣椒节放在小盆内，加入姜片、花椒、精盐和白酒拌匀腌约半小时，然后再加入香醋、白糖和生抽拌匀，装在玻璃瓶内，加盖拧紧，腌约 2 天，即可取食。

特点：清脆爽口，酸甜诱人。

提示：

1. 要选用浅色香醋，不可选用颜色发黑的醋。否则，成品色泽发黑。

2. 辣椒也可用干净湿毛巾揩净，再晾干表面水分。否则，腌制时易变质。

👑 醋溜黄瓜

原料：嫩黄瓜 300 克，蒜末 10 克，陈醋、精盐、味精、香油、色拉油各适量。

制法：

1. 将黄瓜洗净，切去两头后，顺长纵剖成两半，刀切面朝下置于案板上，用刀面稍拍，坡刀切成 0.3 厘米厚的抹刀片，待用。

2. 炒锅上火，放色拉油烧热，下蒜末炸黄、倒入黄瓜片翻炒几下，烹入陈醋，加精盐和味精调好口味，待黄瓜入味时，淋香油，颠翻均匀，出锅装盘。

特点：本色，咸鲜，微酸。

提示：

1. 溜制时间要把握好，太久的话黄瓜会被烧烂，失去脆度。

2. 出锅前尝一下，如果酸味不够，可补加些醋。

👑 酱醋蒜薹

原料： 蒜薹 500 克，酱油、陈醋各 250 克，精盐 40 克，十三香料 1 小包，葱节、姜片各 10 克。

制法：

1. 将蒜薹摘去梢部和根部质老部分，洗净，切成 3 厘米长的小段，与精盐拌匀腌 3 小时，沥去汁水，待用。

2. 炒锅上火，放入酱油、陈醋、葱节、姜片和十三香料包，以小火熬约 10 分钟至出香味，倒在保鲜盒内，晾冷，纳入蒜薹，加盖泡约 1 周即成。

特点： 色泽褐红，酱香咸酸。

提示：

1. 洗净的蒜薹必须晾干表面水分，否则，泡制时易坏。

2. 味汁不要熬的时间太长，以免醋酸味挥发掉。

3. 食完蒜薹后剩下的酱醋汁，还可进行泡制。

👑 凉拌嫩豆腐

原料： 嫩豆腐 1 盒，生抽 30 克，陈醋 25 克，蒜瓣、小葱、香菜各 10 克，蚝油 10 克，油炸去皮花生米 20 克，香油 10 克。

制法：

1. 蒜瓣拍松，剁末；小葱、香菜择洗干净，切碎；花生米擀成碎末。

2. 将生抽、蚝油、陈醋和香油依次倒入碗中，加入蒜末、葱花和花生米碎末调匀成味汁，待用。

3. 把嫩豆腐扣在窝盘内，用刀划成方块，淋上调好的味汁，

撒上香菜末即成。

特点：凉爽软嫩，咸鲜微酸。

提示：

1. 生抽和蚝油均含有盐分，调味时不需加盐。

2. 嫩豆腐划上刀口后，应保持原状。

♛ 手撕茄子

原料：长茄子 300 克，蒜瓣 25 克，陈醋、精盐、味精、香油各适量。

制法：

1. 将长茄子洗净，先用竹签在表面刺上数个小孔，放在蒸笼内，用旺火蒸透，取出，撕成长条，整齐地码在盘子上。

2. 蒜瓣入钵，加精盐捣成细蓉，加 50 克清水后，倒在碗内，加入陈醋、精盐、味精和香油调匀成蒜蓉醋汁，淋在茄条上，食用时拌匀即成。

特点：制法简单，味道咸酸，蒜味浓郁。

提示：

1. 茄子扎上小孔，便于受热成熟。

2. 撕茄条时应戴上手套，以保证卫生。

♛ 老醋茼蒿

原料：鲜茼蒿 300 克，老陈醋 100 克，蒜瓣 20 克，精盐、味精、香油各适量。

制法：

1. 将鲜茼蒿洗净，摘下嫩尖叶部分，放在纯净水中浸泡至发挺，捞出来沥干水分，呈自然状堆在盘中。

2. 蒜瓣入钵，放少许精盐捣成细蓉，加 50 克水调澥，倒在小碗内，加入老陈醋、味精、香油调匀成老陈醋汁，与茼蒿上桌，蘸食。

特点：鲜嫩，咸酸，爽口。

提示：

1. 此菜只取茼蒿的嫩叶来获得美好的口感，茼蒿的茎秆还是留下来作炒菜用。

2. 可以在味汁中加一点点青芥辣来刺激口味，但不可多用，否则会有冲辣的味道。

👑 蒜醋芸豆

原料：芸豆角 400 克，蒜瓣 25 克，陈醋、精盐、味精、香油各适量，色拉油 25 克。

制法：

1. 芸豆角摘去两头和筋，斜刀切成马蹄段，投入开水锅中煮至刚熟捞出，用纯净水过凉，沥尽水分。

2. 蒜瓣入钵，捣成细蓉，盛在小碗内，注入烧至冒烟的色拉油，用筷子搅拌出香味，加精盐、味精、陈醋和香油调成蒜醋味汁，与芸豆角拌匀，装盘上桌。

特点：色泽碧绿，味道鲜美，蒜味香浓。

提示：

1. 芸豆角一定要焯熟食用。

2. 芸豆角必须控尽水分再调味。

👑 姜汁豇豆

原料：豇豆角 300 克，鲜生姜 40 克，精盐、味精、香醋各适量，香油、色拉油各 10 克。

制法：

1. 豇豆角摘去两头，洗净后沥干水分，改刀成 3.5 厘米长的段；鲜生姜刨皮洗净，擦成细茸。

2. 坐锅点火，添入适量清水烧沸，放入精盐、色拉油和豆角段焯熟，捞出用纯净水过凉，控尽水分。

3. 豇豆角段放在小盆内，加入姜茸、精盐、味精、香醋和香油拌匀，装盘即成。

特点：翠绿艳丽，咸中带酸，姜味浓郁，清爽不腻。

提示：

1. 一定要选用鲜嫩的生姜，并制成极细的蓉。这样，姜汁能黏在原料上，食之姜味浓郁。

2. 豇豆角焯水后切不可用生水漂冷。

♔ 老醋豇豆角

原料：豇豆角 400 克，老陈醋 75 克，蒜瓣 25 克，红油 15 克，精盐适量，色拉油 10 克。

制法：

1. 将豇豆角摘去两头，切成 4 厘米长的段，投入到加有精盐和色拉油的沸水锅中余至熟透，捞出用纯净水过凉，捞尽水分，装在窝盘中。

2. 蒜瓣入钵，用木槌捣成细蓉，先加 50 克水调澥，再加老陈醋、红油和精盐调匀成味汁，灌在豇豆角内，即成。

特点：碧绿脆嫩，酸中透咸，下酒佳品。

提示：

1. 调味汁时不可选用过于太酸、且色泽深的醋，用量要足。

2. 此菜不可用平盘盛装，因为成菜后豇豆角边有味汁浸泡着才算符合要求。

♔ 老醋黑耳

原料：水发黑木耳 200 克，洋葱、黄瓜各 50 克，陈醋、精盐、味精、香油各适量，白糖少许。

制法：

1. 水发木耳拣净杂质，个大的撕开；洋葱去皮，切四方小块；黄瓜洗净，斜刀切滚刀厚片。

2. 将木耳、洋葱和黄瓜用冰过的纯净水浸泡 20 分钟，捞出沥尽水分，放在小盆内，加入精盐、味精、白糖、陈醋和香油拌匀，装盘即成。

特点：酸爽，冰脆，利口。

提示：

1. 此菜必须选用刚泡发好的黑木耳，以确保口感脆嫩。泡发过长、质地软糯的木耳不宜做此菜。

2. 调味汁时加一点点白糖中和口味，以尝不出甜味为好。

♛ 老醋青笋

原料：青笋 300 克，鲜红椒、洋葱各 10 克，老陈醋、生抽各 25 克，香油、色拉油各 15 克。

制法：

1. 青笋去皮，洗净，切片；鲜红椒、洋葱分别洗净，切丝。

2. 青笋片堆在窝盘中，上放红椒丝和洋葱丝，再淋上生抽和老陈醋。

3. 与此同时，把香油和色拉油入锅烧至八成热，浇在红椒丝和洋葱丝上即成。

特点：制法简单，清脆酸鲜。

提示：

1. 青笋片不要太薄，确保脆脆的口感。

2. 生抽定咸味，老陈醋提酸味，两者用量要根据自己的口味而定。

♛ 酸香山珍

原料：鸡腿菇、金针菇、玉兰笋各 50 克，花椒数粒，精盐、醋、鸡汁、色拉油各适量。

制法：

1. 鸡腿菇、玉兰笋分别切成丝，同金针菇入沸水锅中氽熟，

捞出漂凉，沥尽水分。

2. 把三种原料放入小盆，加入精盐拌匀，腌 5 分钟，再倒去水分。

3. 坐锅点火，倒入色拉油烧热，下花椒炸煳捞出，加入鸡汁和醋调成酸香味汁，离火晾冷，倒在原料内，拌匀装盘。

特点：口感脆嫩，咸鲜酸香。

提示：

1. 金针菇不可久煮，否则，色泽和口感均不佳。

2. 原料先加盐腌渍，以增加底味，去除水分。

♛ 醋溜土豆片

原料：土豆 300 克，青椒 25 克，白醋 25 克，葱花、蒜片各 5 克，精盐、味精、香油、色拉油各适量。

制法：

1. 土豆洗净去皮，切成大薄片，用清水漂洗两遍，控干水分；青椒去籽筋，用坡刀切小片。

2. 坐锅点火，注色拉油烧热，下葱花和蒜片炸香，倒入青椒片和土豆片快速翻炒几下，烹入 10 克白醋，待翻炒至断生时，加入精盐、味精和剩余的 15 克白醋，待翻炒入味，淋香油，出锅装盘。

特点：白绿相间，酸味香浓。

提示：

1. 土豆片用清水漂洗去表面淀粉，炒制时不会黏锅。

2. 用老陈醋炒出的味道较白醋好，但色泽比白醋稍逊一些。

♛ 炒芥蓝菜

原料：芥蓝菜 250 克，青红椒 10 克，桑葚醋 20 克，鱼露 15 克，精盐、白糖各 5 克，色拉油适量。

制法：

1. 芥蓝菜洗净，切成条状；青红椒洗净，切丝。

2. 坐锅点火，放色拉油烧热，投入芥蓝菜略炒，加桑葚醋、精盐和白糖翻炒均匀，再加入葱丝、鱼露和青红椒丝翻炒均匀，出锅装盘。

特点：口感脆嫩，味道鲜美。

提示：

1. 青红椒丝和葱丝要切的极细。

2. 芥蓝菜必须水余后再炒。

3. 要旺火快速炒制。

👑 香醋烹蛋

原料：鸡蛋 4 个，香醋 35 克，葱白 25 克，香菜 15 克，精盐 3 克，胡椒粉少许，香油 10 克，水淀粉 25 克。

制法：

1. 鸡蛋磕入碗中，放精盐和水淀粉搅打均匀；葱白切碎花，香菜切末。

2. 将葱花和香菜末放入一个小碗内，加香醋、胡椒粉和香油对成味汁，待用。

3. 坐锅点火，放入清水 150 克，烧沸后倒入蛋液，用手勺不停地推炒，待蛋液凝固全熟成块时，迅速下入调好的醋汁，翻炒均匀，出锅装盘。

特点：滑嫩，香鲜，爽口。

提示：

1. 调对味汁时切不可放味精。

2. 一定要在水沸后倒入蛋液，否则，成菜味"腥"，风味不佳。

3. 放入对好的醋汁后应马上出锅，热食风味最佳。

👑 橘香海带丝

原料：水发海带 250 克，鲜橘子 2 个，陈醋 50 克，葱丝、

姜丝各 5 克，精盐、白糖、香油各适量。

制法：

1. 水发海带洗净，切成细丝，投入到沸水锅中氽透，捞出用纯净水过凉，控尽水分；鲜橘子洗净，剥下皮后剔净白膜，切成细丝，橘子肉榨取汁液，留用。

2. 海带丝纳盆，依次加入葱丝、姜丝、橘皮丝、陈醋、精盐、白糖、橘子汁和香油，充分拌匀，静置约 2 小时至入味，装盘上桌。

特点：咸酸爽口，橘味清香。

提示：

1. 海带表面有黏液，一定要洗净。否则，口味不佳。

2. 橘子皮内壁上的白色筋膜要刮洗干净。

👑 醋爆花生米

原料：花生米 300 克，香醋 75 克，洋葱 25 克，大料 1 颗，花椒数粒，精盐、香油、色拉油各适量。

制法：

1. 将花生米拣净杂质，用清水淘洗两遍，沥干水分；洋葱剥去外皮，切成 0.5 厘米见方的小丁。

2. 坐锅点火，倒入色拉油和花生米，加入花椒和大料，用手勺不停地推炒至八成熟时，放入洋葱丁和精盐，转小火炒至花生米熟透，倒入香醋和香油，快速颠翻均匀，出锅装盘，即成。

特点：质感脆，酸味香。

提示：

1. 此菜不是用油炸，而是用少量的油来炒制。

2. 香醋的用量要够，且最后加入，快速翻拌至酸味挥发出来，立即出锅。

♔ 醋熘西芹

原料：西芹 250 克，红甜椒 15 克，米醋 25 克，葱花、蒜片各 5 克，精盐、味精、香油、色拉油各适量。

制法：

1. 西芹洗净，择去筋络，斜刀切成 4 厘米长的片；红甜椒洗净，切成小条。

2. 炒锅上火，放色拉油烧热，下葱花和蒜片炸香，倒入西芹片和红椒条，烹入一半米醋，翻炒至断生，加精盐、味精和剩余的香醋，翻炒入味，淋香油，出锅即成。

特点：绿中带红，咸酸爽脆。

提示：

1. 为使成菜色泽鲜艳，不要选用色泽太深的醋。

2. 醋分两次投放，第一次起保脆的作用，第二次放入突出酸味。

♔ 醋熘脆白菜

原料：白菜 300 克，水发木耳 25 克，醋 25 克，葱末、姜末、蒜末各 5 克，精盐、味精、酱油、水淀粉、香油、色拉油各适量。

制法：

1. 将白菜帮切成 6 厘米长的块，再顺着筋络切成 0.5 厘米宽的条，放在盘中，加入少许精盐拌匀腌 5 分钟；水发木耳择洗干净，切成条。

2. 用葱末、姜末、蒜末、精盐、味精、酱油、醋、水淀粉和腌出白菜的汁水调匀成味汁。

3. 坐锅点火，放入色拉油烧热，倒入白菜条炒至透明，先放入味汁中的葱末、姜末和蒜末炒至断生，再倒入味汁和木耳翻炒均匀，淋香油，出锅装盘。

特点：口感爽脆，味道咸酸。

提示：

1. 白菜条用盐腌过后再炒，可保持爽脆的口感。

2. 先把味汁中的葱姜蒜与白菜炒一会，再倒入味汁同炒，口感更脆。

👑 醋蒜焖土豆

原料：小土豆 500 克，五花肉 50 克，青红椒 50 克，醋 50 克，蒜瓣 25 克，酱油、精盐、味精、白糖、色拉油各适量，香菜段、熟芝麻各少许。

制法：

1. 小土豆洗净，放入加有少许精盐的开水锅中煮至刚熟，捞出控水；五花肉切成厚片；青红椒洗净，去籽切片。

2. 坐锅点火，注色拉油烧热，放五花肉片煎出油分，再放入小土豆和蒜瓣煎至半透明时，掺适量水，调入酱油、醋、精盐和白糖，以大火烧开，盖上盖转小火焖 5 分钟，加入青红椒，再转旺火收汁，放味精、香菜段和熟芝麻，翻匀出锅装盘。

特点：蒜醋醇香，风味别具。

提示：

1. 煎土豆时要用手勺拍裂，这样更容易入味。

2. 重用醋和蒜，以突出浓郁的醋蒜风味。

👑 醋熘西葫芦

原料：西葫芦 500 克，醋 25 克，蒜 2 瓣，精盐、味精、色拉油各适量。

制法：

1. 西葫芦洗净，切去两头，纵剖成两半，顶刀切成薄片；蒜瓣拍松，剁成末。

2. 坐锅点火，注色拉油烧热，下蒜末炸黄出香，倒入西葫芦片翻炒，并加一半醋。待炒至断生时，加精盐、味精和剩余醋炒入味，淋香油，出锅装盘。

特点：油亮发绿，味酸咸香。

提示：

1. 西葫切得要薄而均匀。

2. 开始翻炒时切不可加盐。否则，西葫芦出水，影响口感和味道。

👑 酸香子姜苦瓜

原料：苦瓜 150 克，嫩子姜、红椒各 50 克，苹果醋 20 克，红酒 10 克，精盐 4 克，香油适量。

制法：

1. 苦瓜洗净剖开，去掉瓜瓤，切片；嫩子姜洗净切片；红椒切菱形片。

2. 苦瓜片、红椒片分别用精盐拌匀，腌 3 分钟，滗去汁水。

3. 苦瓜片、红椒片和子姜片一起放在小盆内，加入苹果醋、红酒和香油拌匀，即可装盘。

特点：色泽自然，质地嫩脆，酒香味酸。

提示：

1. 选用新鲜的苦瓜、红椒和子姜。

2. 红椒要先用盐腌渍"成熟"；苦瓜和子姜宜切薄片。

👑 苹果核桃沙拉

原料：青苹果 2 个，核桃仁 75 克，西芹 2 根，苹果醋 25 克，柠檬汁 15 克，红酒 10 克，精盐 5 克，香油 5 克。

制法：

1. 核桃仁与 3 克精盐拌匀，放在烤箱中烤至香脆后，取出待用。

2. 苹果洗净，去皮及核，切成小块，淋上柠檬汁；西芹去叶及筋络，洗净，切菱形小块，与剩余精盐拌匀腌 10 分钟。

3. 将苹果块、西芹块和核桃仁放在一起，加入红酒、苹果醋和香油拌匀即成。

特点：爽脆，咸酸。

提示：

1. 苹果块上淋柠檬汁的目的，防止变色。

2. 调味后静置一会，风味更好。

♔ 醋熘油条

原料：油条 2 根，猪瘦肉 100 克，青红椒 25 克，醋 40 克，番茄沙司 20 克，白糖 10 克，小葱 10 克，生姜、蒜瓣各 5 克，精盐、水淀粉、色拉油各适量。

制法：

1. 油条斜刀切成段；猪瘦肉切成小薄片；青红椒洗净，切片；小葱切段；蒜瓣、生姜分别切片。

2. 猪肉片入碗，加入精盐和水淀粉拌匀，再加入 10 克色拉油拌匀；小葱段、姜片和蒜片入碗，加入精盐、醋、白糖、番茄沙司、水淀粉和适量水在一小碗内对成醋熘汁。均待用。

3. 坐锅点火炙热，倒入油条段焙至酥脆，盛出；原锅复上火位，注色拉油烧热，入猪肉片炒散变色，下青红椒片略炒，倒入油条和对好的醋熘汁，快速翻炒均匀，出锅装盘。

特点：色泽微黄，油亮明润，咸酸酥脆。

提示：

1. 猪肉片上浆后加点油，在炒制时不会粘连。

2. 油条已含有咸味，所以对味汁时不要加太多的盐。

♔ 菜心拌头肉

原料：卤猪头肉 200 克，白菜心 200 克，醋 75 克，酱油 25 克，葱末、蒜末各 5 克，精盐 3 克，味精 2 克，香油 10 克。

制法：

1. 卤猪头肉用坡刀切成极薄的大片；白菜心切成细丝，用纯净水泡至发挺，捞出控干水分。

2. 蒜末和葱末一起纳入碗内，加入烧热的香油、酱油、醋、精盐和味精调匀成酱油醋汁。

3. 把猪头肉片和白菜丝放在一起，加入酱油醋汁拌匀，即可装盘上桌。

特点：咸酸清脆，特别利口。

提示：

1. 选用嫩白菜心最好。

2. 如果选用的是咸味酱油，则不要加精盐。

♛ 醋烹里脊

原料：猪里脊肉 150 克，香菜梗 10 克，鸡蛋 2 个，醋 25 克，白糖 5 克，酱油 5 克，葱丝、姜丝各 3 克，蒜片 2 克，干淀粉 25 克，精盐、味精、料酒、香油、色拉油各适量，清汤 50 克。

制法：

1. 将猪里脊肉用刀背拍松，再横着切成厚约 0.5 厘米的片；鸡蛋磕入碗中，加入少许精盐和干淀粉调匀成蛋糊，待用。

2. 用清汤、精盐、味精、白糖、料酒、酱油、醋、香菜梗和香油在一小碗内对成清汁，待用。

3. 坐锅点火，注色拉油烧至七成热时，将里脊片挂匀蛋糊，下入油锅中炸成金黄色且刚熟，捞出控净油分；锅留适量底油，下蒜片、姜丝和葱丝炸香，倒入炸好的里脊片和对好的清汁，快速翻拌均匀，出锅装盘。

特点：外酥里嫩，咸中透酸。

提示：

1. 没有里脊肉，也可选用猪通脊肉和坐臀肉上的瘦肉。

2. 调好的醋计量，以食完菜肴盘底少有汁液即好。

👑 醋熘木樨

原料：牛里脊肉 150 克，鸡蛋 3 个，香醋 25 克，葱末、姜末、蒜末各 5 克，鸡蛋清 1 个，水淀粉 30 克，精盐、味精、酱油、香油、色拉油各适量。

制法：

1. 牛里脊肉切成 0.2 厘米厚的片，装碗，加少许精盐、1 个鸡蛋清和 15 克水淀粉抓匀，腌半小时；鸡蛋磕入碗内，加 50 克冷水，用筷子充分搅匀。

2. 坐锅点火，添入适量的水烧开，放入牛里脊片焯至变色，捞出控去水分。

3. 炒锅上火，放色拉油烧热，倒入鸡蛋液快速翻炒至熟，盛出；锅重上火，放色拉油烧热，下姜末、葱末和蒜末炒香，倒入牛肉片翻炒干水气，加入料酒和酱油炒匀，再加鸡蛋、精盐、水淀粉、精盐和香醋翻炒均匀，最后放味精和香油翻匀装盘，即成。

特点：牛肉爽滑，鸡蛋鲜嫩，咸酸利口。

提示：

1. 牛肉要横着纹络切片。

2. 牛肉片也可四成热的油温滑熟再炒。

3. 要掌握好投放调料的顺序，特别是醋要最后放。

👑 香醋拌兔肉

原料：兔后腿 1 只，大蒜 50 克，香醋 25 克，姜片、葱段各 5 克，蒜苗 1 颗，精盐、味精、香油各适量。

制法：

1. 将兔后腿用冷水浸泡数小时，换清水漂洗净血污，放在水锅中，加入姜片和葱段，以小火煮熟，捞出控汁。

2. 大蒜剥去外皮，放在钵内，加入精盐，用木槌捣成细蓉，再加 50 克清水调澥，待用；蒜苗择洗干净，切丝。

3. 把兔肉用手撕成丝，放在小盆内，加入蒜蓉水、香醋、精盐、味精和香油，拌匀装盘，撒上蒜苗丝即成。

特点：兔肉软嫩，咸香微酸。

提示：

1. 兔腿煮前浸泡，以去除血污和腥味。

2. 兔肉煮至恰熟即好，若过熟，口感不佳。

👑 醋焖鸡翅

原料：鸡翅中 10 个，白萝卜 150 克，水发香菇 50 克，香醋 30 克，蒜瓣 20 克，精盐、味精、白糖、老抽、香油、色拉油各适量。

制法：

1. 将鸡翅中上的残毛治净，每个鸡翅中的两面拉上三个刀口；白萝卜切成厚 0.5 厘米的长方片；水发香菇去蒂，切厚片；蒜瓣用刀拍裂。

2. 鸡翅中纳盆，加入精盐拌匀腌 5 分钟，待用。

3. 坐锅点火炙热，撒少许精盐，排入鸡翅中煎至两面淡黄色，放入白萝卜条略煎，加入蒜瓣和色拉油略煎，烹香醋，掺适量开水，调入老抽、精盐和白糖，加盖转小火焖 5 分钟，放入香菇片，转旺火收汁，放味精和香油，翻匀起锅装盘。

特点：色泽褐红油亮，质地软而嫩滑，味道咸香微酸。

提示：

1. 鸡翅拉上刀口，便于入味。

2. 如果想吃到更浓的醋味，出锅前再加些醋。

👑 酸汤羊排

原料：羊排 750 克，酸萝卜 200 克，料酒 15 克，葱节、姜片各 10 克，香菜段、醋、精盐、味精、胡椒粉、酱油、香油、

色拉油各适量。

制法:

1. 将羊排每两根为一组顺骨缝划开,斩成 5 厘米长的段,用清水浸泡约 1 小时后,换清水洗净血污,沥干水分;酸萝卜切成长细丝。

2. 把羊排放在高压锅内,加适量清水、葱节、姜片、料酒和精盐,上中火压约 15 分钟至软烂,离火。

3. 炒锅上火,放色拉油烧热,下入酸萝卜丝炒香,倒入压好的羊排和汤汁,调入精盐、味精、酱油和胡椒粉,待煮滚出味,加醋调好咸酸味,起锅盛在汤盆内,淋香油、撒香菜段即成。

特点:味道酸香,滚烫热乎,羊排软烂。

提示:

1. 羊排先用清水浸泡一会,不仅是为了去净血污,而且也能增加嫩度。

2. 酸萝卜丝用足量的底油炒过后,再加汤水熬出酸香味。

3. 最后加醋确定酸味,要控制好用量。

♛ 生菜拌羊头肉

原料:生菜 200 克,白煮羊头肉 100 克,咸味酱油、陈醋各适量。

制法:

1. 将生菜分瓣洗净,用手撕成不规则的小片;白羊头肉用刀切成薄片。

2. 生菜片和羊头肉片共放在一起,加入咸味酱油和清徐陈醋拌匀,即可装盘上桌。

特点:清爽,利口,解腻,下酒最宜。

提示:

1. 调味时不加味精、香油。酱油不要用甜味品,陈醋要选用香酸而不过酸的。否则,味道不好。

2. 此菜吃其清脆，以现吃现拌为好。

♔ 醋烹大虾

原料：对虾 300 克，香菜梗 10 克，醋 25 克，酱油 5 克，葱丝、姜丝各 3 克，蒜片 2 克，干淀粉 40 克，精盐、味精、料酒、香油、色拉油各适量，清汤 50 克。

制法：

1. 大虾剪去须足，挑去沙线和虾头的沙包，洗净，挤干水分。将每只虾切成 3 段，用精盐和干淀粉抓匀；香菜梗切成 3 厘米长段。

2. 用清汤、精盐、味精、料酒、酱油、醋、香菜梗和香油在一小碗内对成清汁，待用。

3. 坐锅点火，注色拉油烧至七成热时，下入虾段炸成金黄色且刚熟，捞出控净油分；锅留适量底油，下蒜片、姜丝和葱丝炸香，倒入炸好的对虾和味汁，快速翻炒均匀，出锅装盘。

特点：色泽红亮，外焦内嫩，有浓郁的醋香味。

提示：

1. 虾段黏干淀粉要均匀，否则会影响过油的效果和菜品的形状。

2. 炸制时要勤搅动，以免色泽不一，影响菜肴质量。

♔ 酒香蒸花蟹

原料：花蟹 1 只，糯米白醋 25 克，鲜姜 15 克，白酒 10 克，香菜 10 克，精盐适量，香油 5 克。

制法：

1. 将花蟹放在清水中刷洗干净，掰开蟹盖，除去鳃及内脏，再将肚尖剪去；香菜择洗干净，生姜刮洗干净，分别切末。

2. 把蟹肉放在盘中，淋上白酒腌 10 分钟，上笼用旺火蒸 10 分钟至熟，取出。

3. 将姜末、香菜末、精盐、糯米白醋和香油依次放入小碗中调匀成姜醋汁，随蒸好的花蟹上桌蘸食。

特点：蟹肉鲜嫩，酒香飘溢。

提示：

1. 选购花蟹时，用手按腹部感觉硬实，就是肉质肥嫩的。

2. 也可根据选用不同风味的醋。

👑 清蒸草鱼

原料：活草鱼 1 条（约 650 克），肥膘肉 20 克，葱白 20 克，鲜姜 30 克，醋 30 克，精盐 3 克，味精 1 克，香油 10 克。

制法：

1. 将活草鱼宰杀治净，揩干内外水分，用刀在两面剞上斜刀口，抹匀精盐和料酒腌 15 分钟；取 10 克鲜姜切片，剩余捣成细蓉；葱白切成 8 厘米长的段；肥膘肉切片。

2. 取一鱼盘，垫上葱段，摆上草鱼，在刀口内插入姜片，盖上肥膘肉片，上笼用旺火蒸约 15 分钟至刚熟，取出，拣去葱段、姜片和肥肉片。

3. 与此同时，把姜蓉放在小碗内，加入醋、精盐、味精和香油调匀成姜醋汁，随蒸好的草鱼上桌蘸食。

特点：鱼肉鲜嫩，别有风味。

提示：

1. 必须选取鲜活的草鱼。

2. 鱼身下面垫上葱段蒸制，便于上下受热均匀。

👑 醋熘鱼片

原料：净鱼肉 200 克，白米醋 50 克，酒酿 25 克，干淀粉 15 克，姜末 5 克，精盐 3 克，鸡蛋清 1 个，胡椒粉、柴鱼粉、香菜末各少许，水淀粉、色拉油各适量。

制法：

1. 将鱼肉用坡刀切成厚片，放入碗中，加鸡蛋清、胡椒粉、精盐、5 克白米醋和干淀粉拌匀。

2. 坐锅点火，注色拉油烧至四成热时，分散下入鱼片滑熟，倒出控油。

3. 原锅留适量底油，下姜末炸香，添入适量清水，加精盐、柴鱼粉和酒酿，纳鱼片煮约 3 分钟，淋入白米醋，转旺火勾水淀粉，出锅装盘，撒上香菜末，即成。

特点：色泽淡雅，口感滑溜，咸中回酸。

提示：

1. 鱼片应顺着鱼肉的纹络来改刀，这样不容易断碎。

2. 不要勾入太多的水淀粉，以免汁稠糊口。

醋焖草鱼

原料：草鱼 1 条（约重 650 克），米醋 125 克，料酒 50 克，葱段 10 克，姜片 5 克，大料 1 枚，花椒数粒，精盐、味精、胡椒粉、酱油、白糖各适量，香菜段少许，色拉油 75 克。

制法：

1. 将宰杀洗净的草鱼两侧拉上刀距 2 厘米的刀口，放入盘中，淋上料酒，撒上花椒和精盐，用手揉搓均匀，腌约 20 分钟，再用清水洗去黏液，揩干水分。

2. 坐锅点火炙热，注色拉油烧至五成热，放入草鱼煎至底面发硬，再翻转煎另一面至上色，滗去余油，顺锅边入 100 克米醋，速加盖焖至米醋干时，倒入开水淹没草鱼。

3. 待烧沸后加料酒、葱段、姜片、大料、胡椒粉、酱油、白糖和精盐，加盖炖 5 分钟，再加入味精和剩余的 25 克米醋，转旺火收汁，出锅装盘，撒上香菜段，即成。

特点：鱼肉鲜嫩，醋味浓郁。

提示：

1. 改刀口时，应在背上肉厚处进行。否则，加热时易破裂。

2. 烹醋的量要大，并且加醋后定快速盖上锅盖。

醋焖萝卜鲫鱼

原料：鲜鲫鱼 3 条（每条约 100 克），白萝卜 200 克，米醋 75 克，白糖 25 克，料酒 15 克，蒜瓣 10 克，陈皮 5 克，精盐、味精、酱油、干淀粉、香油、色拉油各适量。

制法：

1. 将鲜鲫鱼宰杀治净，在两面切上十字刀口；白萝卜切成 5 厘米长、筷子粗的条；蒜瓣用刀拍裂；陈皮用温水洗净，刮去内层白膜。

2. 将每条鲫鱼的两面抹匀精盐和料酒腌 5 分钟，再抹匀薄薄一层干淀粉，逐条下入到烧至六成热的色拉油锅中炸成焦黄色，捞出控油。

3. 原锅随适量底油复上火位，放蒜瓣煸黄，再入陈皮煸香，加入白萝卜条略炒，烹料酒和 50 克米醋，放炸好的鲫鱼，掺开水没过鱼，加入精盐、白糖和酱油，转小火加盖焖 5 分钟，转旺火收汁，淋香油和剩余米醋，翻匀，出锅装盘。

特点：鱼肉滑嫩，萝卜酥软，酸香咸鲜。

提示：

1. 加入白糖中和酸味，用量以尝不出甜味或刚尝出甜味为度。

2. 若想吃酸甜口味，则可加大白糖的用量。

醋焖带鱼

原料：带鱼 500 克，醋 75 克，姜片、葱段各 5 克，花椒数粒、酱油、料酒、精盐、味精、白糖、香油、色拉油各适量。

制法：

1. 带鱼宰杀洗净，切成 5 厘米长的段，放在小盆内，加入花椒、料酒、精盐、姜片和葱段，拌匀腌半小时。

2. 坐锅点火，注色拉油烧热至七成热，下入带鱼段炸成金黄色，捞出控净油分；用醋、酱油、精盐、料酒、香油、味精和白糖调匀成味汁。

3. 原锅留适量底油上火，放入姜片和葱段炸香，放入炸好的带鱼，倒入调好的味汁，加盖焖 5 分钟至熟入味，转旺火收汁，出锅装盘。

特点：色泽深红，鱼肉软嫩，酸香咸鲜。

提示：

1. 油温切不可低于六成热；否则，带鱼表面易脱皮。

2. 酱油要少放，以免成菜色泽发黑。

♛ 清蒸龙虾

原料：龙虾 1 只（约重 750 克），醋 25 克，生姜 15 克，酱油 5 克，香菜叶、香油各少许。

制法：

1. 用竹签插入龙虾尾部小孔，抽出后让其尿液流出后洗净，控干水分；生姜去皮洗净，切成细末。

2. 将处理好的龙虾放在盘子上，入笼用旺火蒸约 20 分钟至熟，取出；在蒸制的同时，用姜末、醋、酱油和香油在一小碟内调匀成姜醋汁，待用。

3. 把蒸好的大虾掰开外壳，取出虾肉，切成上宽约 2 厘米下宽约 1 厘米的块状，然后按原形摆在大盘内，再按上头、壳和尾，摆成大虾原状，周边围上香菜叶点缀，随调好的姜醋汁上桌蘸食。

特点：造型大方，虾肉滑嫩，味道鲜美。

提示：

1. 掰开大虾时要注意保持壳的完整。

2. 要用旺火猛蒸，虾肉的质感才有弹性。

三、酸甜味调制及其菜肴

(一) 酸甜味调制技巧

酸甜味，是以醋和糖调料为主，辅加酱油、精盐等调制而成的酸甜味。在调味时由于所用调料的不同和所用量的不一，致使形成的酸甜风味也就有异，为此就形成了不同口味的酸甜味。

1. 用于凉菜的糖醋汁

这种味汁是用白糖、醋和葱姜水等调制而成的一种酸甜汁，色泽淡雅、口味酸甜。多用于拌制各种素菜和部分荤菜。所用调料及大致比例是：白糖 100 克，醋 75 克，精盐 5 克，葱段、姜片各 10 克，香油适量，花椒少许。

具体调制方法是：净锅内注水 1 千克上火，投入花椒、葱段、姜片，用小火熬出香味，捞出花椒、葱、姜，放入白糖煮化至溶化，离火晾凉，加入醋、精盐和香油搅匀即可。

调制时，糖、醋用量定要掌握得当。糖与醋以 4∶3 为好。添加精盐，可使味汁更香更浓。

2. 用于热菜的糖醋味汁

这种味汁是以酱油、白糖和醋为主，调配而成的一种酸甜味汁，色泽褐红，口味以酸甜为主，兼具咸鲜。是多用于焦熘菜的浇汁。所用调料及大致比例是：白糖 50 克，香醋 40 克，蒜末、姜末各 3 克，料酒、酱油、水淀粉、香油、色拉油各适量，精盐少许。

具体调制方法是：炒锅上火，放色拉油烧热，下姜末、蒜末炸香，烹料酒，加清水、酱油、白糖、醋和精盐等，沸后勾水淀粉，淋香油搅匀，再加适量的热油，用手勺快速推搅几下至味汁呈晶莹透亮、似动非动，有较多鱼眼泡状时，便是较理想的糖醋汁了。

调制时，要掌握好白糖和醋的用量比例，糖多醋少或者相反，味汁的口味均达不到质量要求。一般是酸甜口味各占整个口味的 1/2。

3. 用于热菜的番茄味汁

这种味汁是以番茄酱、白糖和醋为主调配而成的一种酸甜味汁，色泽红亮，味道酸甜，汁稠润滑。此味汁多见于烹制热菜中的焦熘菜的浇汁。所用调料及大致比例是：番茄酱 40 克，白糖 50 克，醋 30 克，姜末、蒜末、精盐各少许，水淀粉、香油、色拉油各适量。

具体调制方法是：炒锅内放色拉油烧热，下姜末、蒜末炸香，入番茄酱炒至无酸涩味时，掺入清水，加白糖、醋和精盐调好酸甜口味，沸后勾水淀粉，淋香油推匀，再加适量的热油快速推搅，至味汁呈晶莹透亮、似动非动，有较多鱼眼泡状时即成。

调制时要掌握好白糖与醋的比例。常规糖醋比例为 4∶3，因番茄酱有酸味，其比例应调整为 4∶2。由于醋的酸度不同，在实际操作时要灵活掌握，切不可生搬硬套。

4. 用于热菜的荔枝味汁

这种味汁也是以酱油、白糖和醋为主调配而成的一种酸甜味汁，虽色泽与糖醋味汁相同，但其口味有别："荔枝味"的咸味应比"糖醋味"的略重，甜味应比"糖醋味"的略少，而自身的酸味又应略大于甜味。这样，荔枝味汁的酸甜适口，味似荔枝的特点就形成了。此味汁也是多用于焦熘菜的浇汁。所用调料及大致比例是：白糖 40 克，香醋 50 克，葱花、蒜末、酱油、料酒、精盐、味精、香油、色拉油、水淀粉各适量。

具体调制方法：净炒锅上火，放色拉油烧热，下蒜末和葱花炸香，掺清水，加酱油、精盐、白糖、醋和料酒调成酸甜味，淋入水淀粉，加适量香油和热油爆汁即成。

调制时为了达到"进口酸、回口甜"的特点，要把握好醋、糖、盐三者的比例关系。糖的用量不要超过醋，才能体现酸甜味。如果比例不当，就会变成糖醋味；由于醋的挥发性大，可以在起锅前补加醋，以保持各味之间的协调。

5. 用于热菜的"三致口"味汁

这种味汁是制作抓炒菜专用的一种调味方法，是以酱油、白糖、醋和精盐等为主调配而成的一种轻酸、微甜、咸鲜的口味，这就是行业中所说的"三致口"。所用调料及大致比例是：以150克主料计，白糖30克，香醋15克，酱油、葱花、姜末、蒜末、精盐、味精、水淀粉、香油、色拉油各适量。

具体调制方法：先用鲜汤、酱油、白糖、醋、精盐和味精在一小碗内调成酸、甜、咸三致口；接着锅内放色拉油烧热，下葱花、姜末、蒜末炸香，倒入对好的碗汁，烧沸后水淀粉勾浓芡，淋香油，再加20克热油，使汁爆起呈"棉花泡"状时即好。

调制时，糖、醋、盐（包括带咸味的酱油等）的比例要准，使口味达到"三致口"，即甜、酸、咸各占整个口味的1/3。注意：不是所用调味料的量各占1/3。

（二）酸甜菜肴实例

👑 果茶山药

原料：山药350克，白醋、白糖各适量，精盐少许，果茶半听，纯净水适量。

制法：

1. 山药洗净污泥，削去外皮，改刀成5厘米长、筷子粗的条，用清水洗两遍以去除部分黏液，放在用精盐和白醋配好的淡盐水中泡约1小时。

2. 不锈钢锅上火，添入清水烧开，投入山药条氽至断生，捞出过凉，沥尽水分。

3. 山药条放在小盆内，加入纯净水、白醋和白糖浸泡，上桌时捞出摆在盘中，浇上果茶，即成。

特点：色泽白净，酸甜适口。

提示：

1. 山药削皮后放入醋水中可以防止变色。

2. 此菜为凉品，果茶放在冰箱中镇冷后使用，口感更脆凉利口。

♛ 山药葡萄

原料：山药 400 克，大红浙醋、白糖各 100 克，番茄沙司 30 克，料酒 10 克，白胡椒粉、精盐各少许，干淀粉、色拉油各适量，芹菜叶 2 片。

制法：

1. 山药洗净污泥，削去外皮，用勺口刀挖成小球，放入清水中洗黏液，沥干水分，放在干淀粉中滚匀。

2. 坐锅点火，注色拉油烧至六成热时，逐粒下入山药球炸熟成金黄色，捞出控净油分，在盘中摆成一串葡萄形，点缀上消毒的芹菜叶。

3. 与此同时，另一净锅上火，放入大红浙醋、白糖、料酒、白胡椒粉和精盐炒匀，再加入番茄沙司炒至黏稠，起锅淋在山药球上即成。

特点：形似葡萄，色泽红艳，外焦内脆，酸甜可口。

提示：

1. 选用较粗的山药，较容易挖成球形。

2. 应边挖山药球边放在水中，以防变色。

♛ 黄桃布丁

原料：罐头黄桃肉 200 克，橘醋 50 克，果冻粉 40 克，红糖适量。

制法：

1. 果冻粉放在碗中，加入红糖和适量水调成稀糊；黄桃肉切成小方丁。

2. 橘醋入锅煮开，与果冻粉溶液混匀，待用。

3. 将黄桃丁放入小模具内，倒入调好的橘醋冻粉液，入冰

箱镇凝，覆出切片食用。

特点：色泽黄亮，冰凉酸甜。

提示：

1. 橘醋不要加热时间过长，以免醋香味挥发。

2. 装果冻的盛器，或形状较好的小碗，都可用做模具。

♛ 果酱粉皮

原料：干粉皮 1 张，什锦果酱 50 克，黄瓜片 25 克，淀粉、面粉各 25 克，白糖 35 克，醋 25 克，鸡蛋 1 个，精盐、水淀粉、香油、色拉油各适量。

制法：

1. 干粉皮用冷水泡软，再换开水泡至冷，控干水分，用手撕成不规则的小块状，放入小盆，加鸡蛋液、淀粉、面粉及少许精盐抓拌均匀，待用。

2. 坐锅点火，注色拉油烧至六成热时，逐一下入挂糊的粉皮炸至结壳定型捞出，拉去毛边；待油温升高，再次下入复炸至金黄焦脆，倒漏勺内沥油。

3. 原锅随适量底油上火，放什锦果酱、白糖、醋和适量清水，待熬至融为一体时，勾水淀粉，淋香油，倒入炸好的粉皮和黄瓜片，颠翻均匀，出锅装盘。

特点：色泽油亮，外焦内筋，甜中透酸。

提示：

1. 也可选用新鲜的绿豆粉皮。

2. 粉皮定要控干水分再挂糊，否则不易挂上。

♛ 茄汁冬瓜

原料：冬瓜 400 克，鸡蛋 2 个，白糖 40 克，醋 30 克，番茄酱 25 克，蒜末 5 克，干淀粉、干面粉、精盐、水淀粉、香油、色拉油各适量。

制法:

1. 冬瓜去瓤,切成长约3.5厘米、宽2厘米、厚0.8厘米的长方片,加少许精盐腌5分钟后,逐片滚黏上一层干面粉,抖掉余粉;鸡蛋磕入碗内,放干淀粉调匀成蛋糊。

2. 坐锅点火,注色拉油烧至六成热时,将拍粉的冬瓜片挂匀一层鸡蛋糊,放油锅中炸至金黄且内透时,捞出沥油。

3. 原锅随适量底油复火位,下蒜末炸香,入番茄酱略炒,添清水150克,加白糖、醋及少许精盐调成酸甜口味,勾水淀粉,淋香油,倒入炸好的冬瓜片翻匀,出锅装盘即成。

特点:红色,焦嫩,酸甜。

提示:

1. 冬瓜片表面光滑,拍一层干面粉的目的便于挂匀蛋糊。

2. 冬瓜片要分开下油锅,避免油炸时粘连。

♛ 茄汁土豆丸

原料:土豆250克,猪五花肉75克,干淀粉50克,番茄酱25克,白糖25克,醋20克,鸡蛋1个,精盐、味精、水淀粉、鲜汤、香油、色拉油各适量。

制法:

1. 土豆洗净削皮,入笼蒸至软烂,取出压成泥;猪五花肉切成绿豆大小的粒,同土豆泥入盆,加鸡蛋、精盐、味精和干淀粉,拌匀成稠糊,待用。

2. 坐锅点火,注色拉油烧至四成热时,将土豆泥挤成如樱桃大小的丸子下入油锅中浸炸至刚熟捞出;待油温升高再次下入复炸至呈金红色,倒入漏勺内,沥油。

3. 锅留底油重上火位,放番茄酱煸炒至油红,掺鲜汤,加白糖和醋调好酸甜味,用水淀粉勾芡,倒入炸好的土豆丸子,淋香油,颠翻均匀,装盘即成。

特点:形如樱桃,色泽红艳,外焦里嫩,酸甜诱人。

提示:

1. 要选无伤疤、无糜烂、无长芽和无绿皮的土豆。

2. 加入猪五花肉作配料增加香味,如不喜欢,可不加。

糖醋洋葱

原料: 黄皮洋葱 400 克,鲜青红椒 50 克,香菜梗 10 克,白糖、白醋、精盐、香油各适量。

制法:

1. 黄皮洋葱剥去外皮,切去两头后洗净,再从中间切开,横纹切成 0.3 厘米宽的条;鲜青红椒去蒂及籽,洗净,切成相同大小的条;香菜梗洗净,切成 5 厘米长的段。

2. 把洋葱条和青红辣椒条放在小盆内,加入精盐、白糖、白醋、香油和香菜段拌匀,装盘即成。

特点: 水脆,甜酸。

提示:

1. 黄皮洋葱为洋葱的一个品种,辣味较小。必须选取用手捏有硬实感的。

2. 切好的洋葱丝撒开晾一下,可减轻辣味。

酸甜南瓜饼

原料: 净南瓜 300 克,糯米粉 150 克,白糖 150 克,核桃仁、腰果仁各 75 克,桂花酱 20 克,水淀粉 15 克,蜂蜜 10 克,醋适量。

制法:

1. 核桃仁、腰果仁分别用温油炸至金黄焦脆,出锅晾凉,铡成碎末,同桂花酱和 50 克白糖拌匀成甜馅心;南瓜切成 3 厘米长的细丝,与糯米粉及适量水和成软面团。

2. 把南瓜面团分别揪成每个重约 25 克的剂子,然后包上甜馅心做成小饼。逐一制完后,分别下入烧至六成热的油锅中稍炸呈金黄色，捞出沥油，整齐摆入盘中，上屉蒸半小时，取出。

3. 与此同时，净锅上火，加白糖、蜂蜜和适量水，以小火熬至黏稠时，加醋调好酸甜味，淋水淀粉推匀，出锅浇在盘中的南瓜饼上，即可上席。

特点：色泽金黄，酸甜可口，味道鲜美。

提示：

1. 南瓜丝一定要切细，粉团要和的软一点，成品口感才软糯。

2. 用油炸是起定型的作用，故油温不能太低，让其快速炸至表面起焦壳。

👑 果酱南瓜

原料：老南瓜 400 克，白糖 50 克，苹果酱、草莓酱各 20 克，醋、水淀粉、香油各适量。

制法：

1. 将老南瓜削皮去瓤，洗净，改刀成 6 厘米长、3 厘米宽、1 厘米厚的骨牌块，投入开水锅中烫透，捞出控尽水分。

2. 取一深边盘子，将南瓜块整齐地呈梯形码在盘中，上笼用旺火蒸 10 分钟，取出。

3. 净锅上火，放入 100 克清水、20 克苹果酱和草莓酱，50 克白糖，沸后一起熬至，再加入醋调好酸甜味，用水淀粉勾芡，淋香油，搅匀，起锅浇在南瓜块上即成。

特点：色泽黄红，软糯酸甜。

提示：

1. 蒸出的南瓜汁不要弃之，可用于做味汁。

2. 酸甜酱汁稀稠要适度，以浇在原料上能缓缓流动为好。

👑 番茄冬瓜球

原料：冬瓜 400 克，鸡蛋黄 2 个，青椒半个，番茄汁 30 克，

白糖25克，醋20克，蒜末5克，精盐、味精各少许，干淀粉、水淀粉、色拉油各适量。

制法：

1. 冬瓜去皮除瓤，用勺口刀挖成圆球状，上笼蒸熟取出，揩干水分；鸡蛋黄纳碗，加少许精盐调匀；青椒去籽及筋，切成菱形小块。

2. 坐锅点火，注色拉油烧至五成热时，把冬瓜球先滚上一层干淀粉，再拖匀蛋黄液，下入油锅中炸至金黄焦脆时，投入青椒块，随即倒出沥油。

3. 锅内留适量底油，炸香蒜末，倒入番茄汁和100克清水，加白糖、醋、精盐和味精调好酸甜口味，沸后淋水淀粉，倒入过油的原料，颠匀装盘。

特点： 金红香脆，甜酸适口。

提示：

1. 冬瓜球蒸制前，最好用少许精盐腌一下，以增加底味。

2. 冬瓜球已蒸熟，要用热油把冬瓜球快速炸上色。

👑 雪梨冬瓜夹

原料： 冬瓜300克，雪梨2个，白糖100克，红醋75克，姜片10克，精盐、香油各适量。

制法：

1. 冬瓜去皮除瓤后洗净，切成5厘米长、3厘米宽、0.2厘米厚的夹刀片（共24片）；雪梨去皮除核，切成长5厘米、宽3厘米、厚0.3厘米的片。

2. 不锈钢锅上火，掺入清水300克，放入姜片、白糖、红醋和精盐，待煮沸后，离火晾凉成酸甜味汁。

3. 在每一片冬瓜夹内放入一片雪梨，用牙签固定，逐一制完后，整齐地排在小盆内，灌入味汁，待浸泡入味，取出装盘，淋上香油，即成。

特点：造型美观，色泽黄亮，酸甜清脆，爽口下酒。

提示：

1. 做好的冬瓜夹，要用牙签固定，这样既保证浸泡后两者不易分离，又便于食用。

2. 味汁需晾凉后食用，浸泡时间也不能过长，以免原料变得不脆。

👑 冰镇酸甜苦瓜

原料：苦瓜 300 克，红柿椒 1 个，精盐、白糖、白醋、蜂蜜各适量。

制法：

1. 苦瓜洗净，纵向剖开，刮净籽及瓤，用斜刀切成薄片，放在冰水中浸泡至呈无规则卷曲状时，捞出沥尽水分；红柿椒洗净，去籽筋，切成菱形小片。

2. 苦瓜片和红椒片共放在小盆内，加入精盐拌匀装盘。

3. 再将白糖、白醋和蜂蜜调成酸甜味汁，淋在苦瓜上，即成。

特点：冰凉爽脆，酸甜利口。

提示：

1. 苦瓜片越薄越好。

2. 此菜宜现吃现拌，效果最佳。

👑 木瓜炖银耳

原料：木瓜半个，干银耳 25 克，冰糖、白醋各适量，精盐少许。

制法：

1. 木瓜削皮洗净，去籽瓤，切成厚约 0.5 厘米的骨牌块；干银耳用冷水泡胀，去除硬心，分成小朵，用沸水焯一下，沥尽水分。

2. 不锈钢锅上火，添入适量清水烧开，放入木瓜块、银耳、冰糖和精盐，中火炖至软烂时，调入白醋成酸甜味，即可出锅食用。

特点：色泽洁白，味道酸甜。

提示：

1. 用锅要洁净，且炖制时间要够。

2. 白醋需最后加入，以突出酸味。

♔ 开胃木瓜丝

原料：木瓜半个，苹果1个，山楂糕30克，白糖、白醋各适量，精盐少许。

制法：

1. 木瓜去皮及籽，苹果去皮及核，分别切成细丝，用纯净水泡约20分钟；山楂糕亦切成丝。

2. 把木瓜丝和苹果丝捞出沥水，共纳小盆中，加入精盐、白糖和白醋，拌匀装盘，撒上山楂糕丝即成。

特点：酸甜，清脆，爽口。

提示：

1. 木瓜丝和苹果丝用水泡过后，口感更水脆。

2. 白糖和白醋的量以成品有酸甜味为好。

♔ 冰茶丝瓜

原料：丝瓜500克，水发木耳50克，祁门红茶10克，冰糖、白醋各适量。

制法：

1. 将丝瓜表层粗皮削去，先切成10厘米长的段，再切成厚约0.2厘米的片，与淘洗干净的木耳共放在冰水中浸泡30分钟至爽脆。

2. 祁门红茶放在杯内，冲入开水略泡，滗去汁水后，再加沸水冲泡约2分钟，放入冰糖，静置半小时至晾凉，加入白醋调匀成酸甜味，进冰箱冷藏室镇冷。

3. 将丝瓜片从冰水中捞出来沥尽水分，整齐地装在窝盘中，倒入冰茶酸甜汁，即成。

特点：冰凉爽脆，风味特别，夏令佳肴。

提示：

1. 祁门红茶经热水冲泡后，汤色红艳明亮，滋味甘鲜醇厚，蕴含兰花香气，香气馥郁持久。注意，茶汁镇冷时不可结冰。

2. 冰糖、白醋的用量要控制好，使口味酸甜适中。

♛ 酸甜胡萝卜

原料：胡萝卜 500 克，青豆 15 克，白糖 100 克，苹果醋 75 克，香油 10 克。

制法：

1. 胡萝卜刮洗干净，切成大小均匀的滚刀块，放在小盆内，加入白糖拌匀，腌约 12 小时。

2. 把胡萝卜和腌出的汁液倒入高压锅中，加入 30 克苹果醋，盖好盖子，置于火位，以上气后压约 20 分钟至软烂，离火。

3. 净锅置火上，连汁倒入压好的胡萝卜，加入焯水的青豆，用小火熬至汁液有黏性时，再加入剩余苹果醋和香油，搅匀，起锅装盘上桌。

特点：色泽红艳，晶莹明亮，味道酸甜。

提示：

1. 做此菜时胡萝卜不要去皮，其压制时间和火候要控制好。既要软烂不碎又不至于汤干煳底。

2. 胡萝卜回锅时不要过多的搅拌，以免碎烂失形。

♛ 蟹味萝卜丝

原料：白萝卜 300 克，苹果醋 50 克，蜂蜜 20 克，蟹汁 15

克，麦芽糖 10 克，精盐适量，纯净水 100 克。

制法：

1. 白萝卜洗净刨皮，切成极细的长丝，用凉水泡约 20 分钟，再换冰水泡约半小时，捞出来沥尽水分，呈自然状堆在盘中。

2. 取一小碗，放入麦芽糖、蜂蜜、精盐和纯净水充分搅匀，再加苹果醋和蟹汁调匀成酸甜味汁，浇在白萝卜丝上即成。

特点：色雅，水脆，酸甜。

提示：

1. 白萝卜一定要切成细而长的丝。这样，不仅形态美观，而且口感佳。

2. 蟹汁的用量，以在酸甜的口味中突出蟹味即可。

♕ 焦熘茄子

原料：茄子 400 克，番茄酱 25 克，干淀粉 25 克，鸡蛋 1 个，蒜末 5 克，白糖、醋、精盐、水淀粉、色拉油各适量。

制法：

1. 茄子削皮洗净，切成滚刀小块；鸡蛋磕入碗内，加干淀粉和精盐调匀成蛋粉糊，纳入茄块拌匀，待用。

2. 坐锅点火，注色拉油烧至六成热时，用筷子夹住挂糊的茄块下入油锅中，待炸至结壳定形捞出，拉去毛边；待油温升至七成热时，再入油锅中复炸至金黄焦脆，倒出沥油。

3. 原锅随余油复上火位，炸香蒜末，下番茄酱略炒，掺 100 克清水，加白糖和醋调成酸甜味，勾水淀粉，淋香油，倒入炸好的茄块，颠翻均匀，装盘上桌。

特点：色泽红亮，外焦内嫩，酸甜宜人。

提示：

1. 切好的茄块应立即挂糊炸制。如搁置一会再炸，应用清水泡住，以避免发生褐变。

2. 番茄酱要用热底油炒透，味道才好。

♕ 糖醋薯枣

原料：红薯 400 克，糯米粉 100 克，干淀粉 50 克，白糖 130 克，醋 50 克，糖玫瑰 10 克，水淀粉、色拉油各适量。

制法：

1. 红薯洗净去皮，入笼蒸至软烂，取出晾凉，用刀压成泥，放在小盆内，加入糯米粉、干淀粉和 30 克白糖揉成粉团，然后分成若干个小剂子，用手搓成枣子形状，即成"薯枣"生坯。

2. 坐锅点火，注色拉油烧至三四成热时，下入"薯枣"生坯，炸至呈金黄色且内透时，捞出沥油。

3. 另取净锅上火，掺入清水 150 克，放入糖玫瑰和剩余的白糖熬化，加醋调好酸甜味，用水淀粉勾芡，倒入炸好的薯枣，颠匀装盘。

特点：外焦内糯，酸甜适口。

提示：

1. 做好的"薯枣"应大小均匀且适宜。

2. 勾芡宜薄，如芡汁过厚，成菜易于粘连。

♕ 老醋莴笋丝

原料：莴笋茎 400 克，鲜红椒半个，蒜瓣 5 粒，精盐、陈醋、白糖、香油各适量。

制法：

1. 将莴笋茎刨去外皮，先斜刀切成薄片，再切成极细的丝；鲜红椒去净籽、筋，亦切成细丝。

2. 把蒜瓣放在钵内，纳少许盐捣成细蓉，加 25 克冷水调澥，然后倒入小盆内，再加入陈醋、白糖、精盐、香油、红椒丝和莴笋丝拌匀，装盘上桌。

特点：酸甜水脆，十分利口。

提示：

1. 只有先切成极薄的大片，才能切成细而长的丝。

2. 此菜现吃现拌，口感才美。

茄汁笋丝

原料：嫩笋尖 150 克，鸡蛋黄 2 个，白糖 50 克，香醋 30 克，番茄酱 20 克，干淀粉 10 克，蒜末 5 克，精盐、水淀粉、色拉油各适量。

制法：

1. 嫩笋尖切成 0.3 厘米粗的丝，入开水锅中氽透，捞出过凉水，挤干水分，放在盆中，加干淀粉和精盐拌匀，待用。

2. 坐锅点火，注色拉油烧至五六成热时，下入笋丝炸至金黄焦脆，捞出沥油，堆在盘中。

3. 锅留适量底油，炸香蒜末，下番茄酱炒透，加 100 克清水，放白糖和香醋调好酸甜口味，用水淀粉勾薄芡，淋香油，起锅浇在笋丝上，即成。

特点：色泽红亮，质感酥脆，酸甜适口。

提示：

1. 笋丝先拍粉，才能均匀地挂匀蛋黄液。

2. 笋丝分散下锅，炸出的形状才好。

三丝白菜卷

原料：洋白菜 150 克，水发香菇、红柿椒、莴笋各 50 克，生姜 3 片，白糖、醋、精盐各适量，香油 10 克。

制法：

1. 水发香菇去蒂，红柿椒去籽筋，莴笋去皮，分别切成细丝，用精盐拌匀腌 5 分钟，挤去汁水待用。

2. 洋白菜叶用沸水烫一下，放上香菇丝、红椒丝和莴苣丝，卷成拇指粗的卷，备用。

3. 汤锅上火，放适量清水、姜片和白糖，待煮溶后加精盐和醋调成酸甜口味，倒入小盆内晾凉，放入三丝菜卷，用小盘压住，浸泡入味，取出改刀装盘，淋少量原汁和香油，即可上桌食用。

特点：色调素雅，酸甜可口，清淡不腻。

提示：

1. 卷好的三丝菜卷要紧实，以避免加工后散开。

2. 一定要待味汁晾凉后使用，否则，会影响口感。

♛ 桂花白菜卷

原料：卷心菜叶 200 克，白醋 50 克，白糖 20 克，糖桂花 20 克，精盐 4 克，香油 10 克。

制法：

1. 卷心菜叶洗净，放在沸水锅中烫软，速捞出用凉开水过凉，沥尽水分。随后理平于案板上，从一端卷起成拇指粗的卷，整齐地排在保鲜盒内。

2. 将白醋、白糖、糖桂花、精盐和香油放在一小碗内充分拌匀，倒在白菜卷上，加盖，腌 15 分钟左右至入味。

3. 把白菜卷取出斜刀切成马耳形，整齐地摆在圆盘中成一定形状，淋上少量味汁，即可上桌。

特点：制法简单，味道酸甜，利口开胃。

提示：

1. 卷心菜的梗部要去除，并将嫩叶烫软，以便于卷制。

2. 腌的时间要够，让其入味。

♛ 泡紫甘蓝

原料：紫甘蓝 1000 克，鲜生姜 50 克，精盐、白糖、苹果醋、香油各适量。

制法：

1. 紫甘蓝分瓣洗净，用手撕成不规则的块状，放入开水锅中稍烫，捞出过凉，沥尽水分；鲜生姜洗净，切丝。均待用。

2. 净锅上火，放香油烧热，投入姜丝炸香，随即掺适量清水，加白糖和精盐熬化，起锅倒在小盆内，晾冷后，再加入苹果醋调成酸甜味，纳入紫甘蓝，用重物压在上面，浸透入味，即可装盘。

特点：色泽艳丽，酸甜清爽。

提示：

1. 紫甘蓝用开水烫的目的是进行消毒处理，使在泡的过程不易变坏，故烫的时间不要过长。

2. 要选用淡色醋，以保持菜品的色泽鲜艳。

♛ 糖醋尖椒

原料：青尖椒 500 克，陈醋 150 克，白糖 100 克，花椒、大料各 2 克，生姜 3 片。

制法：

1. 将青尖椒洗净，揩干水分，逐只用牙签扎上小孔；花椒和大料放入碗中，倒入少量水泡一会，控去水分。

2. 尖椒放在盘中，上笼用旺火蒸约 1 分钟，取出晾凉；花椒和大料放在干燥的锅中，以中火炒出香味，放在案板上，用擀面杖擀成粉末，待用。

3. 将白糖、陈醋和姜片放在容器内，加入花椒大料混合粉调匀，放入尖椒，加盖腌 5 分钟，即可取出食用。

特点：酸甜，爽脆。

提示：

1. 尖椒要选黄绿色、肉质厚一些的。

2. 花椒和大料用水泡的目的，不仅去除表面灰分，而且在炒制时也不易煳。

♛ 糖醋生菜

原料：生菜 250 克，生抽 30 克，白糖 15 克，醋 10 克，葱姜丝 10 克，精盐 3 克，色拉油 25 克。

制法：

1. 生菜分瓣洗净，用手撕成不规则的大片，放在漏勺上，入加有精盐的沸水锅中烫约半分钟，捞出沥水，堆在盘中。

2. 不锈钢汤锅上火，放色拉油烧热，下葱姜丝炸香，放入生抽、白糖和醋调好酸甜味汁，淋在生菜上即可。

特点：制法简单，滋味清香。

提示：

1. 生菜烫的时间勿长。

2. 醋和糖的用量少些，否则会抢味道。生抽定咸淡，注意好用量。

♛ 杂拌蔬菜沙拉

原料：圆白菜 200 克，胡萝卜 100 克，青椒 1 个，洋葱 30 克，芹菜叶 25 克，白糖 50 克，米醋 25 克，精盐适量，色拉油 20 克。

制法：

1. 圆白菜、胡萝卜、青椒、芹菜叶分别洗净，切成细丝；洋葱去皮，切末。

2. 洋葱末放在碗内，加入精盐、白糖、米醋、色拉油和少量冷开水调匀成酸甜汁。

3. 将圆白菜丝、胡萝卜丝、青椒丝和芹菜叶丝混合拌匀，装在盘中，浇上酸甜汁即可。

特点：色彩鲜艳，爽脆酸甜。

提示：

1. 各种原料切丝后，最好用冰水泡至发挺，这样口感更

清脆。

2. 拌好后不宜久置，应立即食用。

👑 泡酸甜圆白菜

原料：圆白菜 1 千克，白糖 75 克，食醋 50 克，精盐 50 克，味精 5 克，花椒 5 克，八角 2 枚，生姜 3 片，葱 2 段，清水 1 千克。

制法：

1. 净不锈钢锅上火，注入适量清水，放入花椒、八角、葱段和姜片，待熬出香味后，再加入白糖、食醋、精盐和味精调成酸甜口味，起锅倒在小盆内，晾凉备用。

2. 将圆白菜剥去外层老叶，切成 6 厘米大小的块，放在盆内，注入开水略烫，然后控干水分。

3. 把圆白菜块放入到酸甜汁中，用盘子扣住，泡一两天至入味，即可捞出装盘。

特点：脆爽清淡，酸甜利口。

提示：

1. 圆白菜用沸水略烫即可。若时间过长，则失去爽脆的口感。

2. 泡制时间要够，否则，原料不能入味。

👑 泡糖醋洋姜

原料：洋姜 500 克，白糖 75 克，食醋 50 克，精盐 10 克，花椒 1 克，清水 250 克。

制法：

1. 洋姜洗净表面泥沙，控干水分，切成厚薄均匀的片，放在小盆中，撒入精盐拌匀腌 4 小时。

2. 坐锅点火，添入清水烧开，放入花椒、白糖和食醋，待熬至溶化，关火晾冷。

3. 取一干净容器，放入洋姜片，倒入糖醋汁，盖好盖子，泡约 2 天即成。

特点：口感脆爽，味道酸甜。

提示：

1. 洋姜片用盐腌过后如果味道咸，就用凉开水洗一遍。但必须晾干表面水分。

2. 花椒用量宜少。

3. 白糖和食醋的量要控制好，做到酸甜适口。

♛ 酸甜藕片

原料：莲藕 1000 克，白糖 250 克，白醋 200 克，食盐 10 克。

制法：

1. 将莲藕洗净，去皮，横切成厚约 0.2 厘米的薄片，用清水洗两遍，控去水分。

2. 不锈钢锅坐火上，添入清水烧开，投入藕片汆至断生，捞出过凉水，沥干水分，盛在保鲜盒内。

3. 不锈钢锅重坐火上，添入适量清水烧开，加入白糖和食盐煮至溶化，离火冷却，加入白醋调成酸甜味，倒在藕片内泡约 8 小时，取出装盘。

特点：色泽洁白，脆嫩酸甜。

提示：

1. 藕片要切的厚薄一致，便于同时入味。

2. 焯藕片时切忌用铁锅，否则，藕片会发黑。

3. 糖醋汁的量以没过藕片为佳。

♛ 爽脆黄瓜圈

原料：黄瓜 1 千克，白醋 150 克，冰糖 50 克，精盐 10 克。

制法：

1. 黄瓜洗净，控干水分，切成 1 厘米厚的片，然后用小刀把中间的籽瓤剜去，放入小盆内，加入精盐拌匀腌约 10 分钟，

沥去汁水。

2. 坐锅点火，添入适量清水烧开，放入冰糖熬至溶化，再加入白醋调成酸甜味，离火，晾冷待用。

3. 将黄瓜圈放在保鲜盆内，倒入酸甜汁，拌匀后盖上盖子，入冰箱冷藏泡 1 天即可食用。

特点：冰凉爽脆，酸甜可口。

提示：

1. 剜出的黄瓜瓤不要丢弃，可拌制即食。

2. 放在冰箱里泡制，口感更爽口。

♛ 泡酸甜豆角

原料：豆角 500 克，白醋 75 克，精盐 50 克，白糖 50 克，蒜瓣 25 克，生姜 10 克，白酒 10 克，花椒 2 克。

制法：

1. 豆角洗净，择去两头及筋络，放在阳光下晒至七成干；蒜瓣、生姜分别切成薄片。

2. 坐锅点火，倒入适量清水烧开，加入花椒和姜片煮出味，再加入精盐和白糖煮至溶化，离火晾凉，加入白醋调成酸甜味。

3. 将豆角装入广口玻璃瓶中，倒入调好的酸甜味汁，放入蒜片，淋入白酒，加盖封口，泡 5 天即成。

特点：味鲜酸甜，质感脆嫩。

提示：

1. 选用无籽的嫩豆角。

2. 白糖和白醋的量要控制好，使酸甜适口。

3. 蒜片生用，既能提香，又有防腐的作用。

♛ 糖醋菜花

原料：白菜花 1 千克，白糖 100 克，香醋 50 克，精盐 30 克，葱丝 20 克，姜丝 10 克，色拉油 15 克。

制法：

1. 白菜花用手掰成均匀的小朵，茎部用刀切成片，均放入开水锅中烫至断生，捞出用纯净水中过凉，沥尽水分。

2. 炒锅置火上，注入色拉油烧热，下入葱丝和姜丝炸香，加入适量水、香醋、白糖和精盐，烧开后调好酸甜口味，离火晾凉。

3. 把菜花放入盆内，倒入调好的酸甜味汁，加盖泡 2 天至入味，即可取出装盘。

特点：味道酸甜，清爽适口。

提示：

1. 菜花过凉后控干水分，泡制时才好入味。

2. 泡制中间要晃动几次，让菜花充分吸味。

♛ 泡糖醋蚕豆

原料：鲜蚕豆 500 克，白糖、食醋各 250 克，精盐 10 克，清水 250 克。

制法：

1. 鲜蚕豆洗净，放入沸水锅中煮熟，捞出用纯净水过凉，控尽水分。

2. 原锅重置火上，倒入清水后，加入精盐、白糖和食醋，待熬至溶解，关火晾凉。

3. 取一玻璃瓶，装入蚕豆，再倒入糖醋汁，加盖晃匀，泡 3 天即成。

特点：酸甜，脆嫩，爽口。

提示：

1. 蚕豆不要煮得太熟，否则泡后口感不好。

2. 泡制时间要够，使糖醋味充分渗透到蚕豆中。

♛ 糖醋茄盒

原料：茄子 200 克，豆沙馅 50 克，面粉 25 克，鸡蛋 2 个，

番茄酱 25 克，白糖 20 克，醋 15 克，蒜末 5 克，水淀粉、色拉油各适量。

制法：

1. 茄子削皮，切成 5 厘米长、3 厘米宽、0.5 厘米厚的夹刀片；鸡蛋磕入碗内，加入面粉调匀成蛋糊，待用。

2. 将茄子片掰开，中间放入适量豆沙馅，按实即成"茄盒"生坯。依法逐一做完，蘸匀鸡蛋糊，下入到烧至六成热的色拉油锅中炸熟成金黄色，捞出控油，装盘。

3. 原锅随适量底油，炸香蒜末，入番茄酱略炒，加入适量清水、白糖和醋调好酸甜味，勾水淀粉，再加入 20 克热油搅匀，起锅淋在炸好的茄盒上即成。

特点：色泽红亮，外焦内软，甜酸可口。

提示：

1. 茄片切好后不可久放，否则会变软变黑。

2. 糖醋汁要稀稠适度，酸甜适中。

♛ 菊花茄子

原料：长茄子 1 个（约 400 克），番茄酱 30 克，白糖 25 克，醋 20 克，精盐 5 克，葱末、蒜末各 3 克，水淀粉 10 克，面粉、香油、色拉油各适量。

制法：

1. 将茄子洗净，去蒂去皮，切 4 厘米长的段，然后在段的横断面剞上十字花刀，撒少量精盐略腌，再蘸上一层面粉，备用。

2. 坐锅点火，注色拉油烧至六成热时，放入茄花炸成金黄色至熟透，捞出沥油，整齐放入盘中。

3. 原锅内留适量底油，下葱末和蒜末炸香，入番茄酱略炒，加 100 克开水、白糖、醋和精盐，调好酸甜味，淋水淀粉和香油，搅匀，起锅淋在炸好的茄花上即可。

特点：形似菊花盛开，色泽红艳油亮，味道酸甜可口。

提示：

1. 茄段改刀时底部要留有 0.5 厘米，不要切穿。

2. 改好刀口的茄段先用盐腌一会，不仅能增加底味，而且会让茄条变软，形成菊花盛开状。

♛ 爽脆白萝卜

原料： 白萝卜 250 克，红醋 50 克，白糖 50 克，浓缩柠檬汁 25 克。

制法：

1. 白萝卜刮皮洗净，切成 0.5 厘米厚的片，再切成 0.5 厘米见方的条，最后斜刀切成菱形小块。

2. 将白萝卜块放在纯净水中泡 10 分钟，捞出控净水分，放在小盆中。

3. 加入红醋、白糖和浓缩柠檬汁拌匀，覆上保鲜膜，腌 12 小时即成。

特点： 酸甜爽脆，开胃利口。

提示：

1. 白萝卜块定要用纯净水浸泡，以去除辛辣味，使口感更脆。

2. 腌制时间要够，使白萝卜块内里也入味。

♛ 糖醋萝卜丸

原料： 白萝卜 500 克，鸡蛋 1 个，面粉、淀粉各 50 克，番茄酱 25 克，白糖 25 克，香醋 20 克，蒜末 5 克，精盐 3 克，水淀粉、色拉油各适量。

制法：

1. 白萝卜刮洗干净，用擦床擦成丝，放在小盆中，磕入鸡蛋，加面粉、淀粉和精盐，用手抓匀成稠糊，待用。

2. 坐锅点火，注色拉油烧至五成热时，左手抓白萝卜馅从

虎口处挤出直径约 1.5 厘米的丸子，用右手指刮下落入油锅中。待炸至表面发硬时用手勺推动，并把粘连的敲开，直至炸熟且呈金红色时，捞出沥油。

3. 锅留余油上火，炸香蒜末，入番茄酱炒出红油，加白糖、香醋和适量清水，烧开后勾水淀粉，倒入炸好的丸子，颠翻均匀，装盘上桌。

特点：外焦内嫩，味道酸甜。

提示：

1. 白萝卜糊调匀便可，切不可搅拌上劲。也不能太稀。否则，成形不佳。

2. 丸子要大小均匀且适宜，以便同时受热成熟。

👑 软熘鲤鱼

原料：鲜鲤鱼 1 尾（约 700 克），肥膘肉片 25 克，白糖 50 克，香醋 35 克，香菜段 15 克，葱段、生姜片各 10 克，蒜末 5 克，精盐、酱油、料酒、水淀粉各适量，香油 10 克，色拉油 30 克。

制法：

1. 鲜鲤鱼刮鳞、抠鳃、剖腹去内脏，洗净血污，两侧剞上棋盘刀口，手提鱼尾入沸水中烫两下，放入冷水盆里刮洗去表面黑膜，控干水分。

2. 锅内注入适量清水烧沸，投入葱段、姜片、料酒、肥肉片和鲤鱼，烧沸后加精盐调味，转中火煮 10 分钟至熟，捞出置鱼盘中。

3. 锅中留适量煮鱼原汤，加入酱油、白糖和香醋调好酸甜口味，勾水淀粉推匀，出锅淋在鱼身上，撒上蒜末和香菜段，最后淋上烧热的色拉油和香油即可。

特点：色泽红亮，鱼肉香嫩，酸甜适口。

提示：

1. 鲤鱼煮至恰熟即好。若过熟，口感不佳。

2. 最后淋上烧热的油，使味道更香。

♛ 西湖醋鱼

原料：活草鱼 1 尾（约 700 克），醋 35 克，白糖 25 克，料酒 20 克，酱油 15 克，姜末 10 克，精盐、水淀粉、香油各适量。

制法：

1. 将活草鱼宰杀治净，揩干水分，用刀顺脊背片开成两半，将带骨的一扇表面用刀斜剞深至近鱼骨，共剞五刀，并在第三刀处切断成两截，将不带骨的一扇用刀尖在肉厚部位纵向划一长刀口。

2. 坐锅点火，添入适量清水烧沸，先放入带骨的一扇草鱼煮 1 分钟后，再放入不带骨的一扇草鱼，盖上锅盖，待烧沸后揭盖，转小火煮至断生，将锅中汤水滗去一半，加料酒、酱油、姜末和少许精盐，即可将鱼捞出盛入盘中。

3. 接着在汤水中调入白糖和醋成酸甜口味，勾水淀粉，淋香油，搅匀，出锅浇在鱼身上即成。

特点：色泽红亮，微甜微酸，肉嫩鲜美，且有蟹肉的味道。

提示：

1. 草鱼改刀的方法一定要正确。

2. 煮好的两扇草鱼要背对背装盘。

♛ 沙司鱼条

原料：净鱼肉 200 克，番茄沙司 50 克，白糖 40 克，白醋 25 克，鸡蛋 1 个，干淀粉、面粉各 20 克，葱姜汁、精盐、味精、料酒、胡椒粉、水淀粉、香油、色拉油各适量。

制法：

1. 将鱼肉改刀成长约 5 厘米、宽 0.8 厘米见方的条状，纳小盆内，加葱姜汁、料酒、精盐、味精和胡椒粉拌匀腌 5 分钟；鸡蛋磕入碗中，放干淀粉、面粉、少许精盐及适量清水调匀成蛋

糊，待用。

2. 炒锅上火，注色拉油烧至五成热时，将鱼条挂匀蛋糊，下入油锅中炸至定型后捞出，拉去毛边；待油温升高，再次下入复炸至金黄焦脆，捞出沥油。

3. 原锅留适量底油烧热，下番茄沙司略炒，掺清水，加白糖和白醋调成酸甜味，用水淀粉勾芡，淋香油，倒入鱼条翻匀，装盘即成。

特点：色泽红润，外脆里嫩，酸甜可口。

提示：

1. 鱼肉改刀时要注意把残留的细小鱼刺剔出。

2. 鱼条挂糊不要过厚，否则口感不好。

👑 糖醋黄花鱼

原料：黄花鱼1条（约650克），鸡蛋2个，面粉、淀粉各40克，白糖50克，香醋40克，酱油、蒜末、精盐、料酒、葱姜汁、水淀粉、香油、色拉油各适量。

制法：

1. 将黄花鱼宰杀治净，在其两侧从头至尾每隔4厘米左右直刀切至鱼骨，再将刀贴着鱼骨片进成牡丹切口，用精盐、料酒和葱姜汁拌匀腌味；鸡蛋磕入碗内，放入面粉、淀粉、少许精盐及适量清水调匀成蛋糊，待用。

2. 坐锅点火，注色拉油烧至六成热时，将腌味的鱼表面及刀缝内挂匀蛋糊，左手提鱼尾使刀口张开，右手舀热油浇淋至定型，放入油锅中炸至八九成熟捞出；待油温升高，再次下入复炸至金黄焦脆且熟透时，捞出沥油，装在鱼盘中。

3. 锅留适量底油，入蒜末炸香，掺鲜汤，放白糖、醋和酱油调成酸甜口，勾入水淀粉，加25克热油和香油搅匀，浇在炸好的黄花鱼上即成。

特点：色褐红，味酸甜，外焦脆，内软嫩。

提示：

1. 炸鱼的方法一定要正确，这样才能使刀口张开。

2. 糖醋汁应稀稠适度。

♛ 抓炒鱼片

原料：鲜鱼肉 200 克，鸡蛋清 2 个，干细淀粉 30 克，料酒、葱姜汁各 10 克，葱花、蒜末各 5 克，酱油、白糖、醋、精盐、味精、水淀粉、鲜汤、香油、色拉油各适量。

制法：

1. 鲜鱼肉用坡刀片成长 3.5 厘米、宽 2.5 厘米、厚 0.3 厘米的长方形片，放在碗中，先加料酒、葱姜汁和精盐拌匀腌味，再加入打潵的鸡蛋清和干细淀粉抓匀，使每一鱼片都挂上均匀蛋清糊。

2. 坐锅点火，注色拉油烧至六成热时，分散下入挂糊的鱼片浸炸，待鱼片发挺、色金黄且内部熟透时，捞出沥油。

3. 炒锅随适量底油烧热，下入葱花和蒜末炸香，烹料酒，掺鲜汤，加酱油、白糖、醋、精盐和味精，烧沸后尝好口味，勾水淀粉，淋香油，随即倒入炸好的鱼片上颠翻，使芡汁裹匀原料，装盘即成。

特点：色泽美观，入口香脆，微甜略酸，咸鲜可口。

提示：

1. 鱼片挂糊时用力要轻，以免抓碎。

2. 注意口味的调配，使甜、酸、咸三种口味各占 1/3。

♛ 茄汁虾仁

原料：鲜虾仁 150 克，鸡蛋 2 个，淀粉、面粉各 20 克，白糖 50 克，醋 30 克，番茄酱 25 克，蒜末 10 克，料酒、精盐、葱姜汁、水淀粉、香油、色拉油各适量。

制法：

1. 将鲜虾仁拣洗干净，挤干水分后入碗，加料酒、葱姜汁和少许精盐拌匀，再加入鸡蛋、面粉和淀粉拌匀，待用。

2. 坐锅点火，放色拉油烧至六成热，逐粒下入挂糊的虾仁炸至表皮发硬捞出；待油温升至六成热时，再下入虾仁复炸至金红且熟透，捞出装盘。

3. 锅留适量底油重坐火上，放蒜末炸香，下番茄酱略炒，放适量清水、白糖、醋和少许精盐烧沸，尝好酸甜口味，用水淀粉勾薄芡，淋香油推匀，起锅浇在炸好的虾仁上即成。

特点：色泽油润红亮，味道酸甜适口，虾仁外酥内嫩。

提示：

1. 虾仁要挤干水分后挂糊，否则不易挂上。

2. 挂糊的虾仁要逐粒下入油锅中，以免粘结成团。

♛ 茄汁菠萝凤球

原料：鸡脯肉 200 克，菠萝肉 150 克，青、红柿椒各半只，鸡蛋液 50 克，白糖 40 克，醋 30 克，番茄酱 25 克，干淀粉 30 克，葱花、姜末、精盐、味精、料酒、水淀粉、鲜汤、香油、色拉油各适量。

制法：

1. 鸡脯肉片成约 1 厘米厚的大片，在每片表面剞上十字花刀，切成约 1.5 厘米见方的块，入碗，放精盐和料酒抓匀腌味，再加入鸡蛋液和干淀粉抓拌均匀；青、红椒柿椒切菱形片；菠萝肉切成滚刀小块。

2. 坐锅点火，注色拉油烧至六成热时，逐一下入挂糊的鸡肉块炸至九成熟捞出；待油温升高，再次下入复炸至外表酥脆且内熟时，倒漏勺内沥油。

3. 锅留适量底油上火烧热，炸香葱花和姜末，放番茄酱和菠萝块略炒，掺适量清水，加白糖、醋、味精和精盐调味，勾水淀粉，淋香油，倒入青、红椒片和鸡块，颠翻均匀，出锅装盘。

特点：外焦里嫩，酸甜可口，果味浓郁。

提示：

1. 鸡肉片切上花刀后再改刀，以便于成熟和入味。

2. 选用罐头菠萝肉为好。

👑 糖醋里脊

原料：猪里脊 200 克，淀粉、面粉各 25 克，鸡蛋 1 个，白糖 50 克，醋 40 克，蒜末 5 克，精盐少许，酱油、水淀粉、香油、色拉油各适量。

制法：

1. 猪里脊洗净，切成长 2.5 厘米、宽 1.5 厘米的厚片，纳碗，加入鸡蛋、精盐、面粉和淀粉抓匀，待用。

2. 坐锅点火，注色拉油烧至六成热时，下入挂蛋糊的里脊片炸至表皮发硬捞出；待油温升高，再次下入复炸至熟呈金黄色时，捞出沥油。

3. 锅留适量底油上火烧热，下蒜末炒香，添适量清水烧开，加酱油、白糖和醋调好酸甜口味，淋水淀粉和香油，倒入炸好的里脊片，颠翻裹匀卤汁，装盘即成。

特点：色红油润，外焦里嫩，酸甜可口。

提示：

1. 猪里脊切片不要太薄，挂糊也不要过厚。否则，口感不好。

2. 糖醋汁不能太稠，否则食之糊口。

👑 樱桃肉丸

原料：猪夹心肉 150 克，鸡蛋 1 个，干淀粉 25 克，白糖 50 克，香醋 40 克，番茄酱 15 克，蒜末 5 克，精盐、酱油、水淀粉、香油、色拉油各适量。

制法：

1. 将猪夹心肉先切成小丁，再剁成粗泥，放在小盆内，磕

入鸡蛋，加精盐、干淀粉和少许酱油，用筷子拌匀成馅，待用。

2. 坐锅点火，注色拉油烧至五成热时，把猪肉馅做成形似樱桃大小的丸子，入油锅中炸至九成熟捞出；待油温升高，再次下入复炸至金红焦脆且熟透时，倒出沥油。

3. 锅留适量底油上火，下蒜末炸香，入番茄酱略炒，掺适量清水，放白糖、香醋和酱油，尝好酸甜口味，用水淀粉勾芡，淋香油，倒入炸好的肉丸，颠匀装盘。

特点：形似樱桃，外焦里嫩，味道酸甜。

提示：

1. 肉馅内加入淀粉不要太多，也不要搅拌上劲，否则油炸时易爆。

2. 丸子应大小一致，且不可太大。

♕ 荔枝兔条

原料：兔腿肉150克，青椒30克，干淀粉、面粉各25克，鸡蛋2个，白糖40克，醋30克，蒜末5克，精盐、酱油、水淀粉、香油、色拉油各适量。

制法：

1. 将兔腿肉剞上花刀，改切成截面约1厘米见方、3厘米长的条，盛入碗内，先放鸡蛋和精盐抓匀，再加干淀粉和面粉拌和；青椒去蒂、籽和筋，切成菱形块。

2. 坐锅点火，注色拉油烧至六成热，将挂糊的兔肉条逐一下锅炸至定型，捞出去掉毛边；待油温升高，再次下入油锅中复炸至呈金红熟透时，倒入漏勺内沥油。

3. 锅留适量底油复火位，炸香蒜末，入青椒块略炒，掺入适量清水烧沸，加酱油、白糖和醋调好荔枝味，沸后勾水淀粉，淋香油，倒入炸好的兔肉条，颠匀装盘即可。

特点：味道微酸甜，外焦脆香嫩。

提示：

1. 兔肉切条前剞上花刀，以便于入味和成熟。

2. 复炸时间不要太长。

👑 沙司牛肉饼

原料：肥瘦牛肉200克，洋葱50克，面包半个，鸡蛋1个，番茄沙司20克，姜末10克，精盐、味精、胡椒粉、白糖、醋、水淀粉、香油、色拉油各适量。

制法：

1. 肥瘦牛肉洗净，切丁后剁成粗泥；面包用手搓成碎末；洋葱剥去外皮，剁成碎末，同姜末用少量热油炒香，盛出备用。

2. 将牛肉泥放在小盆内，先加75克清水搅拌上劲，再加入炒香的洋葱末和姜末、面包末、鸡蛋、精盐、味精和胡椒粉拌匀，分成8份，制成圆饼状。

3. 平底锅上火烧热，放色拉油布满锅底，排入牛肉饼煎至两面焦黄半熟，加适量清水、番茄沙司、精盐、味精和白糖，盖上盖把牛肉饼焖熟，加入醋调好酸甜口味，淋水淀粉和香油，推匀，出锅装盘即成。

特点：色泽红润，口感细嫩，味道微酸甜。

提示：

1. 牛肉泥在搅拌时水分要吃足，便于口感鲜嫩。

2. 油煎时要掌握好火候，否则影响菜肴质量。

3. 番茄沙司有酸味，控制好醋的用量。

👑 糖醋排骨

原料：猪排骨600克，鸡蛋2个，淀粉40克，白糖50克，醋30克，番茄酱20克，料酒15克，酱油10克，蒜末5克，精盐4克，水淀粉、香油、色拉油各适量。

制法：

1. 排骨顺缝划开，斩成约3.3厘米长的段，用清水浸泡15

分钟，再换清水洗两遍，沥尽水分，放入小盆，加料酒、鸡蛋和淀粉拌匀，待用。

2. 坐锅点火，注色拉油烧至六成热时，将挂糊的排骨逐一下油锅中炸至九成熟捞出；待油温升高到七成热时，把排骨下入复炸成熟，倒入漏勺内，沥净油分。

3. 原锅随适量底油上火，放蒜末和番茄酱炒出香味，烹料酒，掺适量清水烧沸，加酱油、白糖、醋和少许精盐，淋水淀粉和香油搅匀，倒入炸好的排骨颠匀，装盘上桌。

特点：色泽鲜亮，外焦里嫩，酸甜可口。

提示：

1. 排骨挂糊时要用力抓摔，以增加嫩度。

2. 排骨开始炸时要用低油温，若油温过高，则外煳内生。

👑 糖醋肉条

原料：猪五花肉 200 克，鸡蛋 1 个，面粉、淀粉各 25 克，白糖 40 克，香醋 25 克，葱花、蒜末、酱油、精盐、料酒、水淀粉、色拉油各适量。

制法：

1. 将猪五花肉先切成约 1 厘米厚的大片，用刀背把两面拍松，再切成约 5 厘米长、1 厘米宽的条，放小盆内，加料酒、精盐、鸡蛋、面粉和淀粉拌匀。

2. 坐锅点火，注色拉油烧至六成热时，逐一下入猪肉条炸至九成熟捞出；待油温升高，再次下入复炸至金黄焦脆且熟透时，捞出沥油。

3. 锅留少许底油，放葱花和蒜末炸香，添适量清水，加酱油、白糖、醋及少许精盐调成酸甜口，勾水淀粉，加 25 克热油爆汁，倒入炸好的肉条，翻匀装盘。

特点：褐红油亮，酸甜焦嫩，肥而不腻。

提示：

1. 猪肉条挂糊后最好搁置一会再下油锅炸制。

2. 猪肉条入油锅后有粘连的，不要及时分开，应待发硬时用手勺敲开。

👑 荔枝鸡圆

原料：鸡脯肉 150 克，肥膘肉 50 克，鸡蛋 1 个，白糖 40 克，醋 30 克，干淀粉 25 克，水淀粉 10 克，蒜末 5 克，精盐、酱油、色拉油各适量。

制法：

1. 肥膘肉切绿豆大的丁；鸡脯肉切丁后剁成粗泥，与肥肉丁放在小盆内，加入鸡蛋、干淀粉和精盐搅匀成鸡肉馅。

2. 坐锅点火，注色拉油烧至五成热时，把鸡肉馅挤成直径约1.5 厘米的圆子，下入油锅中炸熟成金黄色，捞出沥油。

3. 原锅留适量底油复上火位，炸香蒜末，放适量清水、酱油、白糖和醋烧开，淋入水淀粉使汁稠浓，倒入炸好的鸡圆，颠翻均匀，装盘上桌。

特点：味道酸甜。脆嫩香浓。

提示：

1. 鸡脯肉脂肪少，配少量的肥膘肉增加香味。

2. 口味以入口先有酸味再感觉有甜味为好。

👑 抓炒里脊

原料：猪里脊 200 克，鸡蛋清 2 个，干淀粉 50 克，白糖 25 克，醋 15 克，葱花、姜末各 5 克，酱油、精盐、味精、水淀粉、香油、色拉油各适量，鲜汤 150 克。

制法：

1. 将猪里脊上的一层筋膜剔去，顶刀切成 0.3 厘米厚的金钱片，放在小盆内，加入精盐、鸡蛋清、干淀粉及适量清水抓拌均匀，静置 5 分钟，待用。

2. 炒锅上旺火，注入色拉油烧至六成热时，分散下入挂糊的里脊片炸至金黄熟透，倒在漏勺内沥油。

3. 锅留适量底油重上火位，下入葱花和姜末炸香，掺鲜汤，加酱油、白糖、醋、精盐和味精，沸后尝好口味，淋水淀粉和香油，推匀，再加 20 克热油爆汁，倒入炸好的里脊片，快速翻拌均匀，装盘即成。

特点：焦嫩，咸鲜，酸甜，香浓。

提示：

1. 如果里脊肉过粗，先顺长切开，再顶刀切成厚片。

2. 调味时以酸味、甜味和咸味各占整个口味的 1/3 为好。

 火龙果香醋肉

原料：五花肉 200 克，火龙果 1 个，冰糖 80 克，醋 50 克，生抽 30 克，小葱 10 克，精盐 2 克，色拉油 25 克。

制法：

1. 五花肉切成 1.5 厘米见方的小丁；火龙果剖开为两半，取出果肉切成菱形小丁；小葱洗净，切碎。

2. 坐锅点火，注色拉油，放入 30 克冰糖炒溶化至呈枣红色，倒入五花肉丁炒上色，加适量开水，再放入生抽、剩余 50 克冰糖、30 克醋和精盐，加盖用小火炖熟至汁黏稠，再加入剩余的 20 克醋拌匀，盛出待用。

3. 将火龙果肉与炖好的五花肉拌匀，装在火龙果壳内，撒上小葱花，即可上桌。

特点：造型美观，酸甜可口，健胃消食。

提示：

1. 五花肉丁应不停翻炒，以免成团。

2. 五花肉必须炖至黏稠，才可出锅。

四、酸辣味调制及其菜肴

(一)酸辣味调制技巧

酸辣味,是以醋和辣味调料为主,再加盐等调料调制而成。具有醇酸带辣、咸鲜适口、口感清爽、促进食欲、开胃醒酒的特点。在实际操作中,由于所用的辣味调料不一样,烹制菜肴时加醋调成酸辣的风味也就有异。

1. 以老陈醋和新鲜小米椒为主调制的酸辣味

这种酸辣味咸鲜酸辣,食之令人咂嘴吐舌。多用于冷菜的制作,方法是将调好的酸辣汁浇于盘中的原料上,或盛于小碟内,随原料上桌蘸食。前者宜素料,后者多荤料。

用料及调制方法是:将100克新鲜小米椒去蒂洗净,剁成茸状或切成圈形。接着把20克蒜茸放在小盆内,加入250克矿泉水搅溃,再依次加入改刀的小米椒、10克葱颗和适量美极鲜味汁、老陈醋、酱油、精盐、味精调匀即可。

调制时应注意四点:(1)小米椒定辣味,用量可根据食者的口味确定,分特辣、中辣。(2)老陈醋提酸味。用量应做到酸而不烈。若用量多,味道太酸,使人无法接受。(3)此味汁不加任何油脂,这样酸辣味才醇。(4)为了保证味汁的清爽酸辣的口味,最好用矿泉水或冷开水。

2. 以醋和芥末为主调制的酸辣味

这种酸辣味是较传统的一种,具有香、辣、鲜、冲、酸的特点。多用于质地细嫩的动物禽类原料和一些素菜原料。

具体调制方法:将15克芥末粉纳入碗,加少许凉水用筷子搅成糊状,用绵纸封口,置于笼内蒸10分钟左右至发透,取出,用筷子顺一个方向快速搅拌,使其出冲鼻的辣味,然后加入100克米醋、5克精盐、2克味精和10克香油调和即成。

调制时应注意两点:(1)芥末粉定要蒸透,快速搅拌,使香辣味溢出,否则,口味发苦,影响菜肴质量。(2)为保证味汁的

质量，以淡米醋为佳。

3. 以醋和红油为主调制的酸辣味

这种酸辣味具有色泽红亮，咸酸香辣的特点。多用于拌制各种凉菜。

具体操作方法：碗中放 5 克蒜末，先加入 50 克醋和适量精盐、味精，再加入红酱油、红油和香油调匀即可。

调制应注意三点：（1）红油提辣味，要选用上等的辣椒面和植物油炼制的红油，才能体现香辣色艳的品质，才能突出红油的辣味。（2）醋提酸味，最好选香醋，方能凸显其醇酸风味，切忌使用白醋。（3）要正确掌握好醋与红油的比例，醋多红油少，或者反之，均达不到咸酸香辣的标准。

4. 以醋和胡椒粉为主调制的酸辣味

这种酸辣味多用于汤、羹类菜肴的调制，是较传统的一种。常见菜肴有很多，如酸辣豆花汤、酸辣肉丝汤、酸辣豆腐汤、酸辣三丝羹、酸辣银鱼羹、酸辣杂拌汤、酸辣丸子汤、酸辣海参汤等。

具体操作方法：炒锅上火，放少许底油烧热，投入胡椒粉略炸，随即掺鲜汤，加酱油、精盐、味精、姜丝，待滚出辣味时，再加醋调好酸辣味。盛出后，撒葱丝、香菜，淋香油即成。

调味时注意四点：（1）胡椒粉提辣味，应选用纯度高的，最好用自磨的。胡椒粉也可直接放入到汤中，但辣味没有油炸后的辣味浓。（2）以老陈醋和香醋提酸味，用量以菜肴酸味适中为度。其投放时间应在菜肴起锅时加入，因为醋不能久煮。（3）要求色白的汤羹，醋用白醋，但口味比用有色醋稍逊一些。（4）成菜后撒上葱丝、香菜和香油，有点缀和调味的双重功效，绝对不能少。

5. 以醋和干辣椒为主调制的酸辣味

此种酸辣味不管是酒楼饭店还是居家烹调，是最普边、最常用的一种，主要用于炒菜中，并以素菜为主及一些具有特殊味到道的动物内脏。常见菜例有很多，比如酸辣土豆丝、酸辣北瓜、酸辣豆芽、酸辣白菜、酸辣肚丝、酸辣牛百叶、酸辣山药等。

具体调制方法是：炒锅内放底油烧热，用葱、姜、蒜炝锅后，下干辣椒炸上色，即倒入主料，烹醋，翻炒至断生，加精盐、味精调味，再补加醋，淋香油，即可出锅成菜。

调制要注意两点：（1）干辣椒要选用色泽红艳、辣味足、香味正的。使用的量如果不足，可在出锅时淋入适量红油。（2）醋应分两次投放，第一次是在主料入锅时加入，这样既可除去肉类原料中的一些异味，又可以保持蔬菜内部水分不外溢，以减少营养素的流失，并保证成菜脆爽的口感；第二次放在菜肴起锅时补加一些醋，以起到调酸味的作用。

6. 以醋和豆瓣酱为主调制的酸辣味

这种酸辣味多运用在烧菜中，使成品具有色泽红亮、酸香味浓、略带香辣的特点。其代表菜例有酸辣鱼块、酸辣豆腐、酸辣蹄筋、酸辣鳝段、酸辣北瓜等。

具体调制方法是：把剁细的豆瓣酱放在有热底有的锅中炒出红油，掺鲜汤，纳主料，加酱油、醋和白糖等，待原料烧入味，再加味精和醋调好酸辣味，即成。

调制时应注意两点：（1）豆瓣酱有增辣味、咸味和调色的双重功能，故应选正宗的郫县豆瓣酱，要求色泽鲜红、咸味适中，且不掺食用色素。也可加入适量的干辣椒来增加辣味。（2）以醋调酸味，因其有挥发性，故应分两次放。头遍放起去异味的作用，第二遍放起调酸味的作用。若一开始就加入适量的醋，经烧制时醋酸就会挥发掉，使成菜达不到酸辣可口的味道。

（二）酸辣味菜肴实例

♛ **酸辣翡翠丝**

原料：青柿椒 3 只，香菜 25 克，葱白 10 克，生姜 5 克，干

尖椒 5 只，花椒数粒，精盐、味精、陈醋各适量，红油 10 克，色拉油 15 克。

制法：

1. 青柿椒洗净，去蒂、籽及筋，切成细丝；香菜洗净，切段；生姜刨皮洗净，同葱白、干尖椒分别切成丝。

2. 坐锅点火，注色拉油烧热，放花椒炸煳捞出，下姜丝和干尖椒丝炸香，连油倒在小盆内，放入青椒丝、葱丝和香菜段，加精盐、味精、陈醋和红油拌匀，装盘即成。

特点：酸辣，爽口，夏令佐酒佳肴。

提示：

1. 青柿椒应洗净后去蒂，这样可避免残留的农药渗入到内部。

2. 此菜现吃现拌，口感最佳。

♛ 酸辣北瓜

原料：嫩北瓜 500 克，香醋 50 克，干辣椒 5 个，葱白、蒜瓣各 5 克，精盐、味精、香油、色拉油各适量。

制法：

1. 将北瓜洗净控尽水分，纵向剖开，挖去籽瓤，顶刀切成 0.3 厘米厚的半圆片；干辣椒去蒂，切短段；葱白切鱼眼颗；蒜瓣切末。

2. 炒锅置旺火上，放色拉油烧热，下葱颗、蒜末和干辣椒段炸香，放入切好的北瓜片翻炒，烹入 25 克香醋，待炒至八成熟时，加精盐和味精调味，翻炒入味，再加入剩余的香醋和香油，翻匀装盘。

特点：质脆，酸辣，利口。

提示：

1. 北瓜切片要厚薄均匀。

2. 北瓜片入锅后要及时烹入香醋，以确保口感脆爽。

♔ 酸辣苦瓜

原料：苦瓜 400 克，辣椒酱 25 克，醋 20 克，葱花、姜末各 5 克，精盐、味精、香油、色拉油各适量。

制法：

1. 苦瓜去蒂及籽瓤，洗净，顶刀切成 0.3 厘米厚的半圆形片，与少许精盐拌匀腌 5 分钟，滗去汁水。

2. 坐锅点火，放色拉油烧至六成热时，下葱花和姜末炸香，入辣椒酱炒出红油，再下苦瓜片不停地翻炒，并淋入 10 克醋。待炒至断生时，加精盐、味精和剩余醋炒入味，淋香油，炒匀装盘即成。

特点：脆爽，酸辣，利口。

提示：

1. 苦瓜用精盐腌过后再炒，以去除部分苦味。

2. 要用旺火快炒，保证脆度。

♔ 粉条烧青菜

原料：青菜 300 克，干粉条 50 克，葱花、姜末各 3 克，干辣椒 5 只，醋、精盐、味精、酱油、鲜汤、香油、色拉油各适量。

制法：

1. 青菜择洗干净，投入开水锅中烫至变色，捞出过凉，攥干水分，从中一切两段；干粉条用冷水泡软，剪成约 10 厘米长的段；干辣椒抹去灰分，切短节。

2. 炒锅上火，放色拉油烧热，下姜末、葱花和干辣椒节炸香，烹酱油，掺鲜汤，纳粉条，待烧软时，加入青菜，并调入精盐和味精，略烧入味，加醋调好酸辣味，淋香油，起锅盛在窝盘中，即成。

特点：软嫩滑口，咸香酸辣。

提示：

1. 菠菜应焯水后作刀工处理，这样可免养分少流失。

2. 成菜后带适量汤汁，食之才利口。否则，粉条易黏结成团。

👑 酸辣鸡蛋韭菜

原料：韭菜 200 克，鸡蛋 2 个，鲜红辣椒半只，香醋 15 克，葱花 5 克，辣椒面 3 克，精盐、香油、色拉油各适量。

制法：

1. 韭菜择洗干净，切成 4 厘米长的段；鲜红辣椒去籽筋，切成丝；鸡蛋磕入碗内，加少许精盐搅匀。

2. 炒锅上火，放色拉油烧热，倒入鸡蛋液炒熟成块，盛出。

3. 炒锅随底油重复火位，放葱花炸香后离火，下辣椒面略炸，倒入韭菜段快速煸炒约 20 秒钟，加入鲜红辣椒丝，调入精盐炒入味，再加鸡蛋和香醋，颠匀，淋香油，起锅装盘。

特点：色泽美观，酸辣利口。

提示：

1. 锅离火后放入辣椒面，可防止辣椒粉煳锅。

2. 加热时间不可过长，以免韭菜皮软塞牙。

👑 爽脆西芹

原料：西芹 250 克，精盐、香醋、生抽、味精、辣椒油各适量。

制法：

1. 西芹摘净叶，取梗部撕去皮及筋，斜刀切成 5 厘米长的薄片，用冰水浸泡约半小时至卷曲。

2. 取一小碗，放入精盐、生抽、味精、香醋和辣椒油调匀成酸辣味汁。

3. 将泡好的西芹片捞出来，沥尽水分，堆在窝盘中，灌入调好的酸辣味汁，即成。

特点：形如凤尾，冰凉清脆，味道酸辣。

提示：

1. 西芹刀工时要精细，长度一致，薄而均匀，才能浸泡成凤尾形。

2. 调味汁时辣椒油和醋的用量要控制好，做到酸辣适口。

♛ 尖椒炒丝瓜

原料：嫩丝瓜 400 克，鲜红尖椒 3 只，葱花 5 克，姜末 3 克，醋、精盐、味精、鸡精各适量，色拉油 30 克。

制法：

1. 丝瓜用刀背把表层粗皮刮去，纵剖开，去籽瓤，剖面朝下，斜刀切成 0.3 厘米厚的片；鲜红尖椒去蒂，洗净，顺长切开，刮去籽筋，斜刀切菱形小片。

2. 炒锅上火，放色拉油烧热，炸香葱花和姜末，投入尖椒片和丝瓜片炒至断生，加精盐、味精和鸡精续炒入味，淋入醋和香油，翻匀，起锅装盘。

特点：红绿相间，清脆酸辣。

提示：

1. 丝瓜片应切得厚薄均匀，以使快速同时达到口感要求。

2. 要选用颜色淡的醋，否则，成菜色泽不美。

3. 用旺火热油快炒，不要加汤水。

♛ 炖豆腐北瓜

原料：嫩北瓜 300 克，豆腐 100 克，辣椒酱 30 克，鲜香菇 2 个，洋葱半个，鲜青红辣椒各 1 只，陈醋、精盐、味精、香油、色拉油各适量。

制法：

1. 嫩北瓜、豆腐分别切成 0.5 厘米厚的骨牌块；鲜香菇、

洋葱分别用坡刀切块；鲜青、红辣椒洗净，去蒂，切成短节。

2. 炒锅上火，放色拉油烧热，先下洋葱块、香菇块和青红辣椒节炒出味，再放辣椒酱炒至油红，掺开水煮滚，纳北瓜块，调入精盐，炖至软烂时加入豆腐，续炖 5 分钟，加陈醋和味精调好酸辣味，淋香油，出锅盛入汤盆内，即成。

特点：滚烫鲜香，口感多样，酸辣味浓。

提示：

1. 豆腐不要久炖，以确保形态完整和软嫩的口感。

2. 洋葱和香菇要用足量的热底油炒香再加水炖制。

♕ 酸辣白菜帮

原料：鲜白菜帮 300 克，香醋 20 克，朝天干辣椒 5 只，葱 5 克，酱油、精盐、味精各适量，水淀粉 10 克，色拉油 30 克。

制法：

1. 将白菜帮洗净，先顺长切成 3 厘米宽的条，再用坡刀横着筋络片成极薄的片；朝天干辣椒斜刀切马耳形；葱切成碎花。

2. 取一小碗，放入香醋、酱油、精盐、味精和水淀粉调匀成味汁，待用。

3. 炒锅上旺火，放色拉油烧热，下葱花和干辣椒节炸至棕红焦脆，倒入白菜片快速翻炒至断生时，泼入碗汁，颠匀出锅装盘。

特点：口感脆嫩，酸辣爽口。

提示：

1. 不要用白菜叶，这个菜吃的就是白菜帮。

2. 不喜欢吃辣的人可以少放辣椒。

♕ 酸辣银耳羹

原料：干银耳 30 克，清水口蘑 50 克，香菜 10 克，姜末 3 克，精盐、味精、香醋、胡椒粉、水淀粉、香油各适量，色拉油

15 克。

制法：

1. 将干银耳用冷水泡胀，摘去硬蒂，分成小朵，用开水焯透，捞出沥水；清水口蘑切成小薄片；香菜洗净，切小段。

2. 炒锅上火，放色拉油烧热，炸香姜末，下胡椒粉炒出辣味，倒入适量开水，纳银耳和口蘑片，以中火炖至银耳软烂时，调入精盐和味精，用水淀粉勾成玻璃芡汁，加入香醋调成酸辣味，起锅盛汤盆内，淋香油，撒香菜段即可。

特点：汤滑爽脆，酸辣利口。

提示：

1. 胡椒粉用热油炸出味再加汤水，辣味才突出。

2. 此菜是用胡椒粉和香醋调成酸辣味，醋宜出锅前加入。

♔ 冰镇芥蓝

原料：芥蓝 250 克，陈醋 50 克，芥末膏 10 克，味精、精盐各少许，香油 10 克，冰块适量。

制法：

1. 将芥蓝洗净后，用刀从梗、叶处一切两开，把冰块和纯净水共放在一盆中，备用；用陈醋、味精和芥末膏放在一小碟内调匀成蘸汁。

2. 锅内放清水上旺火烧开，加少许精盐，投入芥蓝焯至断生，捞出压干水分，放在冰水中浸泡至冷，然后捞出来攥干水分，与味精和香油拌匀。

3. 取一平盘，先铺上一层冰块，再将芥蓝整齐地装在冰块上面，随调好的味汁上桌蘸食。

特点：冰凉爽口，酸辣冲鼻。

提示：

1. 芥末膏是冰镇菜特有的佐料，既消暑又醒胃，与陈醋搭配起来风味独具。

2. 必须将水烧沸后下入芥蓝，焯的时间不可过长，否则，冰镇后会过烂，不爽口。

👑 酸辣木耳

原料：干木耳 25 克，小米椒 100 克，陈醋 25 克，蒜仁 20 克，香葱 10 克，精盐 10 克，味精 5 克，葱 2 段，生姜 3 片，香油 5 克，高汤 500 克。

制法：

1. 将干木耳放在小盆中，加入姜片、葱段、5 克精盐、3 克味精和 250 克高汤，泡约 1 个小时。

2. 将泡好的木耳洗净，撕成片状，放在盘内；小米椒洗净，去蒂，切小节；香葱切成碎末；蒜仁捣成细泥。

3. 将陈醋、蒜泥和剩余高汤放入碗内，加入剩余精盐、味精和香油调匀，再加入小米椒拌匀，淋在木耳上，最后撒上香葱末即成。

特点：木耳脆爽，酸辣开胃。

提示：

1. 木耳用调味的高汤浸泡，以增加鲜味和底味。

2. 泡好的木耳已有底味，调好的酸辣汁不要太咸。

👑 酸辣藕丁

原料：莲藕 300 克，水发香菇 50 克，辣椒酱、陈醋各 15 克，小葱 10 克，小米椒 5 克，精盐、味精、老抽、白糖各少许，辣椒油 10 克，色拉油 30 克。

制法：

1. 莲藕洗净去皮，先切成 1 厘米厚大片，再切成条，最后斜刀切成菱形丁；水发香菇切成菱形小丁；小葱切成 2 厘米长的段；小米椒洗净，斜刀切成两半。

2. 将莲藕丁和香菇丁放入开水锅中焯透，捞出控去水分。

3. 坐锅点火，放色拉油烧热，下入小米椒和小葱段炒香，加入辣椒酱炒出红油，倒入莲藕丁和香菇丁翻炒干水气，调入精盐、白糖、辣椒油、陈醋和老抽，待炒匀入味且上色，加味精，翻匀装盘。

特点：味道酸辣，口感脆爽。

提示：

1. 莲藕丁焯水后再炒，口感才脆爽。

2. 把原料的水气炒干，再加其他调料炒制，这样味道才香。

👑 酸辣茭白

原料：茭白 400 克，干辣椒 3 只，花椒 10 粒，葱花 5 克，姜丝 3 克，陈醋、精盐、味精各适量，色拉油 20 克。

制法：

1. 将茭白剥去老壳，洗净后切成 5 厘米长、1.5 厘米宽的片；干辣椒用湿布抹去灰分，去蒂，切成短节。

2. 炒锅上旺火，添入清水烧开，纳茭白略烫，捞出沥尽水分，放在小盆内，加陈醋、精盐和味精拌匀。

3. 坐锅点火，放色拉油烧热，下花椒炸煳捞出，再下葱花、姜丝和干辣椒节炸焦出香，连油倒在茭白片内拌匀，加盖略焖，装盘上桌。

特点：清脆，酸辣。

提示：

1. 茭白含有较多的草酸，一定要用沸水汆烫。

2. 趁原料热时进行调味，才能突出风味。

👑 红柿炖豆腐

原料：豆腐 400 克，西红柿 200 克，朝天干椒 10 克，葱花、姜末、香菜段各 5 克，醋、酱油、精盐、味精、胡椒粉各适量，色拉油 50 克。

制法：

1. 将豆腐切成 3.5 厘米长、2.5 厘米宽、0.5 厘米厚的大片，入沸水锅中氽透，捞起沥干水分；西红柿洗净，切滚刀块；朝天干椒切短节。

2. 炒锅上火，放色拉油烧热，下葱花、姜末和干椒节炸焦，下西红柿块炒透，掺适量开水煮滚，纳豆腐片，调入酱油、精盐和胡椒粉，待炖透入味，加味精和醋调好酸辣味，出锅倒入汤盆内，撒香菜段，即可上桌食用。

特点：颜色粉红，酸辣烫嫩。

提示：

1. 西红柿除选用熟透的外，还要求用足量的底油炒透，以去除酸涩味。

2. 不要选用颜色过深的醋。

♕ 酸辣腐竹汤

原料：水发腐竹 200 克，黄瓜 50 克，鸡蛋皮半张，香菜、葱白各 10 克，老陈醋、胡椒粉、精盐、味精、香油各适量，色拉油 15 克。

制法：

1. 水发腐竹斜刀切成马耳形，用开水氽透，挤干水分；黄瓜洗净，切象眼薄片；鸡蛋皮切象眼片；香菜切末；葱白切细丝。

2. 锅中放色拉油烧热，入胡椒粉略炒至黄，掺开水，随后放腐竹和黄瓜片，用旺火煮滚后，调入精盐、味精和陈醋成酸辣味，倒在汤盆内，撒上鸡蛋皮、葱丝和香菜，滴入香油，即成。

特点：味道酸辣，清淡利口，开胃下饭。

提示：

1. 此菜宜选用软一些的水发腐竹，并用开水氽透，以彻底去除豆腥味。

2. 因醋长时加热能挥发酸味，故应在出锅前加入。

♛ 酸辣汤

原料：豆腐 150 克，水发木耳、水发黄花菜各 25 克，香菜 5 克，鸡蛋 1 个，醋 30 克，姜丝、胡椒粉、精盐、味精、水淀粉、香油各适量。

制法：

1. 豆腐切成筷子粗的条，放在冷水中泡一会，再放在开水锅中焯一下，捞出。

2. 水发木耳、水发黄花菜、香菜分别择洗干净，切成小段；鸡蛋磕入碗内，用筷子充分调匀。

3. 坐锅点火，添入适量清水烧沸，放入姜丝、豆腐条、木耳和黄花菜煮开，加入精盐、味精、胡椒粉和一半醋调味，勾水淀粉，加酱油调好颜色，淋入鸡蛋液，再加入剩余醋、香油和香菜段，搅匀即成。

特点：酸辣爽口，汤汁润滑。

提示：

1. 为了保证豆腐条完整不碎，切条后放在凉水中浸泡。

2. 后放酱油，可使汤色透亮。

♛ 酸辣土豆丝

原料：个大土豆 400 克，干辣椒 5 只，葱白 10 克，生姜 5 克，花椒数粒，精盐、味精、白醋、香油、色拉油各适量。

制法：

1. 土豆削皮洗净，先切成薄片，再切成如火柴棍一样细的丝，放入清水中浸泡几分钟后，再换清水洗两遍，控干水分；生姜、葱白分别切成丝；干辣椒用剪刀剪成丝。

2. 坐锅点火，放入色拉油烧热，先下花椒炸煳捞出，再下入姜丝、葱丝和干辣椒丝稍炸，倒入土豆丝速翻炒，滴入白醋，待

炒至断生时,加入精盐、味精和剩余白醋调味,淋香油,出锅装盘。

特点:色泽鲜艳,脆嫩爽口,咸香酸辣。

提示:

1. 切好的土豆丝用清水浸泡,以除去表面淀粉,才能使成菜清爽利口。

2. 要用旺火快炒。

👑 酸辣小土豆

原料:小土豆 500 克,陈醋 20 克,洋葱末、蒜末、辣椒末各 10 克,精盐 5 克,味精 2 克,香油 20 克,色拉油适量。

制法:

1. 小土豆洗净削皮,用清水洗两遍,控干水分与 3 克精盐拌匀,上笼用旺火蒸至酥软,取出,晾干水分。

2. 洋葱末、蒜末和辣椒末放入碗中,加入剩余精盐拌匀,倒入烧热的香油,待搅拌出香味后,加入陈醋和味精调匀成酸辣味汁,待用。

3. 炒锅上火,注入色拉油烧至七成热时,投入小土豆炸至金黄色,捞出沥油,整齐地装在窝盘中,淋上调好的酸辣味汁即成。

特点:形态圆润,质地酥绵,吃法新颖。

提示:

1. 小土豆修切的应大小一致,使受热后同时达到口感要求。
2. 油温要高一些,使小土豆快速上色。

👑 酸辣茄条

原料:茄子 250 克,鸡蛋黄 3 个,陈醋 25 克,香菜 10 克,干辣椒丝 10 克,葱丝、蒜丝各 5 克,酱油、精盐、味精、色拉油各适量,鲜汤 75 克。

制法:

1. 茄子去皮，切成小指粗的条，放在小盆，加入精盐和鸡蛋黄拌匀，再加入干淀粉拌匀；香菜洗净，切段。

2. 坐锅点火，注色拉油烧至六成热时，分散下入茄条炸透成金黄色，倒出控净油分。

3. 原锅随适量底油重上火位，放入葱丝、蒜丝和干辣椒丝炸香，加鲜汤、酱油、精盐、味精和陈醋调好酸辣味，倒入炸好的茄条和香菜段颠翻均匀，出锅装盘。

特点：软嫩可口，味道酸辣。

提示：

1. 茄条不需清洗，直接挂上蛋糊后，立即炸制，不可久置。

2. 加入的汤汁不可太多，否则，口感不佳。

♕ 酸辣黄豆芽

原料：黄豆芽 400 克，香醋 25 克，红剁椒 10 克，蒜瓣 5 粒，辣椒粉、精盐、白糖各少许，色拉油 25 克。

制法：

1. 黄豆芽洗净，入开水锅中焯熟，捞出用纯净水过凉，沥尽水分，放在小盆内；蒜瓣入钵，加少许盐捣成细蓉，待用。

2. 坐锅点火，放色拉油烧热，下蒜蓉炒黄，关火后，加入辣椒面炸香，倒在黄豆芽内，接着再加入白糖、香醋和红剁椒，拌匀装盘。

特点：色泽美观，酸辣利口。

提示：

1. 黄豆芽绝对不能生吃，凉拌前一定要在开水里烫熟。

2. 辣椒面容易炸煳，油温必须降低后才可炸制。

♕ 酸辣三色银芽

原料：绿豆芽 500 克，青椒、胡萝卜各 50 克，香醋 30 克，

葱白 15 克，蒜瓣 10 克，干辣椒 3 只，精盐 5 克，味精 3 克，色拉油 25 克。

制法：

1. 绿豆芽洗净，控干水分；青椒去蒂、籽及筋络，胡萝卜洗净，分别切丝；蒜瓣剁成末；葱白切马耳形；干辣椒切丝。

2. 锅内放适量水烧开，下入绿豆芽、青椒丝和胡萝卜丝焯至断生，捞出用纯净水投凉，沥尽水分，放在盆中。

3. 将色拉油入炒锅内烧热，放蒜末、马耳葱和辣椒丝炸香，倒在盛有绿豆芽的盆内，然后加入精盐、味精和香醋拌匀，装盘即可。

特点：色泽艳丽，香辣鲜脆，清热利湿。

提示：

1. 不要选用无根绿豆芽。

2. 汆绿豆芽时水量要大，火要旺。如水量少，放入绿豆芽后水温下降快，致使失水过多。绿豆芽汆好后，应立即过凉，使之脆爽。

酸辣紫菜蛋汤

原料：原味紫菜 1 张，鸡蛋 2 个，海米 10 克，香菜 10 克，姜末 5 克，料酒、精盐、味精、胡椒粉、醋、水淀粉、香油各适量。

制法：

1. 海米用温水洗净；紫菜洗净沙粒；鸡蛋磕入碗内，打溜；香菜洗净，切碎。

2. 汤锅置于火上，添入适量清水烧开，下入姜末、海米和胡椒粉煮出味，再放入紫菜，调入精盐和味精，勾水淀粉，淋入鸡蛋液，推匀，加醋和香油，撒香菜碎，即可起锅食用。

特点：营养丰富，紫菜滑嫩，汤味鲜美。

提示：

1. 原味紫菜有沙粒，要洗净。

2. 要把海米的咸味煮出来，否则食时太咸，影响口味。

👑 番茄空心菜汤

原料：空心菜 200 克，红番茄 1 个，生姜 5 克，胡椒粉、陈醋、精盐、味精、水淀粉、香油各适量。

制法：

1. 空心菜择洗干净，晾干水分，切成小段；红番茄用沸水略烫，撕去表皮，切成小丁；生姜刨皮洗净，切成细丝。

2. 汤锅上旺火，添入清水烧开，放姜丝和胡椒粉煮出味，倒入空心菜和番茄丁，再次煮开，加精盐、味精和陈醋调好酸辣口味，勾水淀粉，推匀，盛汤盆内，淋香油，即成。

特点：绿中带红，咸鲜酸辣，解酒开胃。

提示：

1. 空心菜梗质老的部分应去除。

2. 要掌握好汤水与水淀粉的用量。

👑 酸辣菜花

原料：鲜菜花 400 克，陈醋 25 克，生抽 25 克，辣椒面 10 克，葱末、蒜泥各 5 克，精盐、味精、生抽各适量，色拉油 25 克。

制法：

1. 鲜菜花分成小朵，洗净，投入到加有少许盐的沸水锅中余至熟透，捞出用纯净水过凉，沥尽水分，装在盘中，备用。

2. 蒜泥、葱末和辣椒面共放在一小碗内，注入烧热的色拉油，搅匀至出香味后，加生抽、精盐、味精和陈醋调匀成酸辣味汁，随菜花上桌，蘸食。

特点：吃法新鲜，酸辣爽口。

提示：

1. 菜花分成的小朵应大小均匀且适宜。否则，不方便食用。

2. 此菜如在夏秋季节食用，菜花最好入冰箱中镇凉；若在冬春季节食之，最好趁热蘸汁食用。

👑 酸辣菜苔

原料：菜苔 300 克，陈醋 15 克，干红辣椒 5 克，大蒜 2 瓣，精盐、味精、色拉油各适量。

制法：

1. 菜苔洗净，用手剥去老皮，掐成 3 厘米长的段；大蒜去皮，剁成末；干红辣椒切成短节。

2. 坐锅点火，注色拉油烧热，下入蒜末和红辣椒爆香，倒入菜苔梗翻炒两下，再放菜苔叶翻炒 2 分钟，放入精盐、味精和陈醋调味，炒匀出锅装盘。

特点：碧绿油润，酸辣爽脆。

提示：

1. 菜苔在挑选时以根粗茎长的为好。

2. 不要炒太长时间，不然口感绵软。

👑 酸辣红粉薯

原料：红薯粉 100 克，辣椒粉 30 克，黄豆、花生米各 25 克，生抽 15 克，芝麻酱 10 克，花椒 10 粒，香菜 10 克，陈醋、高汤、色拉油各适量。

制法：

1. 黄豆用清水泡 3 小时至涨透，红薯粉用温水浸泡 20 分钟，入开水锅中煮软，捞在盛有纯净水的盆中；芝麻酱用温水调澥；香菜择洗净，切成小段。

2. 坐锅点火，注色拉油烧热，撒入少许精盐，放入黄豆炸酥捞出，再放入花生米炸酥，捞出控油，剥去外皮，擀成碎末。

3. 辣椒粉和花椒放入碗内，倒入 50 克烧热的色拉油搅匀晾凉，再加入生抽、芝麻酱和香油调匀成香辣酱，待用。

4. 取一汤碗，舀入适量高汤和香辣酱，再捞入煮好的红薯粉，最后撒上黄豆、花生碎和香菜段，食用时加入陈醋调匀即可。

特点：色泽红亮，酸辣味浓。

提示：

1. 辣椒粉越细越好。

2. 红薯粉煮的时间不能过长，并且捞出后立即放在冷水里。这样才有滑弹筋道的口感。

♛ 侧耳根拌蚕豆

原料：鲜蚕豆200克，侧耳根100克，精盐4克，蒜蓉、红油、醋各适量。

制法：

1. 侧耳根择洗干净，控尽水分，切段。

2. 鲜蚕豆洗涤后放入沸水锅中煮至断生捞出。

3. 将侧耳根和蚕豆放在一起，加精盐拌匀腌3分钟，沥去汁水，再加蒜蓉、醋和红油拌匀，装盘即成。

特点：质地软脆，咸鲜酸辣。

提示：

1. 侧耳根选用新鲜质嫩的根茎部；蚕豆要选用新鲜质嫩的。

2. 成菜后及时食用效果才好。

♛ 酸辣牛腱

原料：牛腱子肉500克，西芹100克，料酒、香醋各25克，干辣椒20克，葱片、姜片各5克，花椒3克，炖肉料包1个，精盐、味精、香油、红油各适量。

制法：

1. 将牛腱子肉去净筋膜，切成两块，放入清水锅中，加入葱片、姜片、10克干辣椒、料酒和炖肉料包，用旺火煮开后，

打去浮沫，加精盐和酱油调好色味后，转小火煮熟，离火原汤泡冷，捞出沥汁，切成大薄片；西芹去皮筋，斜刀切薄片，用清水泡至卷曲，待用。

2.剩余干辣椒和花椒放在锅内，加少许油炒至焦脆，倒在案板上用刀剁碎，放在小盆内，加入适量煮牛肉原汁和味精、红油、香油和香醋调匀成酸辣味汁。

3.取一窝盘，先铺上西芹片垫底，上面盖上牛腱子肉片，再淋上调好的酸辣味汁，即可上桌。

特点：牛肉软烂，味道酸辣。

提示：

1.牛腱子入冰箱镇硬、并运用锯切的刀法，才容易切成极薄的大片。

2.味汁的用量要足，以淹没原料一半为佳。

👑 包菜牛肉汤

原料：鲜牛腩250克，洋白菜200克，番茄汁75克，料酒10克，大料2枚，姜丝、精盐、胡椒粉、色拉油各适量。

制法：

1.将鲜牛腩横着花纹切成大片，同冷水入锅，沸后撇去浮沫，捞出沥水；洋白菜洗净，用手撕成不规则的块状。

2.炒锅上火，放色拉油烧热，下姜丝和大料爆香，投入牛肉片煸炒一会，烹料酒，冲入适量开水，盖上盖用小火炖半小时，再加洋白菜和番茄汁续炖10分钟，最后加入精盐、胡椒粉和香醋调成酸辣味，即可起锅食用。

特点：汤色红亮，酸辣利口。

提示：

1.牛腩肥瘦相间，不能顺花切片，应横花切片。

2.牛腩片要冷水入锅，以去除血水和腥味。否则味道会大打折扣。

3. 加入适量番茄汁，可使成品汤汁色泽红亮。

♛ 酸辣牛肉汤

原料：牛肉150克，黄瓜、西红柿各50克，醋50克，料酒15克，香菜、葱白各10克，鸡蛋清1个，干淀粉10克，胡椒粉、酱油、精盐、味精、水淀粉、香油各适量，牛肉汤200克。

制法：

1. 牛肉切细丝，用清水泡10分钟，再换清水漂洗两遍，挤去水分；黄瓜、西红柿洗净，切片；香菜择洗净，切段；葱白切丝。

2. 牛肉丝入碗，放入料酒、鸡蛋清和干淀粉拌匀上浆，待用。

3. 坐锅点火，倒入牛肉汤和适量清水烧沸，投入黄瓜片和西红柿片。待烧开后，分散下入牛肉丝氽熟，放酱油、精盐、味精和胡椒粉调味，勾水淀粉，撇去浮沫，再加入醋调好酸辣味，盛汤盆内，淋香油，撒葱丝和香菜段即成。

特点：汤鲜酸辣，鲜醇爽口。

提示：

1. 牛肉丝清水泡后再漂洗，可增加嫩度。

2. 勾水淀粉后不要大滚，否则会有很多泡沫。

♛ 酸辣砂锅牛肉

原料：牛肋肉500克，干粉丝、豆腐各50克，醋50克，干辣椒10克，葱段、姜片、香菜段、料酒、酱油、精盐、味精、色拉油各适量。

制法：

1. 牛肋肉切成长3厘米、宽2厘米、厚1厘米的块；干粉丝用冷水泡软；豆腐切骨牌块；干辣椒切小节。

2. 牛肉块入清水中泡15分钟，洗去血水，挤干水分，放在

碗中，加料酒、酱油和精盐拌匀腌10分钟。

3. 砂锅上火，注色拉油烧热，下牛肉块、干辣椒、**葱段**和姜片炒去水分，掺适量开水，以小火炖1个小时，再加入**粉丝**和豆腐，调入酱油和精盐续炖10分钟，加入味精和醋调**好酸辣味**，淋香油，撒香菜段，即可原锅上桌。

特点：牛肉软烂，味道酸辣。

提示：

1. 牛肉的水分一定要控干，否则，在炒制时极易抓锅底。

2. 用小火炖制，牛肉的口感才软烂不塞牙。

炝酸辣羊杂

原料：熟羊杂碎（羊头肉、羊肚、羊肝、羊心等）400克，葱白50克，生姜10克，香菜20克，朝天干椒5克，**精盐、味**精、胡椒粉、香醋、色拉油各适量。

制法：

1. 熟羊杂碎分别切成小薄片；葱白、生姜、香菜、**朝天干**椒分别切成细丝。

2. 熟羊杂碎放在开水锅中烫透，捞出用温水洗两遍，**挤干**水分，放在小盆内，加入精盐、味精、胡椒粉和香醋拌匀，待用。

3. 炒锅上火，放色拉油烧热，放入葱丝、姜丝和**干辣椒丝**炸香，连油倒在有羊杂碎的小盆内，拌匀，用盘子扣住约5分钟，装盘上桌。

特点：羊杂碎软嫩，鲜香酸辣。

提示：

1. 羊杂碎改刀后要用开水氽透，以去除黏液和油污，**使吃**口清爽。

2. 原料要趁热调味，加入热油后应用盘子扣住，**以体现炝**菜的特色。

👑 酸辣金钱肚

原料：白卤金钱肚 250 克，青笋 150 克，干辣椒 15 克，姜末、蒜末、葱花各 5 克，陈醋、精盐、味精、美极鲜、生抽各适量，纯净水 100 克。

制法：

1. 青笋刨皮、洗净，切成 6 厘米长的薄片，用少许精盐拌匀腌一下；金钱肚切成一字条。均待用。

2. 干辣椒放在锅中，上小火焙至焦脆出香，离火晾冷，盛在钵内，放入姜末、蒜末和葱花，用木槌捣成细茸状，加入纯净水、陈醋、精盐、味精、美极鲜和生抽调匀成酸辣味汁。

3. 把青笋片沥去汁水，铺在盘中垫底，再整齐摆上金钱肚条，最后淋上酸辣味汁即成。

特点：青笋水脆，肚条筋道，味道酸辣。

提示：

1. 青笋片用盐腌的时间不要过长，以免失水过多，无水脆之口感。

2. 此味汁为清淡型麻辣味，不要加任何油脂。

👑 羊肉拌土豆粉

原料：鲜土豆粉 300 克，羊肉 100 克，辣椒酱 20 克，碎米芽菜 10 克，盐酥花生米 25 克，芝麻酱 20 克，葱花、姜末、精盐、味精、酱油、香醋、料酒各适量，香菜段少许。

制法：

1. 鲜土豆粉用纯净洗一遍，控尽水分；羊肉剔净筋膜，剁成绿豆大小的粒；盐酥花生米剁碎；芝麻酱放在小碗内，放入清水顺向调成稀糊状，加入辣椒酱、精盐、味精、酱油和香醋调匀成酸辣味汁，待用。

2. 炒锅上火，放色拉油烧热，炸香葱花和姜末，下入羊肉

粒炒至酥香，加入碎米芽菜、酱油、精盐、味精和料酒炒匀，起锅晾冷成芽菜羊肉臊。

3. 把土豆粉堆在窝盘中，先浇上调好的酸辣味汁，再盖上芽菜羊肉臊，最后撒上盐酥花生米和香菜段，即成。

特点：滑凉细嫩，鲜香酸辣，风味独特。

提示：

1. 土豆粉用纯净水过一遍，食之软滑利口。

2. 羊肉要选略带一点肥肉的，煸炒后才酥香。

👑 酸辣羊筋

原料：袋装羊筋 1 袋，豆瓣酱 25 克，小米椒 25 克，醋、精盐、味精、色拉油各适量，花椒油 10 克。

制法：

1. 将羊筋从袋中取出，切成小段，投入到热水中烫一下，捞出沥水；小米椒洗净，切短节；豆瓣酱剁细。

2. 炒锅上火，放色拉油烧热，下入小米辣节炒出香味，再下入豆瓣酱炒出红油，放入羊筋，调入精盐、味精和醋，快速翻炒均匀，淋花椒油，出锅装盘。

特点：味道酸辣，脆嫩可口。

提示：

1. 羊筋焯水的温度以 70℃ 左右为宜，因为水温过高反而会使羊筋过度收缩变得绵韧。

2. 此菜不码芡、不勾芡，要用旺火快速烹炒。

3. 豆瓣酱含有盐分，调味时要掌握好精盐的用量。

👑 酸辣耳片

原料：卤熟猪耳 300 克，白莲藕 100 克，鲜香菇 5 朵，香醋 50 克，干辣椒 5 只，小葱节 5 克，精盐、味精、香油各适量，色拉油 25 克。

制法:

1. 将猪耳入冰箱中镇硬,用坡刀片成极薄的片;干辣椒切短节;鲜香菇洗净,坡刀切成片成薄片;白莲藕刮皮洗净,切成薄片。

2. 莲藕片和香菇片放在开水锅中烫透,捞出用冷水过一遍,沥尽水分。

3. 炒锅上火,倒入色拉油烧热,下小葱节和干辣椒节炸香,放香菇片、莲藕片和精盐炒入味,加猪耳片、味精和香醋快速翻炒均匀,淋香油,出锅装盘。

特点:味道酸辣,清爽利口。

提示:

1. 熟猪耳经冻一下,可容易切成极薄的片。

2. 要选用淡色香醋,且出锅前加入,成菜醋味才香浓。

♛ 香椿白肉卷

原料:带皮五花肉300克,嫩香椿50克,葱段2根,生姜2片,香醋、精盐、味精、红油、熟芝麻各适量。

制法:

1. 将五花肉皮上的残毛污物刮洗干净,放在水锅中,加入葱段、姜片和精盐,用小火煮至刚熟,捞出来晾凉后进冰箱镇硬,取出切成大薄片。

2. 嫩香椿洗净,用沸水略烫,过凉水后沥尽水分。然后将每一肉片裹上适量香椿成圆筒状,整齐地装在盘中。

3. 将香醋、精盐、味精、红油和熟芝麻共放在小碗内调匀成味汁,随香椿白肉卷上桌,蘸食。

特点:形佳,酸辣,利口。

提示:

1. 香椿必须用开水烫过后再吃,这样不仅可减少所含的亚硝酸盐,而且也能减轻苦涩味。香椿在存放过程中,亚硝酸盐的含量会增高，因此还应尽量缩短香椿的存放时间。

2. 白肉煮好后镇一下，便于切成极薄的大片。但要求片片带皮，口感才佳。

♕ 热拌蹄花

原料：净猪蹄 1 个，水发海带 100 克，香醋 50 克，蒜仁 20 克，葱节、姜片、料酒各 10 克，精盐、味精各适量，红油 25 克，香菜段 5 克。

制法：

1. 将猪蹄上的残毛污物刮洗干净，焯水后放在水锅中，加入葱节、姜片和料酒，烧沸后打去浮沫，改小火煮至软而不烂时，离火，调入适量精盐，原汤浸泡至冷；蒜仁入钵，加少许精盐捣成细泥后，再加 50 克清水调开，待用。

2. 水发海带洗涤干净，切成细丝，放入开水锅中氽透，捞出沥水，铺在盘中垫底；把猪蹄捞出剁成小块，也入开水中烫一下，捞起放在海带丝上。

3. 炒锅上火，放入蒜泥水、香醋、精盐、味精和红油，待烧开至出醋酸味时浇在猪蹄上，撒香菜即成。

特点：酸香微辣，风味独特。

提示：

1. 猪蹄煮制时要用小火，否则猪蹄崩裂，影响美观。煮好后用原汤浸泡一会，让吸足汁水，使口感皮爽肉滑。

2. 熬味汁时，醋的酸味一出马上离火，切不要熬煮时间过长。否则，酸味挥发，影响味道。其味汁的用量以淹没原料一半为佳。

♕ 酸辣腰花

原料：猪腰 400 克，香辣酱 25 克，蒜末 10 克，陈醋、精盐、鸡粉、酱油、红油、色拉油各适量，花椒水 200 克。

制法：

1. 把猪腰表层薄膜撕去后，纵剖成两半，剔净腰臊，在内面剞上十字花刀，改刀成宽 2 厘米的长方块，用清水漂净血水后，放在花椒水中浸泡待用。

2. 炒锅上火，放色拉油烧热，下蒜末和香辣酱炒出红油，随后掺适量清水，加精盐、鸡粉、酱油、陈醋和红油调匀成酸辣味汁，备用。

3. 锅内放清水上旺火烧沸后，投入腰花焯至卷曲且断生，捞出来用冷开水过凉，挤干水分，放在酸辣味汁里浸约 15 分钟至入味，装盘即成。

特点：形态美观，腰花脆嫩，味香酸辣。

提示：

1. 要选用色泽淡红、富有弹性的腰子。如嫌切花刀费事，就改刀成薄片也可以。

2. 用花椒水浸泡腰花，既容易去除异味，又会避免成菜后渗出血水。

♔ 大碗酥肉

原料：猪瘦肉 500 克，水发粉丝、水发海带丝各 50 克，干淀粉 25 克，鸡蛋 1 个，精盐、味精、酱油、胡椒粉、葱节、姜片、陈醋、香油、香菜段、色拉油各适量，花椒 5 粒，姜末少许。

制法：

1. 猪瘦肉切成 4 块，放在小盆内，加入鸡蛋、干淀粉、少许精盐和味精，用手抓拌使其表面挂匀一薄层蛋糊，下入到烧至五六成热的色拉油锅中炸至金黄内透，捞出沥油，晾冷后切成大薄片，整齐地装在大碗内。

2. 取清水约 150 克，加精盐、味精、酱油和胡椒粉调好味，倒在装有肉片的碗内，上放葱节、姜片和花椒，入笼用旺火蒸约

2小时至肉酥烂，取出扣在大汤碗内。

3. 净锅上火，添入适量清水烧开，放入姜末、胡椒粉、海带丝和粉丝煮一会，加精盐、味精和陈醋调好酸辣口味，起锅倒在有扣肉的碗内，淋香油，撒香菜段即成。

特点：半汤半菜，肉质酥烂，咸鲜酸辣，佐酒下饭均佳。

提示：

1. 炸制肉块时，开始用六成热的油温炸至表皮结壳，再转小火、四成热的油温炸透。

2. 肉块晾凉后刀工处理，才能切成均匀的大片。

3. 蒸制肉片时只放花椒，不要放大料。

♛ 鸡皮拌凉粉

原料：鸡皮150克，凉粉1盒，黄瓜1根，小米椒25克，蒜仁10克，料酒、姜片、葱节各5克，香醋、精盐、味精、红油、香油各适量。

制法：

1. 将鸡皮上的残毛污物刮洗干净，放在水锅中，加料酒、姜片和葱节，用小火煮熟，捞出放在纯净水中浸凉。

2. 把鸡皮控干水分，切成5厘米长、0.5厘米宽的小条；凉粉切成筷子粗的条，用凉水过一下，沥尽水分；黄瓜洗净，切丝；小米椒洗净，去蒂，切成小圈。

3. 蒜仁入钵，加少许精盐捣成细泥，再加50克清水调匀，倒在小盆内，放入小米椒圈、香醋、精盐、味精、红油和香油调匀成酸辣味汁，放入凉粉、鸡皮和黄瓜丝，拌匀装盘即成。

特点：滑凉，酸辣，利口。

提示：

1. 鸡皮煮至断生即好，并且速用冷水激凉，使口感嫩中带脆。

2. 切好的凉粉过一下凉水，食之利口。但调味前必须控尽水分。

👑 侧耳根拌鸡

原料：净肥鸡半只，侧耳根 100 克，小青椒 50 克，蒜泥 15 克，料酒、葱段、姜片各 10 克，葱花 5 克，精盐、味精、酱油、香醋、白糖、红油辣椒、香油各适量。

制法：

1. 净肥鸡焯水后漂净污沫，放在加有料酒、葱段、姜片和少许精盐的水锅中，用小火煮熟离火，原汤浸泡至冷。

2. 侧耳根择洗干净，加少许精盐拌匀；小青椒洗净，切成小粒，放在有少量油的锅中炒香，加精盐和味精调味，盛出备用；蒜泥用 50 克清水调澥后，加精盐、味精、酱油、香醋、白糖、红油辣椒和香油调匀成酸辣味汁。

3. 将侧耳根铺在盘中垫底，把肥鸡捞出来剁成条状，盖在侧耳根上，再淋上调好的酸辣汁，最后放上炒好的青椒粒和葱花，即可上桌。

特点：酸辣香嫩，爽口宜人。

提示：

1. 煮好的鸡用原汤浸泡一会，可使成菜形态饱满，水分充足，皮爽肉滑。

2. 应将各种调料先在碗中调匀后，再浇在原料上。

3. 调味汁时应突出酸辣味，少放白糖、蒜泥，多放红油辣椒。

👑 酸辣泡虾

原料：鲜虾 250 克，泡野山椒（连汁）200 克，红小米椒 50 克，白醋 100 克，白糖 15 克，料酒 10 克，姜片 5 克。

制法：

1. 鲜虾去掉虾头，从背部挑去虾肠，清洗干净；鲜红小米

椒洗净去蒂，斜刀切开。

2. 坐锅点火，添入适量清水烧沸，放入料酒和姜片煮一会，下入鲜虾煮2分钟至虾身颜色变红后捞出。

3. 取一干净容器，倒入泡野山椒（连汁）、红小米椒、白醋和白糖搅匀，放入煮熟的虾，盖上盖浸泡2小时即成。

特点：酸酸辣辣，非常爽口。

提示：

1. 草虾、基围虾等都可以用来做泡虾。

2. 如果喜欢味道浓烈一些，可以延长泡制时间，这样酸辣的味道更突出。

👑 酸辣笔筒鱿鱼

原料：水发鱿鱼400克，猪瘦肉50克，青蒜10克，干辣椒5克，酱油25克，黄醋25克，料酒10克，味精、精盐、水淀粉、香油、色拉油各适量。

制法：

1. 将水发鱿鱼卸下头尾，撕去表层薄膜，然后在内面剞上斜直花刀，再切成2.5厘米宽的长条块；猪瘦肉、青蒜、干辣椒分别切末。

2. 汤锅坐于旺火上，添入清水烧开，放入鱿鱼块焯至卷曲，捞出过一遍冷水，控尽水分。

3. 坐锅点火，放色拉油烧热，下入猪瘦肉和干辣椒末煸炒至水分干时，加入黄醋、酱油、料酒和味精调好酸辣口味，勾水淀粉，倒入鱿鱼卷，撒青蒜末，淋香油，翻匀装盘。

特点：形似笔筒，酸辣脆嫩。

提示：

1. 鱿鱼剞花刀时刀距要一致，并且直刀的深度较斜刀略深。这样，鱿鱼卷的形态才佳。

2. 味汁勾芡后，再下入鱿鱼卷翻拌成菜。

♕ 醋焖鸡三样

原料：鸡翅 250 克，鸡胗 250 克，鸡爪 200 克，料酒、黄醋各 50 克，葱段、姜片各 10 克，干辣椒 5 克，酱油、精盐、味精、胡椒粉、白糖、水淀粉、香油、色拉油各适量。

制法：

1. 鸡爪去尖，剁成两块；鸡翅斩去翅尖；鸡胗切开成 2 块，撕去内筋，洗净，每块在肉厚的部位横剞几刀，再切开成 2 小块。

2. 将鸡爪、鸡翅和鸡胗用开水焯透，捞出用温水洗一遍，控干水分，放在高压锅内，加入干辣椒、姜片、葱段、精盐、料酒和适量清水，上中火压 15 分钟至熟，离火放气，捞出"鸡三样"，待用。

3. 坐锅点火，放入色拉油烧热，倒入"鸡三样"炒干水气，加料酒、30 克黄醋、胡椒粉、清水、精盐、味精、白糖和酱油调好色味，加盖焖入味，用水淀粉勾芡，淋入剩余黄醋和香油，翻匀装盘。

特点：颜色浅黄，鸡胗脆嫩，鸡爪爽滑，鸡翅软烂，酸辣味突出。

提示：

1. 先用高压锅处理鸡三样，是初步熟处理过程，可缩短正式焖制时间。但要控制好压制时间，以免过于软烂。

2. 因原料已熟，焖制时加水量不要太多。

♕ 白菜炖虾

原料：鲜大虾 8 只，白菜 250 克，生姜 15 克，葱白 10 克，干辣椒 10 克，精盐、味精、醋、色拉油各适量。

制法：

1. 鲜大虾挑去泥肠，洗净控水；白菜去硬帮，用手撕成片

状；葱白、生姜和干辣椒分别切丝。

2. 坐锅点火，注色拉油烧热，下葱丝、姜丝和干辣椒丝炸香，入大虾炒至两面微红，再用铲子轻按虾头挤出虾脑，添适量水烧开，放入白菜，调入精盐，以中火炖10分钟，加味精和醋调成酸辣味，即可盛碗食用。

特点：味道酸辣，齿颊留香，回味无穷。

提示：

1. 大虾一定要新鲜，并切把虾脑挤出。

2. 白菜要去掉老帮，只取嫩叶，并且不要用刀切。只有这样，加热时才容易入味。

♛ 马蹄猪肚汤

原料：熟猪肚150克，马蹄75克，香菜10克，生姜5克，胡椒粉、精盐、味精、水淀粉、香油、色拉油各适量。

制法：

1. 熟猪肚去净油脂，切成粗丝；马蹄去皮洗净，切成薄片；香菜择洗干净，切成小段；生姜洗净，切成细丝。

2. 坐锅点火，放色拉油烧热，下生姜丝和胡椒粉炸香，添入适量清水烧开，放入猪肚丝，待煮出辣味，放入马蹄片，加精盐、味精和醋调味，勾水淀粉，淋香油，撒香菜段，搅匀即成。

特点：味道酸辣，脆嫩爽口。

提示：

1. 选质地坚硬及重手的马蹄。

2. 马蹄片最后加入，保持清脆感。

♛ 鲮鱼粉葛汤

原料：鲮鱼2条，粉葛250克，香菜10克，生姜5克，料酒、精盐、味精、胡椒粉、白醋、香油、色拉油各适量。

制法：

1. 鲮鱼宰杀治净，揩干水分；粉葛去皮洗净，切成滚刀小块；香菜择洗干净，切小段；生姜切片。

2. 坐锅点火炙热，注色拉油烧至七成热，放入鲮鱼煎至两面上色，烹料酒，掺适量开水，放入粉葛块和生姜片，以旺火煮至汤白时，调入精盐和胡椒粉，转中火炖熟，加味精和白醋调好酸辣味，撒香菜段，淋香油，即可盛碗食用。

特点：汤白醇浓，酸辣可口。

提示：

1. 选购粉葛时，应留意两端露出红色肉的为佳品。

2. 开始用旺火炖制，汤色才浓白。

苋菜肉片汤

原料：猪瘦肉 100 克，嫩苋菜 75 克，鸡蛋清 1 个，湿淀粉 25 克，姜末 5 克，胡椒粉 3 克，精盐、味精、醋、香油各适量。

制法：

1. 猪瘦肉剔净筋膜，切成小薄片，放在碗中，加入鸡蛋清、湿淀粉和少许精盐拌匀，待用。

2. 嫩苋菜择洗干净，用沸水略烫，过凉水后挤干水分，切成小段，与香油拌匀，待用。

3. 汤锅上火，添入适量水烧开，放入姜末和胡椒粉煮出味，再分散下入肉片氽熟，撇去浮沫，加入苋菜段，调入精盐、味精和醋，再次滚开，淋香油，盛碗食用。

特点：白绿相间，肉片滑嫩，味道酸辣。

提示：

1. 春季的青苋菜比红苋菜食味为佳，以菜壮梗短的为上品。

2. 煮制时多加点油，苋菜会更油润可口。

酸辣肉皮汤

原料：水发猪皮 200 克，猪瘦肉 50 克，鲜香菇 3 片，西红

柿半只,小葱 10 克,生姜 5 克,鸡蛋 1 个,米醋、酱油、鸡汁、精盐、味精、胡椒粉、水淀粉、香油、色拉油各适量。

制法:

1. 水发猪皮切成小方块;猪瘦肉切成末;鲜香菇洗净,坡刀切片;西红柿切小块;生姜切末;小葱切碎花。

2. 鸡蛋磕入碗内,加少许清水调匀;胡椒粉放在小碗内,加入米醋调匀。均待用。

3. 坐锅点火,倒入色拉油烧热,下姜末煸香,放入猪肉末炒至变色,添入适量开水,纳香菇片,加酱油、鸡汁和精盐调好色味,待烧沸后,用水淀粉勾芡,放入肉皮和西红柿略煮,淋入鸡蛋液,加胡椒粉、米醋、味精和香油搅匀,撒小葱花,即可出锅食用。

特点:汤色美观,肉皮软糯,酸辣醇香。

提示:

1. 酱油提色,不要太多。鸡汁提鲜并含有咸味,用足后,补加精盐定咸味。

2. 不喜欢米醋的味道,可改用自己喜爱的香醋、陈醋等。

♛ 酸辣三鲜汤

原料:净莴笋 100 克,鲜虾仁、鲜鱿鱼、水发海参各 50 克,姜丝 5 克,精盐、味精、胡椒粉、醋、水淀粉、鸡汤、香油各适量。

制法:

1. 净莴笋切成菱形小薄片;鲜虾仁、鲜鱿鱼、水发海参分别洗净,切成小片。均待用。

2. 虾仁片、鱿鱼片和海参片一起倒入沸水锅中汆一下,捞出沥水。

3. 汤锅上火,添入鸡汤烧开,放海参片、鱿鱼片和虾仁,待再次烧开后调入精盐、味精和胡椒粉,最后加莴笋片煮入味,勾水淀粉，放醋调好酸辣味，淋香油即成。

特点：营养丰富，口感多样，清鲜味美。

提示：

1. 要选新鲜、碧绿、水脆的莴笋。

2. 所用的鲜虾仁、鲜鱿鱼、水发海参必须进行焯水处理，以去除异味。

👑 酸辣海参汤

原料：水发海参 150 克，猪瘦肉 50 克，鸡蛋 1 个，湿淀粉 10 克，葱白丝 10 克，姜末、香菜段各 5 克，精盐、味精、胡椒粉、香醋、辣椒油各适量。

制法：

1. 水发海参洗净腹内杂物，切成小片，用沸水汆透；猪瘦肉切成小薄片，与少许精盐和湿淀粉抓匀。

2. 鸡蛋磕入碗内，加少许精盐和水淀粉调匀，在锅内摊一张鸡蛋皮，切成象眼片。

3. 净锅上火，注入清水烧开，放姜末和海参片，接着分散下入猪肉片，用手勺推开，待肉片刚熟时，加精盐、味精、胡椒粉和香醋调好酸辣口味，勾水淀粉，盛汤盆内，淋辣椒油，撒上葱丝、香葱段和鸡蛋皮即成。

特点：酸辣，利口，营养。

提示：

1. 水发海参以涨发适度、手握有颤抖感的为好。糜烂的勿选。

2. 要掌握好香醋和胡椒粉的用量。如嫌辣味大，可将辣椒油改为香油。

👑 鱼头豆腐汤

原料：胖头鱼头 1 个，豆腐 200 克，料酒 10 克，香菜段 10

克，葱节、姜片各 5 克，精盐、味精、胡椒粉、醋、香油各适量，化猪油 25 克。

制法：

1. 将胖头鱼头清洗干净，揩干水分，劈开成两半，放在开水中汆一下，清水冲净；豆腐切成骨牌片。

2. 净锅上火炙热，放化猪油烧热，煸香葱节和姜片，注入开水，纳鱼头、豆腐、料酒、精盐和胡椒粉，用大火煮至汤色奶白且入味时，加味精和醋调成酸辣口味，盛在汤盆里，淋香油，撒香菜段即成。

特点：汤色奶白，酸辣开胃，老少咸宜。

提示：

1. 一定要用开水，并旺火烧制。这样，汤色不仅奶白，而且鱼头里蛋白质等营养成分才易溶于汤中。

2. 醋用白醋，可保证汤色乳白。但口味比加有色醋稍逊一些。醋不能久煮，在起锅前加入。

👑 酸辣蜇头

原料：海蜇头 100 克，黄瓜、莴笋各 50 克，薄脆片 25 克，香醋 30 克，辣椒酱 15 克，蒜泥、姜末、香菜末各 5 克，酱油、精盐、味精、香油、色拉油各适量。

制法：

1. 海蜇头用坡刀片成片，放在淡盐水中漂洗去部分咸味，再用清水洗一遍，控尽水分；黄瓜、莴笋洗净，斜刀切段后，再切成稍厚的菱形片，与精盐拌匀腌 5 分钟，挤去水分。

2. 坐锅点火，放色拉油烧热，下姜末和蒜泥炸香，入辣椒酱炒出红油，加少许清水、香醋、味精和酱油调成酸辣口味，淋香油，出锅冷却备用。

3. 黄瓜片和莴笋片放盘中垫底，上面覆盖海蜇片，淋上酸辣味汁，撒上香菜末和薄脆片，即可上席。

特点：酸辣可口，开胃消食。

提示：

1. 薄脆是春卷皮掰碎成片，放入五成热的色拉油中小火浸炸金黄酥脆而成。

2. 海蜇片的咸味不要完全漂洗去，保留一些味道更好。

榨菜肉丝汤

原料：猪里脊肉 75 克，榨菜 50 克，水发木耳 25 克，嫩菜心 25 克，葱丝 10 克，姜丝 3 克，陈醋、精盐、味精、胡椒粉各适量，湿淀粉 10 克，香油少许。

制法：

1. 猪里脊肉洗净切细丝，用清水浸泡 5 分钟，捞起挤干水分；榨菜、水发木耳、嫩菜心分别洗净，切丝。

2. 猪里脊肉丝放入碗内，加少许精盐、味精和湿淀粉抓匀。

3. 汤锅上火，添适量清水烧沸，先放姜丝和榨菜丝煮出味，再分散下入猪肉丝余至八成熟，下木耳丝和菜心稍煮，撇净浮沫，加精盐、味精、胡椒粉和陈醋调成酸辣味，盛汤盆内，撒葱丝，淋香油即成。

特点：肉丝鲜嫩，榨菜爽脆，咸鲜酸辣。

提示：

1. 必须将榨菜的咸辣味煮出，才可下其他原料。

2. 应在猪肉丝加热至八成熟时调味。若熟后调味，肉丝的质感会发柴变老。

酸辣肚丝汤

原料：卤猪肚 150 克，水发木耳 50 克，生姜 5 克，蒜苗 2 棵，精盐、味精、香醋、胡椒粉、水淀粉各适量，色拉油 15 克。

制法：

1. 卤猪肚去净油脂，切成细丝；水发木耳拣去杂质，生姜

刮皮洗净，蒜苗择洗干净，分别切成细丝。

2. 将猪肚丝和木耳丝放在沸水锅中焯一下，捞出沥干水分。

3. 汤锅上火，放入色拉油烧热，下姜丝和胡椒粉略炸出香，掺入适量开水，纳肚丝和木耳丝略煮，加精盐、味精和胡椒粉调好口味，勾水淀粉，淋香醋，搅匀，出锅盛汤盆内，撒上蒜苗丝，即成。

特点：肚丝筋道，酸辣爽口。

提示：

1. 肚丝用沸水焯透，以彻底除净油脂。

2. 控制好醋与胡椒粉的用量，使酸辣味可口。

♛ 酸辣花肉土豆粉

原料：鲜土豆粉 1 袋，猪五花肉 50 克，香辣酱 25 克，陈醋 25 克，盐酥花生米 10 克，香菜段、葱花、姜末各 5 克，酱油、精盐、味精、色拉油各适量。

制法：

1. 猪五花肉入水锅中煮熟，捞出晾冷，切成大薄片；香辣酱剁细；盐酥花生米用刀压碎。

2. 坐锅点火，放色拉油烧热，下葱花和姜末炸香，入猪五花肉片和香辣酱炒出红油，掺适量开水，先加酱油调好色，再放精盐调好咸味，下入土豆粉煮软，加味精和陈醋调好酸辣味，出锅盛碗，撒香菜段和花生碎即成。

特点：筋道软滑，酸辣咸香。

提示：

1. 五花肉煮后再煸炒，可去除一点油腻感。

2. 应加足香辣酱和酱油调好色，再试味补加精盐调味。

♛ 鸭皮馄饨汤

原料：鸭皮 100 克，馄饨 1 盒，油麦菜 50 克，紫菜 15 克，料酒 5 克，姜丝 3 克，精盐、味精、醋、胡椒粉、香油各适量。

制法：

1. 鸭皮除净残毛，放在开水中余透，捞出沥干水分，切成粗丝；油麦菜洗净，切段；紫菜用冷水泡开，漂洗干净，挤干水分。

2. 净锅上火，注入清水，下姜丝、料酒和鸭皮煮至断生时，再下入馄饨煮熟，最后放油麦菜略煮，加精盐、味精、胡椒粉和醋调成酸辣味，淋香油即成。

特点：汤清，鲜醇，酸辣。

提示：

1. 馄饨皮薄馅多，不可用旺火煮时间过长，防止皮破心烂。

2. 油麦菜应最后放入，不可久煮，变色即好。

♕ 东安鸡

原料：肉鸡腿 2 个，青椒 30 克，干辣椒 10 克，醋 50 克，生姜 30 克，鸡蛋清 1 个，湿淀粉 25 克，料酒、精盐、味精、色拉油各适量。

制法：

1. 肉鸡腿去骨，切成筷子粗的条；青椒去籽筋，切条；干辣椒切短节；生姜切丝。

2. 鸡肉条放在碗内，加入精盐、味精、料酒、鸡蛋清和湿淀粉拌匀上浆。

3. 坐锅点火炙热，注色拉油烧至四成热时，放入鸡肉条滑散，倒出控油；锅留适量底油复上火位，下干辣椒节和姜丝炸香，倒入鸡肉条和青椒条翻匀，加入精盐、味精和料酒炒匀，再加入醋和姜丝，翻炒均匀入味，盛出装盘。

特点：浓香酸辣，齿颊留香。

提示：

1. 没有鸡腿肉，就选用鸡脯肉。但口感稍差一些。

2. 姜和醋用量要足。姜分两次投放。

五、鱼香味调制及其菜肴

鱼香味，是川菜独有的一种味型。它是以泡辣椒、醋、白糖为主要调料，搭配葱姜蒜、酱油等料调配而成的一种食之有鱼味而不见鱼的口味，突出小酸小甜的荔枝味和辣味。所以烹制鱼香味菜肴，醋是不可或缺的一种调味料。由于菜肴烹制方法的不同，调配鱼香味的方法也就有差异。

（一）鱼香味调制技巧

1. 用于凉拌菜的鱼香味调制

用于凉拌菜的鱼香味，色泽红亮，咸甜酸辣兼备，姜葱蒜味浓郁。适用于各种荤素凉拌菜，如鱼香猪肝、鱼香凤爪、鱼香青豆、鱼香银芽、鱼香八宝菠菜、鱼香鲜贝、鱼香苤蓝等。

所用调料及大致比例是：泡红辣椒 20 克，蒜末 10 克，姜末 5 克，葱末 8 克，白糖 20 克，醋 15 克，酱油、精盐、味精、香油各适量，色拉油 40 克。

具体操作方法：先把泡辣椒去蒂、籽，剁成细茸；炒锅内放 20 克色拉油烧热，投入泡椒茸炒酥至出红油。接着把蒜末、姜末、葱末放在小盆内，倒入烧至极热的色拉油，待出香味后，加入油酥泡辣椒茸、白糖、醋、精盐、味精、酱油和香油等拌匀，即成。

调制时应注意：（1）泡辣椒有鲜辣味，突出鱼香味并能增色，不但用量要大，而且还需用热油炒酥出色。（2）葱、姜、蒜也必须用热油浇一下，才能发出香味。（3）糖醋之比要掌握好，以成品微有甜味和酸味为度。（4）酱油增色，并和精盐定咸味，用量要适度。（5）香油起辅助增香作用，不可使用过多。

2. 用于烧菜、烩菜的鱼香味调制

用于烧、烩菜的鱼香味，色泽深红，味道咸辣带甜微酸，葱姜蒜味突出。代表菜例有烧鱼香豆腐、烧鱼香鱼块、烧鱼香油菜、烧鱼香鸡翅等。

用料及大致比例是：泡红辣椒 25 克，白糖 25 克，醋 20 克，豆瓣酱 15 克，葱颗 30 克，蒜末 20 克，姜末 10 克，酱油、精盐、味精、红油、色拉油等。

调制方法是：先把泡辣椒和豆瓣酱分别剁成细茸；炒锅上火，放入色拉油烧热，下入泡椒茸和豆瓣酱炒出红油，接着下姜蒜末和一半葱颗炒出香味，随即掺入鲜汤，纳主料，调入酱油、精盐、料酒、白糖和 2/3 的醋，烧至主料熟时，再调入剩余的醋和味精，出锅时撒入葱颗和红油，便成。

调制时应注意：（1）泡辣椒和郫县豆瓣酱必需剁成极细的茸，其辣味成分和红色素才能充分溶于热油中，成菜红润有亮，辣味充足。（2）勾入水淀粉的作用是使味汁产生黏性，能均匀地挂在原料上，但不要太多，以手勺舀起呈细线流下为好。（3）出锅时淋入红油的目的，增加辣味和光滑度。如果成菜辣味已够，可改为香油。

3. 用于炸熘、旱蒸菜的鱼香味调制

用于炸熘、旱蒸菜的鱼香味色泽红亮，滋润滑爽，鱼香味浓郁。常见的代表菜例有：鱼香脆皮鱼、鱼香里脊、鱼香酥肉片、鱼香旱蒸虾、鱼香脆皮鸡，鱼香日本豆腐等。

用料及大致比例是：泡辣椒 20 克，白糖 20 克，醋 15 克，葱花 25 克，蒜末 15 克，姜末 10 克，酱油、精盐、味精、料酒、水淀粉、清水各适量。

具体调制方法是：先把泡辣椒去蒂、籽，剁成细茸；炒锅上火，放色拉油烧热，先下姜末和蒜末炸香，再下泡椒茸熥香出色，加入清水烧沸，调入白糖、醋、酱油、精盐、味精和料酒成微甜酸口味，随后勾入水淀粉使汁黏稠，最后放入葱花和适量热油，搅打均匀，即成。

调制时应注意：（1）泡辣椒茸和姜蒜末必须用足量的底油炒香出色，成品才油润红亮，鱼香味才浓。（2）白糖和醋的用量要

掌握好。(3)勾入的水淀粉量以成品浇在原料上缓缓流下为好。如过稠，食之腻口，还会影响菜肴形状的美观；过稀，挂不住原料，影响口味。(4)勾芡后还必须再加入适量的热油，使味汁光滑透亮，香味浓郁。(5)葱花在起锅前加入，葱香味才浓。

4. 用于炒菜、滑熘菜的鱼香味调制

用于炒菜、滑熘菜的鱼香味色泽红亮，鱼香味浓。代表菜例有：鱼香肉丝、鱼香熘鱼片、鱼香熘肝片、鱼香熘鲜贝、鱼香油菜等。

所用调料及大致比例是：泡红辣椒茸 20 克，葱花 25 克，蒜末 15 克，姜末 10 克，白糖 20 克，醋 15 克，酱油、精盐、味精、料酒、水淀粉各适量，红油 10 克，色拉油 35 克，鲜汤 100 克。

具体调制方法是：先取一小碗，放入鲜汤、白糖、醋、酱油、精盐、味精、料酒和水淀粉对成味汁；炒锅上火，放适量底油烧热，投入泡椒茸、姜末、蒜末和一半葱花炒香出色，下预先加工好的主辅料炒至合乎要求，倒入对好的碗汁，快速颠翻均匀，撒入剩余的葱花，淋红油，再次翻匀，起锅装盘。

调制时应注意：(1)泡辣椒要与葱姜蒜用足量的底油煸炒，让其辣、香味和红色素充分溶于热油中，才能使成菜色红油亮。(2)葱花在炝锅时应放一半，而留一半在出锅时加入，以避免将葱炒死而缺少香味。(3)加入味汁后应快速翻拌，立即出锅，以必避免醋挥发过多而酸味不够，致使影响成菜风味。

(二)鱼香味菜肴实例

♛ 鱼香剥皮椒

原料：青柿椒 4 只，杏鲍菇 1 朵，泡辣椒 20 克，葱花 15 克，蒜末 10 克，姜末 5 克，精盐、味精、白糖、香醋、酱油、水淀粉、香油、色拉油各适量，鲜汤 100 克。

制法：

1. 青柿椒洗净，晾干表面水，用刀尖切上刀口；杏鲍菇洗净，切成绿豆大小的粒；泡辣椒去蒂，剁成细蓉。

2. 坐锅点火，注色拉油烧至六成热时，投入青柿椒炸至起泡时捞出沥油，放在冷水中略泡，逐一将其表皮撕去，并分别用小刀从顶部旋去蒂，除去籽筋。

3. 原锅随适量底油复上火位，先下杏鲍菇粒炸黄，再下姜末、蒜末和泡辣椒蓉炒香出色，掺鲜汤，调入酱油、精盐、白糖、味精和香醋，随后纳剥皮辣椒略烧，用水淀粉勾芡，撒葱花，淋香油，翻匀装盘。

特点：清脆爽口，鱼香味浓。

提示：

1. 青椒表面切上刀口，可避免油炸时出现爆裂现象。

2. 炸制时油温要高，速度要快，才能保整色泽油绿，口感脆爽。否则，不仅色泽不鲜艳，而且皮软不脆。

3. 调制的鱼香味汁不要太稀。

♛ 鱼香黄瓜

原料：黄瓜 300 克，杏鲍菇 100 克，榨菜 25 克，泡辣椒 20 克，香菜 10 克，蒜末 5 克，姜末 3 克，白糖、醋、酱油、香油、色拉油各适量。

制法：

1. 黄瓜洗净，连皮切成粗丝，堆在盘中；泡辣椒剁成蓉；香菜洗净切末；杏鲍菇洗净，同榨菜、分别切粒。

2. 炒锅上火，放色拉油烧热，炸香姜末和蒜末，下杏鲍菇炒透，再下泡辣椒蓉炒出红油，加白糖、酱油和醋炒匀，加入香菜末和榨菜末略炒，淋香油，出锅晾冷，浇在黄瓜丝上，即成。

特点：脆爽利口，风味特别。

提示：

1. 黄瓜带皮吃较去皮吃更脆。操作此菜不要去皮，所切丝也不能太细。

2. 炒好的鱼香汁需晾冷后才可浇在黄瓜上。

👑 鱼香菊花平菇

原料：平菇 200 克，鸡蛋黄 4 个，干淀粉、面粉各 25 克，白糖 35 克，醋 25 克，泡辣椒蓉 20 克，蒜末 8 克，葱末、姜末各 5 克，鲜汤、酱油、精盐、味精、香油、水淀粉、色拉油各适量，芹菜叶 2 片。

制法：

1. 平菇分瓣，去掉根部，洗净，入沸水中略烫捞出，晾凉沥水，顺绞路切成细条状，上端留 1/5 不切断，逐一切完；干淀粉和面粉放盘中混匀；鸡蛋黄入碗，调匀。

2. 把改刀的平菇放小盆内，加少许精盐拌匀腌 5 分钟，先沾匀蛋黄液，再滚黏上一层混合粉，抖掉余粉，投入到烧至五六成热的色拉油中炸至金黄焦脆，捞出沥油，摆在盘中，成"菊花"形，点缀消毒的芹菜叶。

3. 炒锅留底油上火，下泡椒茸、蒜末和姜末煸香出色，掺鲜汤，放酱油、白糖、醋、精盐和味精调成鱼香口味，淋水淀粉，撒葱末，点香油，搅匀，出锅浇在炸好的"菊花"上，即成。

特点：形似菊花盛开，外焦里嫩，鱼香味浓。

提示：

1. 平菇必须烫软后改刀。否则，极易断碎。

2. 鱼香味汁应稀稠适度，若过稠，会掩盖花朵的美观。

👑 鱼香螃蟹蛋

原料：鸡蛋 4 个，泡辣椒蓉 30 克，白糖 25 克，醋 20 克，葱颗、蒜末各 10 克，姜末 5 克，酱油、精盐、味精、鲜汤、料酒、水淀粉、香油、色拉油各适量。

制法：

1. 用鲜汤、酱油、醋、白糖、精盐、味精、葱颗、料酒和水淀粉在一小碗内对成芡汁。

2. 坐锅点火，注色拉油烧至六成热时，把鸡蛋逐只磕入小碗中，再倒入油锅中。待蛋清炸成金黄色且刚熟时，捞出控净油分，放在盘中。

3. 原锅随适量底油复上火位，投入泡辣椒蓉、姜末和蒜末炒香出色，倒入对好的芡汁炒至熟透，淋香油，起锅浇在炸好的鸡蛋上即成。

特点：色泽美观，鸡蛋香脆，鱼香味浓。

提示：

1. 鸡蛋磕入小碗中再入油锅中，比直接磕入油锅中形态更美观。

2. 鸡蛋勿炸得太老。翻蛋时要轻，以保持圆形。

鱼香银耳

原料：干银耳 2 朵，鸡蛋 1 个，面粉、干淀粉各 25 克，泡辣椒 20 克，白糖 30 克，醋 20 克，葱末 10 克，蒜茸 10 克，姜末 5 克，精盐、味精、酱油、水淀粉、色拉油各适量，鲜汤 100 克。

制法：

1. 将干银耳用温水泡涨，摘去硬蒂，分成小朵，挤干水分，放在小盆内，加入鸡蛋、面粉、干淀粉及少许精盐拌匀；泡辣椒去蒂，剁成细蓉。

2. 坐锅点火，注色拉油烧至六成热时，把挂糊的银耳逐一下入油锅中炸至金黄焦脆，捞出沥油。

3. 锅留适量底油，下泡辣椒茸、蒜茸和姜末炒香出色，掺鲜汤，加酱油、白糖、醋、精盐和味精调味，沸后勾水淀粉，倒入炸好的银耳，撒葱末，翻匀装盘。

特点：色泽红亮，银耳质脆，鱼香味浓。

提示：

1. 银耳挂糊一定要均匀，否则，油炸后色泽不一，影响口感。

2. 味汁要稀稠适度，以能均匀挂住原料为好。

3. 此菜趁热食用，效果最佳。

👑 鱼香芥蓝

原料：嫩芥蓝 300 克，泡辣椒蓉 25 克，白糖 20 克，醋 15 克，蒜末 10 克，葱花、姜末各 5 克，水淀粉 15 克，精盐、味精、香油、色拉油适量，鲜汤 30 克。

制法：

1. 芥蓝择洗干净，切成 4 厘米长的小段，放入开水中稍烫，捞出控干水分。

2. 把白糖、醋、精盐、味精、葱花、水淀粉和鲜汤依次放入碗中对成味汁，待用。

3. 坐锅点火，注色拉油烧热，下泡辣椒蓉、姜末和蒜末煸炒出香味，放芥蓝段炒至断生，烹入对好的味汁炒熟，淋香油，出锅装盘。

特点：翠绿爽脆，鱼香味突出。

提示：

1. 此菜咸甜辣酸于一味，既可佐酒更可下饭，但不宜凉食，否则有生辣椒味。

2. 味汁不要太稀，否则，味道欠佳。

👑 鱼香荷兰豆

原料：荷兰豆 350 克，泡辣椒蓉 25 克，白糖 20 克，醋 15 克，蒜末 10 克，葱末、姜末各 5 克，水淀粉 15 克，鸡精、精盐、香油、色拉油适量，鲜汤 50 克。

制法：

1. 荷兰豆择洗干净，放入开水中稍烫，捞出控干水分。

2. 把白糖、醋、鸡精、精盐、葱末、水淀粉和鲜汤依次放入碗中调匀成芡汁。

3. 坐锅点火，放色拉油烧热，下入泡辣椒蓉、姜末和蒜末煸炒出香味，纳荷兰豆略炒，烹入对好的芡汁炒熟，淋香油，出锅装盘。

特点：油亮红润，质感脆嫩，咸甜辣酸。

提示：

1. 荷兰豆如果过大，应斜刀切成菱形块。

2. 操作时火力要旺，断生即可，才能保持脆嫩爽口。

♕ 鱼香蒜薹

原料：蒜薹250克，豆瓣酱20克，白糖15克，香醋10克，葱花、蒜末各5克，姜末3克，精盐、味精、鲜汤、水淀粉、香油、色拉油各适量。

制法：

1. 将蒜薹摘去梢部和根部质老的部分，洗净，切成3.5厘米长的段，投入到加有精盐的沸水锅中焯至断生，捞出过凉水，沥尽水分；豆瓣酱剁细。

2. 炒锅上火，放色拉油烧热，下入蒜末、姜末和豆瓣酱炒出红油，倒入蒜薹翻炒一会，加白糖和鲜汤，待炒至熟透入味时，调入香醋和味精，勾水淀粉，撒葱花，淋香油，颠匀装盘。

特点：色泽红亮，香辣微甜带酸，葱姜蒜味浓郁。

提示：

1. 传统多用泡辣椒增香提辣，此菜用豆瓣酱，较泡辣椒味浓，也可用红油尖椒酱、香辣酱等辣酱。

2. 蒜薹表面光滑难入味，调咸味时要比平常略重一点。

♕ 鱼香空心菜

原料：空心菜300克，泡红辣椒25克，白糖20克，醋15

克，蒜末 10 克，葱花 8 克，姜末 5 克，酱油、精盐、味精、水淀粉、香油、色拉油各适量。

制法：

1. 空心菜择洗干净，切成 10 厘米长的段；泡红辣椒去蒂，剁成细蓉；另用酱油、白糖、醋、精盐、味精、鲜汤和水淀粉对成味汁，待用。

2. 坐锅点火，放 10 克色拉油烧热，放入空心菜炒至变色发蔫时，倒在笊篱上，用手勺压去水分。

3. 炒锅重上火，放底油烧热，投入泡红辣椒蓉、葱花、蒜末和姜末炒出香味和红油，倒入空心菜和味汁，快速翻炒至入味，淋香油，起锅装盘。

特点：软嫩适口，鱼香味浓。

提示：

1. 空心菜先用少量油炒一下去除一些水分再炒，较直接入锅炒味道更好一些。

2. 要用足量的底油把泡辣椒蓉炒香出色，成品鱼香味才浓。

♛ 鱼香茭白

原料：鲜嫩茭白 500 克，泡红辣椒 25 克，白糖 20 克，香醋 15 克，蒜末 10 克，葱末 8 克，姜末 5 克，酱油、精盐、味精、水淀粉、红油、色拉油各适量，鲜汤 150 克。

制法：

1. 将鲜茭白剥去外壳，削皮除去老头，洗净，用刀拍松，切成不规则的劈柴块；泡红辣椒去蒂，剁成细蓉。

2. 坐锅点火，注色拉油烧至六成热时，倒入茭白块炸至收缩且断生时，捞起沥净油分。

3. 原锅留适量底油，放入泡红辣椒蓉、蒜末和姜末炒香出色，下茭白块，掺鲜汤，加酱油、白糖和 10 克香醋调味，待烧透入味时，调入味精和剩余的香醋，勾水淀粉，淋红油，撒葱未，翻匀装盘。

特点：咸甜酸辣鲜兼备，姜葱蒜味浓郁。

提示：

1. 泡辣椒蓉必须用足量的底油炒香出色，成品才红润油亮。

2. 醋应分两次放。第一次随主料投放，起去异增香作用。第二次是在原料成熟入味时投入，与白糖等料构成鲜美的鱼香味。

♔ 鱼香扁豆

原料：嫩扁豆 300 克，泡红辣椒 30 克，白糖 20 克，醋 15 克，蒜末 10 克，葱花 8 克，姜末 5 克，精盐、味精、酱油、水淀粉、鲜汤、色拉油各适量。

制法：

1. 扁豆摘去两头及筋络，淘洗干净，控干水分，用手掐成两段；泡红辣椒去蒂，剁成细蓉。

2. 坐锅点火，注色拉油烧至六成热时，投入扁豆段炸至断生，倒出控油。

3. 锅内留适量底油重上火位，下姜末、蒜末和泡辣椒蓉炒出红油和香味，放入鲜汤和扁豆，调入酱油、精盐和白糖。待烧入味后，放味精和醋，用水淀粉勾薄芡，撒葱花，翻匀装盘。

特点：色泽红亮，质地嫩爽，鱼香味浓烈。

提示：

1. 最好选用无豆粒的嫩扁豆。

2. 掌握好下料的顺序和烹制火候。

♔ 鱼香土豆

原料：土豆 500 克，泡辣椒蓉 25 克，白糖 20 克，醋 15 克，蒜末 10 克，葱花 8 克，姜末 5 克，精盐、酱油、味精、水淀粉、香油、色拉油各适量，鲜汤 150 克。

制法:

1. 土豆洗净，削皮，切成滚刀块，再用清水洗两遍，控干水分，与精盐拌匀，放在笼屉上，用旺火蒸至酥软，取出，揩干水分。

2. 炒锅上火，注入色拉油烧至七成热时，投入土豆块炸至金黄色，捞出沥油，装在窝盘中。

3. 锅留适量底油烧热，下姜末、蒜末和泡辣椒蓉炒香出色，加鲜汤、酱油、白糖、醋、精盐和味精，沸后勾水淀粉，淋香油，撒葱花，搅匀，起锅淋在土豆块上即成。

特点：色红油亮，质地酥绵，吃法新颖。

提示：

1. 土豆块应大小一致，使受热后同时达到口感要求。

2. 油温要高一些，使土豆块快速上色。

👑 鱼香西兰花

原料：西兰花 500 克，泡辣椒蓉 25 克，白糖 20 克，醋 15 克，蒜末 10 克，葱花、姜末各 5 克，水淀粉 15 克，精盐、味精、香油、色拉油各适量，鲜汤 50 克。

制法：

1. 西兰花择去叶，把花蕾掰成小朵，茎部去硬皮，切片，均用清水洗净，放入开水中烫熟，捞出控干水分。

2. 把白糖、醋、味精、精盐、葱花、水淀粉和鲜汤依次放入碗中，调匀待用。

3. 坐锅点火，放适量色拉油烧热，下泡辣椒蓉、姜末和蒜末煸炒出香味，纳西兰花略炒，烹入对好的味汁炒熟，淋香油，出锅装盘。

特点：色泽油绿，脆嫩味美。

提示：

1. 西兰花焯水时间要控制好，保证脆爽的口感。

2. 想吃清爽的口感，调味汁时就不需加水淀粉。

♛ 鱼香豆腐

原料：豆腐 200 克，面粉 30 克，鸡蛋 2 个，泡辣椒蓉 25 克，白糖 25 克，醋 20 克，蒜末 10 克，葱末 8 克，姜末 5 克，酱油、精盐、味精、水淀粉、鲜汤、香油、色拉油各适量。

制法：

1. 豆腐切成 3.5 厘米长、2 厘米宽、0.5 厘米厚的长方片，平摆在盘中，撒上精盐和料酒腌 5 分钟；鸡蛋磕入碗内，加少许精盐调匀，待用。

2. 坐锅点火，注色拉油布满锅底，把豆腐片拍匀一层干面粉，蘸匀鸡蛋液，排在锅中煎至两面金黄色，铲出。

3. 锅中留适量底油，放入泡辣椒蓉、姜末和蒜末炒香出色，加入鲜汤，调入酱油、精盐、白糖和味精，纳豆腐片烧入味，再加醋调好荔枝味，勾水淀粉，撒葱末，淋香油，翻匀装盘。

特点：色泽红亮，软嫩味香。

提示：

1. 豆腐必须提前腌味。

2. 用少量油把豆腐煎上色，比用多量油炸制后易入味，口感也好。

♛ 鱼香土豆丸

原料：土豆 200 克，马蹄丁、香菇丁各 20 克，干淀粉 30 克，鸡蛋 1 个，泡辣椒蓉、姜末、葱花、蒜末、料酒、白糖、醋、水淀粉、红油、色拉油各适量。

制法：

1. 土豆洗净，煮熟去皮，压成细泥，放在小盆内；马蹄、香菇分别切成绿豆大小的丁，放在土豆泥内，加入干淀粉、鸡蛋、精盐和味精拌匀成土豆馅。

2. 坐锅点火，注色拉油烧至六成热时，将土豆馅做成直径约 1 厘米的小丸子，下油锅中炸黄至内熟透，倒出沥油。

3. 锅随底油复上火位，先下泡辣椒蓉炒出红油，再下姜末和蒜末炒香，加鲜汤、精盐、酱油、白糖、醋和味精，沸后淋水淀粉，倒入土豆球，边颠翻边撒入葱花，淋红油，直至翻匀，出锅装盘即成。

特点：红润油亮，外焦内嫩，鱼香味醇。

提示：

1. 土豆泥内加入的淀粉不能少，否则，油炸时易散开。

2. 土豆泥易上色，油炸时油温勿高。

👑 鱼香油菜心

原料：小油菜 500 克，泡红辣椒 20 克，白糖 20 克，醋 15 克，蒜末 10 克，葱末 8 克，姜末 5 克，酱油、精盐、味精、香油各适量，色拉油 40 克。

制法：

1. 小油菜择洗干净，用小刀把根剖削成橄榄形，洗净沥水；泡红辣椒去蒂籽，剁成细茸。

2. 炒锅内放色拉油烧热，投入泡辣椒茸炒酥至出红油，再放入蒜末、姜末和葱末炒出香味，倒在小盆内，加入白糖、醋、精盐、味精、酱油和香油拌匀成鱼香味汁。

3. 净锅置旺火上，添入清水烧开，下小油菜焯至断生捞出，速用冰水过凉，挤干水分，放小盆内，倒入鱼香汁拌匀，整齐装盘即成。

特点：清爽色绿，鱼香味浓。

提示：

1. 务必选用色绿，鲜嫩的小油菜，且洗涤干净。

2. 焯水时应根据食者的喜好而定时间。若喜欢生脆的，油菜心入水锅中一烫即速捞出；如爱吃软嫩的，则加热时间长一些。

👑 鱼香菠菜

原料：菠菜 400 克，泡辣椒 20 克，蒜末 10 克，葱花 8 克，姜末 5 克，精盐、白糖、鸡精、酱油、料酒、白醋、水淀粉、香油、色拉油各适量。

制法：

1. 将菠菜择洗干净，从梗叶之间一切为二，再将梗部从中间切开；泡辣椒去蒂，剁成细蓉。

2. 将葱花、精盐、白糖、鸡精、酱油、料酒、白醋和水淀粉调匀成味汁。

3. 坐锅点火，放色拉油烧热，下入菠菜炒至变色，倒出控去水分；原锅重上火位，放色拉油烧热，下入蒜末、姜末和泡椒蓉炒香出色，倒入菠菜和调好的味汁翻炒入味，即可出锅装盘。

特点：口感软嫩，咸辣酸甜。

提示：

1. 调味汁时，酱油不要多，醋最好用白醋。这样，颜色才鲜艳。

2. 菠菜先用少量的热油炒一下，再与味汁同炒。其目的是去除部分水分，使成菜颜色鲜亮。

👑 鱼香茄子

原料：茄子 500 克，鸡蛋黄 2 个，干淀粉 20 克，豆瓣酱、泡椒蓉各 10 克，蒜末 10 克，姜末、葱花各 5 克，白糖、白醋、精盐、鸡精、酱油、料酒、色拉油各适量。

制法：

1. 茄子去皮，切成筷子粗的条，放在碗中，加入干淀粉拌匀，再加入鸡蛋黄拌匀，使其均匀裹上一层蛋液。

2. 将葱花、精盐、白糖、鸡精、酱油、料酒和白醋放在一小碗内调匀成味汁。

3. 坐锅点火，注色拉油烧至五成热，逐一下入茄子条炸成金黄色，倒出控净油分；锅留适量底油复上火位，下入豆瓣酱、泡椒蓉、姜末和蒜末炒香出色，倒入味汁和过油的茄子，翻匀装盘。

特点：外焦内嫩，微甜酸，咸香浓。

提示：

1. 茄子切条后不要用水洗，立即制作。

2. 此菜不勾芡，用的是清汁。

♛ 鱼香鸡蛋

原料：鸡蛋 4 个，水发香菇、马蹄各 25 克，泡辣椒蓉、豆瓣酱、葱花各 10 克，姜末、蒜末各 5 克，料酒、精盐、鲜汤、白糖、醋、酱油、水淀粉、香油、色拉油各适量。

制法：

1. 水发香菇去蒂，马蹄去皮洗净，分别切成小丁；鸡蛋磕入碗内，加入料酒、少许精盐和 15 克水淀粉调匀，再加入香菇丁和马蹄丁拌匀，待用。

2. 坐锅点火，放色拉油烧热，倒入鸡蛋液摊成饼状，煎至两面金黄熟透，铲出，切成菱形块，装在盘中。

3. 原锅复上火位，注色拉油烧热，放入泡辣椒蓉和豆瓣酱炒至油红，再放入姜末和蒜末炒香，加料酒、精盐、鲜汤、白糖、醋和酱油，用水淀粉勾芡，淋香油，撒葱花，搅匀，起锅淋在鸡蛋饼上即成。

特点：软嫩带脆，微辣甜酸。

提示：

1. 鸡蛋饼煎的表面微有一层焦壳，口感才好。

2. 制好的鱼香味汁切忌太稠，以免食时不爽口。

👑 鱼香烩豆包

原料：豆包 4 块，水发香菇 50 克，豌豆苗 25 克，泡辣椒蓉 15 克，豆瓣酱 10 克，葱花 15 克，蒜末 10 克，姜末 5 克，白糖、醋、酱油、精盐、味精、水淀粉、鲜汤、香油各适量。

制法：

1. 豆包投入到烧至五六成热的油锅中炸至蓬松，捞出沥油，切成拇指粗的条状；水发香菇去蒂，切条；豌豆苗洗净，沥水。

2. 炒锅随底油上火，投入泡辣椒蓉和剁细的豆瓣酱炒出红油，下姜末和蒜末炒出香味，再下香菇条略炒，加鲜汤、酱油、白糖、2/3 醋、精盐、味精和豆包条，待煮至入味，勾水淀粉成二流芡，再加剩余的醋，撒入葱花和豌豆苗，搅匀，淋香油，起锅盛窝盘中，即成。

特点：软韧，滋润，味奇。

提示：

1. 豆包用热油炸至蓬松，经烩制时才不会散开。

2. 勾芡时应边淋边搅，以免粘锅结块。

👑 鱼香杏鲍菇

原料：杏鲍菇 200 克，鸡蛋液 75 克，面粉、淀粉各 25 克，泡辣椒蓉 15 克，豆瓣酱 10 克，葱花 15 克，蒜末 10 克，姜末 5 克，白糖、醋、酱油、精盐、味精、水淀粉、鲜汤、香油、色拉油各适量。

制法：

1. 杏鲍菇洗净，切成 5 厘米长、小指粗的条，用沸水略烫后凉冷，沥干水分，纳小盆内，加入鸡蛋液、面粉、淀粉、精盐、味精、15 克色拉油及少许酱油抓拌均匀。

2. 净锅上中火，注入色拉油烧至五成热时，分散下入杏鲍

菇条浸炸至结壳定型捞出；待油温升至六七成热，再次下入复炸至金黄酥脆，倒漏勺内沥油。

3. 锅随底油复上火位，炒锅随底油上火，投入泡椒蓉和剁细的豆瓣酱炒出红油，下姜末和蒜末炒出香味，加鲜汤、酱油、白糖、醋、精盐和味精，沸后勾水淀粉，倒入炸好的杏鲍菇条，撒葱花，淋香油，翻匀出锅装盘。

特点：色泽红亮，外焦内筋，味美可口。

提示：

1. 原料炸两次，口感更酥脆。

2. 回锅速度要快，保证酥脆感。

♛ 鱼香豆腐干

原料：豆腐干200克，胡萝卜、水发木耳各30克，泡辣椒20克，白糖20克，醋15克，蒜10克，姜8克，葱5克，干淀粉5克，鸡精、精盐、酱油、鲜汤、香油、色拉油各适量。

制法：

1. 豆腐干切成小条；水发木耳择洗干净，同胡萝卜分别切丝；葱、姜、蒜分别切末；泡辣椒去蒂，剁成细蓉。

2. 将鸡精、精盐、白糖、醋、酱油、干淀粉和少量水调匀成鱼香芡汁；豆腐丝用少许精盐拌匀，待用。

3. 坐锅点火，注色拉油烧热，放入姜末、蒜末和泡辣椒蓉炒出红油，下豆腐干炒至吃足油分，再下胡萝卜丝和木耳丝略炒，倒入鱼香芡汁，撒入葱末，快速翻炒均匀，淋香油，出锅装盘。

提示：

1. 葱姜蒜末的比例约是1：2：3。

2. 炒泡辣椒时油温一定要低，否则，炒不出红油。

3. 姜蒜要先用热油炒香。葱应在出锅前加入。

👑 鱼香里脊丝

原料：猪里脊 200 克，青椒 1 只，鸡蛋清 2 个，干淀粉 15 克，白糖 25 克，香醋 20 克，泡辣椒蓉 15 克，酱油、精盐、味精、姜末、蒜末、葱末、水淀粉、香油、色拉油各适量。

制法：

1. 猪里脊切成细丝，盛入碗中，加鸡蛋清、干淀粉及少许精盐拌匀上浆，入沸水锅中氽至洁白色或成熟后捞出，沥干水；青椒去籽、筋，切细丝。

2. 炒锅上火，放色拉油烧热，下泡辣椒蓉、姜末和蒜末煸炒出红油和香味，纳青椒丝煸炒几下，加酱油、白糖、醋、精盐、味精和猪里脊丝，快速翻拌均匀，勾水淀粉，淋香油，出锅装盘。

特点：色彩美观，鱼香味浓。

提示：

1. 氽好的肉丝必须用热水洗一遍，以去除粉液。否则，成菜黏糊。

2. 如无里脊肉，通脊肉、坐臀上的瘦肉也可。

3. 猪里脊丝也可用温油滑熟后再炒。

👑 鱼香鸡皮

原料：鲜鸡皮 200 克，橄榄菜梗 150 克，干淀粉 30 克，白糖 20 克，醋 15 克，泡辣椒 15 克，蒜末 10 克，葱末 8 克，姜末 5 克，酱油、精盐、味精、红油各适量，色拉油 40 克。

制法：

1. 将橄榄菜梗削去硬皮，洗净切片，放入滚水中氽一下，捞出投凉，控干水分，铺在盘中，待用。

2. 炒锅内放色拉油烧热，投入泡辣椒茸炒酥至出红油，再放入蒜末、姜末和葱末炒出香味，倒在小盆内，加入白糖、醋、

305

精盐、味精、酱油和红油拌匀成鱼香味汁。

3. 鲜鸡皮洗净，投入到滚水锅中煮至刚熟，捞出漂凉，控尽水分，切成 0.5 厘米宽的条，放在橄榄菜梗上，淋鱼香汁，食用时拌匀即好。

特点：红润，鲜嫩，味佳。

提示：

1. 煮好的鸡皮用原汤泡冷再捞出，可使口感更嫩滑。

2. 可将橄榄菜换成自己喜欢的蔬菜。

👑 鱼香墨鱼花

原料：鲜墨鱼 500 克，油菜心 100 克，泡辣椒蓉 30 克，蒜末、姜末、葱花、料酒、白糖、醋、精盐、酱油、胡椒粉、味精、水淀粉、鲜汤、香油、色拉油各适量。

制法：

1. 将鲜墨鱼表面黑膜去净，在内面每隔 2 毫米用坡刀切一遍，再用直刀切一遍，两刀口相交叉，深度为 3/4，然后切成 2 厘米宽的长条块；油菜心洗净，控干水分。

2. 汤锅上火，添入适量清水烧开，放入墨鱼块焯熟至卷曲，捞出；再把油菜心下入焯熟，捞出控干水分，围在一圆盘周边，中间摆上墨鱼花。

3. 坐锅点火，放色拉油烧热，下入泡辣椒蓉、姜末和蒜末炒香出色，加料酒、醋、味精、精盐、白糖、胡椒粉、鲜汤和酱油，沸后用水淀粉勾芡，淋香油，起锅浇在墨鱼花上即成。

特点：形色美观，口感脆嫩，鱼香味浓。

提示：

1. 墨鱼块焯水以刚卷曲即好，若时间过长，口感不嫩。

2. 鱼香味汁的稀稠，以挂住墨鱼卷即好。

👑 鱼香贝串

原料：鲜贝 40 个，红椒 200 克，去皮马蹄 10 个，鸡蛋清 2 个，泡辣椒蓉 25 克，蒜末、葱花、姜末、面包糠、料酒、精盐、味精、白糖、醋、酱油、鲜汤、水淀粉、香油、色拉油各适量。

制法：

1. 鲜红椒切成菱形小丁；马蹄切成菱形小片；鲜贝洗净，用干洁毛巾揩干水分，然后撕去老筋，放在碗内，加入精盐、干淀粉和鸡蛋清拌匀，再逐粒蘸匀一层面包糠。

2. 将每只牙签穿上两只鲜贝和红椒片、马蹄片，下入烧至四成热的色拉油锅中炸熟成金黄色，捞出控油，码在盘中。

3. 锅留适量底油烧热，放入泡辣椒蓉炒至油红，再放入姜末和蒜末炒香，加料酒、精盐、味精、鲜汤、白糖、醋和酱油，用水淀粉勾芡，淋香油，撒葱花，搅匀，起锅淋在炸好的鲜贝串上即成。

特点：色泽红亮，鲜香味美，外脆里嫩。

提示：

1. 鲜贝极嫩，洗涤时用力要轻，以免弄碎。

2. 面包渣容易上色，炸制时油温切勿过高。

👑 鱼香熘虾球

原料：大虾 12 只，油菜心 75 克，鸡蛋清 2 个，干淀粉 10 克，泡辣椒蓉、姜末、葱花、蒜末、料酒、精盐、味精、酱油、白糖、醋、鲜汤、水淀粉、红油、色拉油各适量。

制法：

1. 大虾去头剥皮，留尾，从背部剖开，去掉沙线，洗净入碗，先加少许精盐和料酒腌味，再加入鸡蛋清和干淀粉抓匀上浆；油菜心择洗干净。

2. 用精盐、酱油、白糖、醋、味精、水淀粉和少许鲜汤在

一小碗内对成酸甜汁；油菜心入开水中焯熟，捞出控尽水分，加精盐和味精调味，铺在盘中垫底。均备用。

3. 坐锅点火，注色拉油烧至四成热时，下大虾滑熟倒出；锅留适量底油，先下泡辣椒蓉炒出红油，再下姜末和蒜末炒香，倒入虾球和调好的味汁，快速颠翻均匀，撒葱花，淋红油，出锅装在油菜心上，即成。

特点：油润红亮，虾内滑嫩，鱼香味浓。

提示：

1. 虾仁上浆不能太厚，以能隐约看见其表面即好。

2. 油温不能低于四成热，否则，浆液易脱落。也可将浆好的虾仁用沸水氽熟后再熘炒。

👑 鱼香排骨

原料：排肋骨 500 克，泡辣椒蓉 30 克，白糖 30 克，醋 25 克，蒜末 10 克，姜末、葱末各 5 克，料酒 10 克，蒜水 50 克，精盐、味精、酱油、水淀粉、香油、色拉油各适量。

制法：

1. 将猪肋骨顺骨缝划开，剁成 5 厘米长的段，放在小盆中，加入精盐、料酒和蒜水拌匀腌 10 分钟。

2. 坐锅点火，放入色拉油烧至五成热时，下入排骨炸至两头露骨，倒出控净油分。

3. 原锅留底油上火烧热，下入泡辣椒蓉、姜末和蒜末炒香出色，烹料酒，加适量水、白糖、精盐和 15 克醋，纳排骨，以小火烧约 10 分钟至排骨软烂，调入味精和剩余醋，勾水淀粉，淋香油，撒葱末，翻匀出锅装盘。

特点：骨肉软嫩，口味美妙。

提示：

1. 用蒜水腌排骨，既去腥味又增加嫩度。

2. 烧制时切忌用旺火。

♛ 鱼香银鳕鱼

原料：银鳕鱼 2 片，青椒 1 个，醩糟 50 克，白糖 30 克，醋 25 克，泡辣椒、豆瓣酱各 15 克，蒜末 10 克，葱末 8 克，姜末 5 克，酱油、精盐、味精、干淀粉、色拉油各适量。

制法：

1. 银鳕鱼放在盆内，加入醩糟和少许精盐拌匀腌 10 分钟；青椒切成滚刀小块；泡辣椒、豆瓣酱分别剁成细蓉。

2. 坐锅点火，注色拉油烧热，把腌好的银鳕鱼蘸上一层干淀粉，放入锅中煎至底面金黄色，再翻转煎上色至熟透，铲出装盘。

3. 原锅留适量底油上火烧热，下入泡辣椒蓉、豆瓣酱、姜末和蒜末炒香出色，烹料酒，加适量水、白糖、酱油、醋和精盐，纳鳕鱼和青椒块，以小火烧约 10 分钟至入味，加入味精，勾水淀粉，淋香油，撒葱末，出锅装盘。

特点：色泽红亮，鱼肉细嫩，味道鲜美。

提示：

1. 银鳕鱼肉极嫩，用醩糟腌制，味道甜香。

2. 鳕鱼裹上干淀粉，油煎时不容易碎。

♛ 鱼香肉条

原料：猪瘦肉 150 克，鸡蛋 1 个，干淀粉 30 克，白糖 25 克，醋 20 克，泡辣椒蓉 15 克，葱花 10 克，蒜末 7 克，姜末 5 克，精盐、味精、酱油、水淀粉、香油、色拉油各适量。

制法：

1. 将猪瘦肉切成 0.5 厘米厚的大片，两面拉上一字刀口后，改刀成 5 厘米长、小指粗的条，纳碗，加鸡蛋、干淀粉和少许精盐抓匀，使其粘上薄薄一层蛋糊。

2. 坐锅点火，注色拉油烧至六成热时，逐一下入挂糊的肉

条炸至金黄酥脆且熟透，倒在漏勺内沥油。

3. 锅留底油上火，投入泡辣椒蓉、姜末和蒜末炒出香味和红油，再加适量清水、酱油、白糖、醋、精盐和味精，沸后淋水淀粉，搅匀，倒入炸好的肉条，撒葱花，淋香油，颠匀装盘。

特点：色泽红亮，外焦里嫩，鱼香味浓。

提示：

1. 猪肉条挂糊，以能隐约看其表面即好。若过厚，吃不出肉的鲜嫩。

2. 回锅翻拌时味汁挂匀原料即好。否则，表层脆皮易回软脱落，影响口感。

👑 鱼香肥肠

原料：熟肥肠 200 克，白糖 25 克，醋 20 克，泡辣椒蓉 15 克，豆瓣酱 10 克，葱花 25 克，蒜末 10 克，姜末 5 克，姜片、葱段各 3 克，酱油、精盐、味精、料酒、鲜汤、水淀粉、香油、色拉油各适量。

制法：

1. 将熟肥肠片开，剔去油脂，切成大片，放入开水锅中焯透，捞出控去水分。

2. 坐锅点火，放入色拉油烧至六成热，下姜片和葱段煸香，放入肥肠和鲜汤，加入料酒，煮约 5 分钟，捞出控去汤汁，待用。

3. 锅随底油复上火位，下泡椒蓉和剁细的豆瓣酱炒出红油，再下姜末和蒜末炒香，烹料酒，掺清水，加酱油、精盐、白糖、肥肠和 2/3 醋，用中火烧约 5 分钟至熟烂入味时，再加味精和剩余 1/3 醋，勾水淀粉，淋香油，撒葱花，翻匀装盘。

特点：色泽红亮，肉质软烂，咸甜酸辣兼有，姜葱蒜味浓郁。

提示：

1. 熟肥肠先用鲜汤煮一遍，以起到去净油脂和增香去异的作用。

2. 肥肠已熟，烧制时不要加入太多的汤水。

👑 鱼香旱蒸虾

原料：中虾 14 只，白糖 20 克，醋 15 克，泡辣椒蓉 15 克，姜末、蒜末、葱花、酱油、精盐、味精、料酒各适量，红油 15 克，色拉油 25 克。

制法：

1. 将中虾用剪刀剪去虾须，从背部剪开，挑去沙线，洗净揩干，撒上料酒和少许精盐腌一会，整齐排在盘中，上笼蒸 5 分钟至刚熟，取出。

2. 在蒸制的同时，炒锅上火，放色拉油烧热，投入泡辣椒蓉、姜末和蒜末炒出红油和香味，掺 150 克清水，加酱油、白糖、醋、精盐和味精，沸后勾水淀粉，撒葱花，淋红油，搅匀，浇在蒸好的虾上，即成。

特点：红润油亮，虾肉细嫩，鱼香味浓。

提示：

1. 蒸制时间勿长，以免虾肉发硬。

2. 做味汁时，可把蒸虾盘中汁水滗入锅中，不可弃之。

👑 鱼香烧鸡翅

原料：肉鸡翅中段 10 个，白糖 30 克，醋 25 克，泡辣椒蓉 15 克，豆瓣酱 10 克，葱花 25 克，蒜末 10 克，姜末 5 克，料酒、酱油、精盐、味精、水淀粉、香油、色拉油各适量。

制法：

1. 鸡翅中段治净，在表面划两刀，与少许精盐、酱油和料酒拌匀腌约 5 分钟。

2. 坐锅点火，注色拉油烧至六成热时，下入腌过的鸡翅炸上色，倒出沥油。

3. 锅随底油复上火位，下泡辣椒蓉和剁细的豆瓣酱炒出红油，再下姜末和蒜末炒香，烹料酒，掺适量清水，纳鸡翅，加酱油、精盐、白糖和 2/3 醋，用中火烧约 8 分钟至熟烂时，再加味精和剩余 1/3 醋，勾水淀粉，淋香油，撒葱花，翻匀装盘。

特点：色泽红亮，肉质软烂，咸甜酸辣兼有，姜葱蒜味浓郁。

提示：

1. 鸡翅腌味时加酱油不要过多，以免油炸后色泽发黑。

2. 烧制时用火不能太旺。否则，汤汁过快烧干而鸡翅不熟。

 **鱼香羊肉卷**

原料：羊脊背肉 150 克，水发香菇、火腿、冬笋尖各 50 克，鸡蛋 2 个，干淀粉 30 克，白糖 25 克，香醋 20 克，泡辣椒蓉 20 克，蒜末 8 克，葱花 5 克，姜末 3 克，料酒、酱油、精盐、味精、水淀粉、香油、色拉油各适量。

制法：

1. 将羊脊背肉切成长 6 厘米、宽 4 厘米、厚 0.3 厘米的长方片，与料酒、精盐和味精拌匀腌味；水发香菇、火腿、冬笋尖分别切成 4 厘米长的粗丝，与精盐、味精和香油拌味，待用。

2. 取一片羊肉理平于案板上，放上适量拌味的三丝料，卷起成拇指粗的圆柱形，即成"羊肉卷"生坯，依此法逐一做完；鸡蛋磕入碗内，放入干淀粉调匀成蛋糊，待用。

3. 炒锅上火，注色拉油烧至五成热时，把羊肉卷挂匀蛋糊下入油锅中炸至结壳定形且九成熟时捞出；待油温升高，再次下入复炸至金黄焦脆，捞出沥油，整齐地装在盘中。

4. 炒锅随底油重上火位，下入姜末、蒜末和泡辣椒蓉炒出香味和红油，掺 150 克清水，沸后加酱油、精盐、味精、白糖和香醋调好鱼香味，沸后勾水淀粉，再加葱花和 20 克热油，搅匀，起锅浇在炸好的羊肉卷上，即成。

特点：色泽红亮，外酥内嫩，鱼香味浓。

提示：

1. 调蛋糊时不要加水，以蛋液的稀度与淀粉调匀成稀稠适度的糊。

2. 炸制时要掌握好油温，油温过高，容易炸焦；油温太低，表面不起酥，成菜味道不香。

♛ 鱼香羊肉丝

原料：羊脊肉 200 克，蒜薹 50 克，水发木耳 50 克，红油豆瓣酱 25 克，白糖 25 克，香醋 20 克，泡辣椒 10 克，葱末 10 克，姜末、蒜末各 5 克，精盐、味精、酱油、干淀粉、水淀粉、香油、色拉油各适量，鲜汤 75 克。

制法：

1. 羊脊肉切成细丝，放在碗内，加入精盐、味精、鸡蛋液、干淀粉和少许酱油拌匀上浆；蒜薹洗净，切短节；水发木耳择洗干净，切成丝；红油豆瓣酱剁细；泡辣椒剁成细蓉。

2. 用鲜汤、酱油、白糖、香醋、精盐、味精和水淀粉在一小碗内对成鱼香味汁，待用。

3. 炒锅上火炙热，放色拉油烧至四成热时，分散下入羊肉丝滑至断生，再下蒜薹过一下油，倒在漏勺内沥油；锅随底油复上火位，炸香姜末和蒜末后，入豆瓣酱和泡椒蓉炒出红油，放入木耳丝略炒，倒入过油的羊肉丝、蒜薹和对好的味汁，快速颠翻至芡熟，撒葱末，淋香油，再次颠匀，出锅装盘。

特点：色泽红亮，羊肉滑嫩，鱼香味浓。

提示：

1. 羊肉丝经过上浆后再滑油，可使羊肉有一个滑嫩的口感，但淀粉用量切不可过多。

2. 豆瓣酱、泡辣椒蓉两种并用，色泽更红亮。如用其中一种，也可以。

鱼香凤尾虾

原料：九节虾 250 克，鸡蛋 2 个，面粉、淀粉各 25 克，白糖 20 克，香醋、泡辣椒各 15 克，豆瓣酱、蒜末各 10 克，葱花 8 克，姜末 5 克，料酒、精盐、味精、酱油、鲜汤、水淀粉、香油、色拉油各适量。

制法：

1. 将九节虾去头剥壳，留尾，洗净，控干水分，用料酒和精盐拌匀腌 10 分钟；鸡蛋磕入碗内，放面粉、淀粉、少许精盐及适量水调匀成蛋糊；豆瓣酱剁细；泡辣椒去蒂籽，剁成蓉。

2. 净锅置旺火上，放色拉油烧至五成熟时，用手提住虾尾，挂上一层蛋糊，入油锅中炸至定型捞出，拉去毛边；待油温升至七成热时，再入锅复炸金黄且熟透时捞出沥油，整齐地摆在盘中。

3. 锅随适量底油上火，放姜末、蒜末、泡辣椒茸和豆瓣酱炒香出色，掺鲜汤，调入酱油、白糖、香醋、精盐和味精，淋水淀粉和香油，撒葱花，搅匀，起锅浇在炸好的虾上即成。

特点：形似凤尾，外酥内嫩，鱼香味浓。

提示：

1. 虾肉挂糊不要太厚，以能隐约看见其表面即好。

2. 炸好虾后要快速把鱼香汁做好浇在上面，这样，味道和口感才佳。

鱼香肝片

原料：猪肝 200 克，小油菜心、水发木耳各 50 克，豆瓣酱 25 克，白糖 20 克，醋 15 克，蒜 15 克，葱 10 克，姜 5 克，酱油、精盐、味精、干淀粉、水淀粉、骨头汤、香油、色拉油各适量。

制法：

1. 猪肝切成大薄片；水发木耳择洗净，个大的撕开；小油菜心洗净，控水；豆瓣酱剁细；蒜、姜分别切末；葱切碎花。

2. 猪肝片入碗，加入干淀粉拌匀上浆；用白糖、醋、酱油、精盐、味精、水淀粉、骨头汤和葱花在一小碗内调成芡汁，待用。

3. 坐锅点火，注色拉油烧至七成热，下入猪肝片炒散，投入豆瓣酱、蒜末和姜末炒香上色，加入木耳和小油菜翻炒几下，倒入芡汁，旺火收汁，撒葱花，淋香油，翻匀装盘。

特点：色泽红亮，质感细嫩，鱼香味突出。

提示：

1. 豆瓣酱决定此菜的咸味和香辣味，用量以满足菜肴的需要。

2. 白糖和醋的酸甜味以食用菜肴时有明显感觉为宜。

👑 鱼香兔丝

原料：带骨兔肉 500 克，醋 20 克，白糖 15 克，泡辣椒蓉 15 克，蒜末 10 克，葱末 8 克，姜末 5 克，生姜 3 片，葱 2 段，酱油、精盐、味精、香油各适量。

制法：

1. 带骨兔肉用清水浸泡去血污，洗净，放在水锅中，加入姜片和葱段，以中火煮熟，离火晾冷。

2. 坐锅点火，放色拉油烧热，下入泡辣椒蓉、姜末和蒜末炒出香味和红油，倒在小盆内，加入酱油、精盐、白糖、醋、葱末、味精和香油调匀成鱼香味汁。

3. 把煮好的兔肉捞出控尽汁水，用手撕成不规则的丝状，放入鱼香味汁中拌匀，装盘上桌。

特点：兔肉丝质细鲜嫩，鱼香味清鲜爽口，是佐酒的佳肴。

提示：

1. 酱油定味提鲜，精盐辅助酱油定味，二者组成适中的咸度。

2. 加入香油增香，用量要恰当。

♛ 鱼香肉饼

原料：猪夹心肉200克，清水马蹄25克，海米10克，鸡蛋1个，泡辣椒15克，豆瓣酱10克，葱粒10克，蒜末、姜末各5克，干淀粉10克，精盐、味精、酱油、白糖、醋、水淀粉、色拉油各适量，鲜汤150克。

制法：

1. 将猪夹心肉上的筋膜剔净，剁成粗泥；马蹄拍松，剁末；海米用开水泡发好，剁碎；豆瓣酱剁细；泡辣椒去蒂籽，剁茸。

2. 猪肉泥、马蹄末和海米碎均放小盆内，磕入鸡蛋，加精盐、味精、姜末、酱油和干淀粉拌和成馅，做成直径约2.5厘米的圆饼，投入到烧至五六成热的油锅中炸至外焦内熟且金红时，捞出沥油，整齐装在盘中。

3. 锅留底油上火，放姜末、蒜末、泡辣椒茸和豆瓣酱炒香出色，掺鲜汤，放白糖、精盐、味精和酱油调好色味，勾水淀粉，待芡汁熟时，撒入葱粒，放25克热油爆汁，起锅浇在炸好的肉饼上，即成。

特点：外焦里嫩，鱼香味浓。

提示：

1. 猪肉馅中不要加太多的干淀粉，否则，食之似面疙瘩。

2. 做好的肉饼应大小相等且适宜，使其同时受热成熟。

♛ 鱼香鸡肉条

原料：鸡腿肉200克，鸡蛋1个，泡辣椒茸20克，白糖20克，醋15克，蒜末10克，葱花8克，姜末5克，干淀粉15克，精盐、味精、酱油、鲜汤、水淀粉、香油、色拉油各适量。

制法：

1. 将鸡腿肉剔除骨头，用刀刃在肉面排剁一遍，切成 3 厘米长、筷子粗的条，纳碗，加精盐、味精、鸡蛋液和干淀粉抓匀，再加 15 克色拉油拌匀，待用。

2. 炒锅内放色拉油烧至四成热时，下入鸡肉条滑熟成洁白色，倒漏勺内沥油。

3. 锅留底油上火，下姜末、蒜末和泡辣椒茸煸出香味和红油，加鲜汤、酱油、白糖、醋、精盐和味精，沸后淋水淀粉和香油，倒入炸好的肉条，撒葱花，翻匀装盘。

特点： 色泽红亮，口感滑嫩，鱼香味浓。

提示：

1. 鸡肉条上浆后再加色拉油，可使过油时容易散开。

2. 鱼香味汁的量以能裹匀原料即可。

♛ 鱼香酥肉片

原料： 猪肥膘肉 150 克，鸡蛋 1 个，面粉、淀粉各 25 克，白糖 25 克，香醋 20 克，豆瓣酱 15 克，蒜末 15 克，葱颗 10 克，姜末 5 克，料酒、酱油、精盐、味精、鲜汤、水淀粉、香油、色拉油各适量。

制法：

1. 将猪肥膘肉切成长约 5 厘米、宽 3 厘米、厚 0.2 厘米的片；用鸡蛋、面粉、淀粉、2 克精盐、15 克色拉油和适量水调成蛋酥糊；豆瓣酱剁细。

2. 坐锅点火，注色拉油烧至六成热时，将肥肉片挂上蛋酥糊下油锅中浸炸，待结壳发硬捞出；待油温升至七成热时，再次下入复炸至熟呈金黄色时，捞出沥油，整齐码在盘中。

3. 速将锅内热油倒出，留底油重上火位，入豆瓣酱、姜末和蒜末煸出香味和红油，烹料酒，加鲜汤、酱油、白糖、香醋和

味精，沸后用水淀粉勾芡，淋香油，撒葱颗，推匀，起锅浇在炸好的肉片上即成。

特点：色泽鲜艳，口感酥脆，鱼香味浓。

提示：

1. 不喜欢肥肉的，可换成猪瘦肉。

2. 蛋糊中加油不能太多。

六、怪味调制及其菜肴

怪味是川菜中最有特色的味型之一，广泛运用于冷热菜之中。因此味集辣、香、咸、麻、甜、酸味为一体，七味俱全而和谐著称。怪味所用的主要调味品中，突出咸味的有盐、酱油，呈现酸味的有醋，甜味的有白糖，突出麻味的有花椒面、花椒油、青花椒、花椒，体现辣味的是干辣椒、辣椒酱、豆瓣酱、红油辣椒、红油、芥末油，还有增加鲜香味的味精、熟芝麻、葱、姜汁、蒜等。在这些调料中，要重点体现各种的调料平衡与协调，使各种不同类型的调味风格都集中发挥出来。但是咸味是基础，在咸味的基础上，麻辣味为第一层次，要强一些；甜酸味为第二层次，要略清一些，不要过量，以免破坏味的平衡；蒜、姜、熟芝麻、芝麻酱起增香提鲜作用，用量也不能多。可见，在调制怪味菜肴时，如果没有醋，就达不到特点要求，失去怪味特色了。

（一）怪味调制技巧

1. 以醋和其他调料调制的凉菜怪味汁

所用调味料及大致比例是：酱油 75 克，芝麻酱 30 克，花椒粉 10 克，红油 50 克，白糖 30 克，醋 25 克，熟芝麻 10 克，味精 2 克，蒜末、葱末、姜末、精盐、香油各适量。

具体调制方法是：将芝麻酱纳小碗内，加入酱油和醋调澥，再依次放精盐和白糖调匀，最后放葱末、姜末、蒜末、花椒粉、味精、红油、香油和熟芝麻调匀，即成。

调制时应注意：（1）红油应颜色红亮，入口香醇，辣味突出的。（2）芝麻酱应先用酱油澥稀芝麻酱后再加入其他调料。否则，芝麻酱不易调散调匀，从而影响味汁的风味特色。（3）要掌握好精盐（包括酱油的含盐分）、白糖、醋的比例和投放顺序。由于糖和盐是增减关系，加醋会减轻甜味，所以应先放盐确定咸味，再加糖确定甜味，最后加醋，做到酸甜比例平衡。（4）红油和花椒面的用量，可根据当地人的口味习惯做增减。但不能没有这两味调料。否则将失去怪味的特殊风味。

2. 以醋和其他调料调制的热菜怪味汁

这种怪味汁是在传统怪味汁的基础上运用现代调味品创新而调制的。所用调味料及大致比例是：郫县豆瓣酱、泡红辣椒各25克，咸海鲜酱50克，白糖25克，大红浙醋20克，姜粉、蒜粉、花椒面、鲜花椒油、香油各适量，鲜汤100克，色拉油50克，味精少许。

具体调制方法是：豆瓣酱、泡红辣椒分别剁成细蓉；炒锅上火，放色拉油烧热，投入豆瓣酱、泡椒蓉和海鲜酱炒香出色，掺鲜汤，加白糖、姜粉、蒜粉，炒至无水气时，盛在小盆内，再加入大红浙醋、花椒面、味精、鲜花椒油和香油，充分搅和均匀，即成。

此怪味汁比传统味汁色泽鲜艳红亮，味道更加鲜醇。除烹制热菜外，也可拌制凉菜。

调制时应注意：（1）豆瓣酱和泡辣椒有增减，调色和提辣的三种功用。必须用热底油炒出色味，成品才油香红亮。（2）鲜花椒油和花椒面调麻味，以人们能接受为度；白糖和醋的用量以能吃出酸甜味为好；海鲜酱增鲜，用量不能少；味精、姜蒜粉、香油辅助提鲜，增香，适可而止。（3）豆瓣酱、泡辣椒和咸海鲜酱均含盐分，故应根据加入的鲜汤量少加盐或不加盐。（4）还可根据自己的爱好施放不同的辣味、鲜味、鲜味制品调出风味不同的怪味汁。总之，要求成品七味并存。

（二）怪味菜肴实例

♛ 怪味萝卜丝

原料：白萝卜 500 克，精盐、白糖、香醋、生抽、花椒油、红油、味精各适量。

制法：

1. 将白萝卜刮洗干净，切成极细的长丝，用清水洗两遍后，换纯净水泡住至卷曲。

2. 取一小碗，放入精盐、白糖、香醋和生抽搅至白糖溶化，再依次加入花椒油、红油和味精调匀成怪味汁。

3. 将白萝卜丝捞出沥尽水分，堆在窝盘中，淋上调好的怪味汁即成。

特点：清脆利口，五味俱全。

提示：

1. 白萝卜切丝要细而均匀，水泡后口感更脆。

2. 调味汁时调料的量以各味均能尝出为好。

♛ 怪味松花豆腐

原料：内酯豆腐 1 盒，松花蛋 2 个，酱油 30 克，醋 25 克，白糖、芝麻酱各 15 克，精盐、味精、花椒面、红油辣椒、红油、熟芝麻各适量。

制法：

1. 将内酯豆腐从盒中取出，用温水冲去表面黏液，翻扣在盘子上，再用小刀划上多十字刀口。

2. 松花蛋剥去外壳，洗净，切成橘瓣块，摆在内酯豆腐上。

3. 将芝麻酱、酱油、白糖、醋、精盐、味精、红油辣椒、红油、花椒面和熟芝麻调匀成怪味汁，淋在豆腐和松花蛋上即成。

特点：滑嫩，味妙，形佳。

提示：

1. 把豆腐盒底面剪开一个口子，便可完整扣出内酯豆腐。

2. 此怪味汁应调的略咸一点，豆腐吃的才有味道。

👑 怪味花生米

原料：花生米 500 克，酱油 40 克，醋 30 克，白糖 25 克，芝麻酱 20 克，精盐、味精、花椒面、香菜末、红油辣椒、红油、色拉油各适量。

制法：

1. 坐锅点火，倒入色拉油和花生米，以中火慢慢加热炸成浅红色，捞出控净油分。

2. 将芝麻酱入碗，加入酱油调稀，再依次加入白糖、醋、红油辣椒、红油、花椒面、精盐、味精和香菜末调匀成怪味酱。

3. 将花生米放在碗内，倒入怪味酱拌匀，装盘即成。

特点：质感香脆，口味多样，下酒佳品。

提示：

1. 花生米要凉油下锅炸制。并且在炸制时勤观察，以发出清脆的响声即为炸好，应快速捞出。若动作稍迟，花生米受余热影响可能会变煳。

2. 此酱汁质地要稠一点，味道应略咸一些。这样，花生米才入味。

👑 怪味笋尖

原料：嫩竹笋 250 克，花生酱 20 克，酱油、香醋各 15 克，白糖、葱白、青花椒各 10 克，精盐、味精、水淀粉、花椒油、辣椒油、色拉油各适量，鲜汤 200 克。

制法：

1. 嫩竹笋洗净，顺长切为两半，用刀面稍拍，斜刀切成劈柴块；葱白洗净，切成颗；青花椒择去籽及丫枝，用刀剁成蓉。

2. 坐锅点火，添入适量水烧沸，放入笋块焯透，捞出控水，待用。

3. 坐锅点火，注色拉油烧热，下青花椒蓉、葱颗和花生酱炒匀，添入鲜汤，纳笋块，加入酱油、精盐、白糖和香醋烧入味，放味精、花椒油和辣椒油，用旺火收汁，勾水淀粉，翻匀装盘。

特点：脆嫩爽口，味咸鲜香，五味俱全。

提示：

1. 竹笋切成劈柴块，容易入味，且口感较佳。

2. 用足青花椒后，补加花椒油增加麻味。

👑 怪味苦瓜

原料：苦瓜 500 克，鲜红辣椒 2 个，熟芝麻 15 克，精盐、味精、白糖、香醋、辣椒油、花椒油、香油各适量。

制法：

1. 苦瓜洗净，切去两头，用竹筷绞出内部瓜瓤，横切成 0.3 厘米厚的圆圈；鲜红辣椒去蒂及籽，洗净，也横切成圆圈。

2. 坐锅点火，添入适量清水烧开，放入苦瓜和辣椒烫一下，捞出用纯净水投凉，沥干水分，放在小盆内。

3. 将精盐、味精、白糖、香醋、辣椒油、花椒油和香油依次加入到苦瓜内拌匀，用保鲜膜封严，进冰箱镇半小时，取出装盘，撒上熟芝麻即成。

特点：冰凉脆口，口味丰富。

提示：

1. 原料焯水时间勿长，并立即投凉，以确保翠绿的色泽和美妙的口感。

2. 调味时各料的用量要配比得当，以各味均有为佳。

👑 怪味苤蓝丝

原料：苤蓝 300 克，白糖、香醋、生抽、精盐、味精、辣椒面、花椒油、红油、芥末油、各适量。

制法：

1. 将苤蓝刮洗干净，切成极细的长丝，用清水洗两遍后，换纯净水浸泡至发挺，捞出来沥尽水分，堆在窝盘中。

2. 取一小碗，放入白糖、香醋和生抽至白糖溶化，再加入辣椒面、花椒油、红油、芥末油和味精调匀成怪味汁，待用。

3. 把苤蓝丝捞出控尽水分，堆在盘中，淋上调好的怪味汁，即可上桌。

特点：水脆利口，五味俱全。

提示：

1. 苤蓝丝泡至发挺，即可捞出拌食。泡的时间过长，反而会影响口感。

2. 各料的加入量要控制好，以品尝各味均有为佳。

♛ 怪味白菜

原料：白菜中段 300 克，干辣椒 10 克，葱白、生姜各 5 克，白醋、白糖、精盐、味精、花椒粉、香油各适量，花椒数粒，红油 10 克，色拉油 25 克。

制法：

1. 将白菜中段切成 1 厘米宽的条；干辣椒、葱白、生姜分别切丝。

2. 炒锅上火，放色拉油烧热，下花椒炸香捞出，续下葱丝、姜丝和干椒丝炸香，掺适量清水，放精盐、味精、白糖、白醋、花椒粉和红油调成怪味汁，离火晾冷，待用。

3. 把白菜条放到开水锅里氽一下，捞出沥尽水分，纳容器中，倒入怪味汁拌匀腌约 10 分钟，取出装盘，淋香油即成。

特点：色泽鲜艳，口感脆嫩，五味俱全。

提示：

1. 白菜进行焯水处理以去除部分水分，以避免在腌制时出

水，影响口味。

2. 调味时辣椒的用量完全可以根据喜好加入；白糖、白醋的用量以成品微有酸甜味即可，大酸大甜反而感到腻口。

👑 怪味土豆条

原料：土豆 300 克，白糖 25 克，红醋 20 克，豆瓣酱 15 克，咸海鲜酱 10 克，葱花、姜末、蒜末各 5 克，味精、花椒面、花椒油、香油、色拉油各适量，鲜汤 75 克。

制法：

1. 将土豆削去外皮，切成小指粗的条，用清水洗两遍，控干水分；豆瓣酱剁成细蓉。

2. 炒锅上火，注色拉油烧至五成热时，下入土豆条慢慢炸至金黄焦脆，倒出控去油分。

3. 炒锅随适量底油复上火位，下姜末和蒜末炸香，入豆瓣酱和咸海鲜酱炒香出色，掺鲜汤，加白糖、红醋、花椒面、味精、花椒面、花椒油和香油搅匀，倒入土豆条翻匀，撒葱花，装盘即成。

特点：质感脆绵，味香奇怪。

提示：

1. 炸土豆条时油温不能太高。

2. 以豆瓣酱和咸海鲜酱定咸味，用量均要适度。

👑 怪味玉子豆腐

原料：日本豆腐 4 条，白糖 25 克，红醋 20 克，豆瓣酱 15 克，咸海鲜酱 10 克，姜末、蒜末各 5 克，干淀粉、花椒面、花椒油、香油、色拉油各适量，精盐、味精各少许，鲜汤 100 克。

制法：

1. 将日本豆腐脱离包装，每条切成 5 段，撒上精盐后，再与干淀粉拌匀，抖掉未沾稳的粉粒；豆瓣酱剁成细蓉。

2. 炒锅上火，注色拉油烧至六成热时，逐段下入拍粉的豆腐，炸至外焦内透时，捞出控去油分，整齐装在盘中。

3. 炒锅随适量底油复上火位，下姜末和蒜末炸香，入豆瓣酱和咸海鲜酱炒香出色，掺鲜汤，加白糖、红醋、花椒面、味精、花椒油和香油搅匀，起锅淋在豆腐上即成。

特点：外焦内嫩，味奇诱人。

提示：

1. 玉子豆腐极嫩，刀工和拍粉时动作要慢，以保证完整的形状。

2. 拍上干粉后应立即进行炸制。若搁置一会，则会影响效果。

♕ 怪味羊肉凉粉

原料：净羊瘦肉 100 克，凉粉 250 克，酱油 50 克，白糖 30 克，醋 25 克，芝麻酱 20 克，花椒粉 5 克，红油 50 克，碎米芽菜、香菜、熟芝麻各 10 克，精盐、味精、蒜末、葱末、姜末、香油、色拉油各适量。

制法：

1. 鲜羊肉剔净筋膜，切成绿豆大小的粒，加精盐和料酒腌约20分钟；凉粉切成 0.3 厘米宽的条，入冰水中泡约半小时。

2. 将芝麻酱纳小碗内，加入酱油调澥，再依次放精盐、白糖和醋调匀，最后放葱末、姜末、蒜末、花椒粉、味精、红油、香油和熟芝麻调匀成怪味汁，待用。

3. 坐锅点火，放色拉油烧热，下入羊肉粒和碎米芽菜煸炒至酥香，起锅晾凉，待用。

4. 把凉粉捞出控干水分，装于窝盘中，浇上调好的怪味汁，撒上炒好的羊肉粒和香菜末，即成。

特点：细嫩滑爽，风味独特。

提示：

1. 羊肉务必煸至酥香，口味才美。

2. 凉粉需选用绿豆粉做成的，且沥干水分。口味和质感才美。

🏆 怪味鱼片

原料：净黑鱼肉 200 克，嫩黄瓜 75 克，酱油 25 克，醋、芝麻酱各 20 克，白糖 15 克，花椒粉 6 克，熟芝麻 10 克，鸡蛋清 1 个，精盐、味精、料酒、蒜末、葱末、姜末、干淀粉、香油各适量，红油 25 克。

制法：

1. 净黑鱼肉切成 0.3 厘米厚的大片，先加精盐、料酒和鸡蛋清拌和，再加干淀粉搅拌，使其粘上薄薄一层；黄瓜洗净，消毒，剖开切片，加少许精盐渍一下，沥去汁水，铺在盘中。

2. 将芝麻酱纳小碗内，加入酱油调澥，再依次放精盐、白糖和醋调匀，最后放葱末、姜末、蒜末、花椒粉、味精、红油、香油和熟芝麻调匀成怪味汁，待用。

3. 锅内放水上旺火烧开，分散下入鱼片氽至刚熟，捞出冷开水过一遍，控尽水分，与怪味汁拌匀，覆盖在黄瓜上即成。

特点：鱼片细嫩，鲜香味全。

提示：

1. 所切鱼片要厚薄均匀，以使受热一致，同时成熟。

2. 上浆时，用力要轻且慢，以免抓碎鱼片，影响美观。

🏆 怪味白肉

原料：猪后腿肉 250 克，黄瓜 100 克，酱油 50 克，白糖 25 克，醋、芝麻酱各 20 克，花椒粉 6 克，熟芝麻 10 克，生姜 3 片，葱 2 段，精盐、味精、料酒、蒜末、葱末、姜末、香油各适量，红油 35 克。

制法：

1. 将猪肉皮面上的残毛刮洗干净，放入加有姜片、葱段和料酒的开水锅中煮至八成熟，离火原汤泡冷，捞出揩干表面水分，用刀片成极薄的大片；黄瓜洗净，切成 8 厘米长的段，再顺长切成薄片。

2. 将芝麻酱纳小碗内，加入酱油调澥，再依次放精盐、白糖和醋调匀，最后放葱末、姜末、蒜末、花椒粉、味精、红油、香油和熟芝麻调匀成怪味汁，待用。

3. 将黄瓜片放在盘中垫底，上面盖上猪肉片，淋上事先调好的怪味汁，即可上桌食用。

特点：怪味诱人，油而不腻。

提示：

1. 猪肉不要煮过熟，以用手按起肉贴实，略带弹性，肉皮掐得动为佳。

2. 片肉时刀口与肉平行，按横筋由皮子起片，片得越薄越大越好，以利于粘附调味料。

♔ 怪味羊心

原料：羊心 3 个，黄瓜 75 克，酱油 40 克，白糖 25 克，醋 20 克，芝麻酱 15 克，花椒粉 5 克，熟芝麻 10 克，生姜 4 片，葱 3 段，精盐、味精、胡椒粉、料酒、蒜末、葱末、姜末、鸡汤、香油各适量，红油 35 克。

制法：

1. 将羊心的心耳切去，放入开水锅内煮透，捞出用清水洗去血沫，控干水分，放在盆中，加入葱段、姜片、精盐、味精、胡椒粉和鸡汤，上笼用旺火蒸至软烂，离火晾凉。

2. 将芝麻酱纳小碗内，加入酱油调澥，再依次放精盐、白糖和醋调匀，最后放葱末、姜末、蒜末、花椒粉、味精、红油、

香油和熟芝麻调匀成怪味汁，待用。

3. 将羊心切成薄片，整齐地码在盘中，周边摆上用黄瓜切成的片，淋上怪味汁，即可上桌。

特点：软嫩，清香，味奇。

提示：

1. 羊心内的血污必须去净，否则成菜色泽不鲜艳，味道也欠佳。

2. 羊心晾冷后切片，刀工要精细。

👑 怪味大虾

原料：大虾 300 克，酱油 30 克，醋 15 克，红油辣椒 15 克，芝麻酱 10 克，白糖 8 克，花椒面 2 克，生姜、葱各 3 克，精盐、味精、熟芝麻各少许，红油 10 克。

制法：

1. 将大虾剥壳、去头和须足，洗净，控干水分，用刀片成两片；生姜、葱分别切片。

2. 坐锅点火，添入适量清水烧沸，下入姜片和葱段煮出味捞出不用，投入虾片氽至断生，捞出沥干汤汁，放入盘中，加少许精盐和香油拌匀，晾冷待用。

3. 将芝麻酱、酱油、白糖、醋、精盐、味精、红油辣椒、红油和花椒面放在一小碗内调匀成怪味汁，淋在晾冷的虾片上即成。

特点：色泽红亮，虾质细嫩，七味俱全。

提示：

1. 一定要选用新鲜的大虾。

2. 虾片趁热加精盐和香油调味，以增加底味。

👑 怪味鸭块

原料：净肥鸡半只，小葱 50 克，酱油 50 克，红油辣椒 25 克，醋 25 克，白糖、芝麻酱各 15 克，生姜 3 片，精盐、味精、花椒面、熟芝麻各适量，香油 15 克。

制法：

1. 净肥鸡放在沸水锅中，加入姜片和料酒，以中火煮熟，离火原汤泡冷，捞出控汁，斩成 2.5 厘米长、1.5 厘米宽的长方块；小葱择洗干净，斜刀切成段。

2. 将芝麻酱、酱油、白糖、醋、精盐、味精、花椒面、红油辣椒、熟芝麻和香油调匀成怪味汁。

3. 把小葱段放盘中垫底，上面盖鸭块，最后淋上调好的怪味汁即成。

特点：形态美观，口感细嫩，咸甜麻辣兼备，鱼香味突出。

提示：

1. 鸭应沸水烫慢火煮，才能达到皮脆肉嫩的质感。

2. 剁鸭块时应一刀剁断，以免出现碎骨渣。

👑 怪味鸡脆骨

原料：鸡脆骨 350 克，青笋 100 克，酱油 40 克，白糖 25 克，醋 20 克，芝麻酱 15 克，花椒粉 5 克，生姜 4 片，葱 3 段，熟芝麻、精盐、味精、胡椒粉、料酒、蒜末、葱末、姜末、鸡汤、香油各适量，红油 35 克。

制法：

1. 将鸡脆骨洗净，焯水后放在有清水的锅中，加入葱段、姜片和料酒，沸后用中火煮 7 分钟，加精盐调味，离火原汤泡冷。

2. 将芝麻酱纳小碗内，加入酱油调澥，再依次放精盐、白糖和醋调匀，最后放葱末、姜末、蒜末、花椒粉、味精、红油、香油和熟芝麻调匀成怪味汁，待用。

3. 青笋削去外皮，纵剖开，切成长条，再斜刀切成菱形小块，加精盐腌一下，控去汁水，铺在盘中，再把鸡脆骨捞出沥尽水分，与怪味汁拌匀，盖在青笋块上即成。

特点：质感筋脆，味道丰富。

提示：

1. 煮鸡脆骨的火候一定要掌握好，以刚熟为度。

2. 必须把鸡脆骨的水分沥干，否则会冲淡味汁，影响味道。

♛ 怪味鲫鱼

原料：鲜鲫鱼1条（约重650克），豆瓣酱20克，白糖25克，醋25克，生姜3片，葱2段，葱花、姜末、精盐、味精、酱油、料酒、花椒粉、水淀粉、香油、色拉油各适量。

制法：

1. 将鲜鲫鱼刮鳞，挖鳃，剖腹，去内脏洗净，擦干水，在两侧各切三刀，纳盆，加入姜片、葱段、料酒和精盐拌匀腌10分钟。

2. 坐锅点火炙热，注色拉油烧至六成热时，放入鲫鱼煎至两面发挺呈金黄色时，铲出。

3. 锅随适量底油复上火位，入葱花、姜末和豆瓣酱炒香出色，添入鲜汤，加酱油、料酒、精盐和白糖调好色味，放入鲫鱼以中火烧10分钟至刚熟入味，再加入醋和味精略烧，勾水淀粉，出锅装盘，撒上花椒粉，淋香油即成。

特点：色泽深红，鱼肉鲜嫩，味道丰富。

提示：

1. 花椒粉要细而无渣，否则，食时有牙碜感。

2. 醋分两次放。第一次起去异味的作用，第二次放突出酸味。

♛ 凉拌怪味鸡

原料：大鸡腿2只，芝麻酱、酱油、白醋、白糖各15克，料酒、蒜末、姜末、葱末、鲜红辣椒末各10克，生姜3片，辣椒面、辣椒油各5克，花椒面3克，香油5克，清水200克。

制法：

1. 将鸡腿放在冷水锅中，加入料酒和姜片，以大火煮开，转小火煮 15 分钟，关火，焖 10 分钟。

2. 将蒜末、姜末、葱末、鲜红辣椒末、芝麻酱、酱油、白醋、白糖、花椒面、辣椒面、辣椒油、香油和清水一起放入料理机内打匀成怪味酱，盛出待用。

3. 把鸡腿捞出来，在表面撒少许精盐，用刀剁成条状，整齐摆在盘中，淋上怪味酱即成。

特点：鸡肉香嫩，味道特别。

提示：

1. 冷水下锅煮鸡腿，血腥味容易去除，营养也不会流失。

2. 调怪味酱时不要加入太多的芝麻酱，否则，味道太香，会按盖其他香味的味道。

♛ 热炒怪味鸡

原料：肉鸡腿 2 个，油炸花生米 50 克，青、红椒各 25 克，醋 20 克，芝麻酱 15 克，白糖 15 克，干辣椒 10 克，花椒 5 克，酱油、味精、精盐、蒜片、姜片、葱段、干淀粉、香油、色拉油各适量。

制法：

1. 肉鸡腿去骨，切成 1.5 厘米见方的丁，纳碗，加精盐、干淀粉和 25 克清水拌匀，再加 15 克色拉油拌匀腌 5 分钟；花椒和干辣椒用温水泡软，控去水分，用刀剁成碎末；青、红椒洗净，切小丁；油炸花生米去皮。

2. 芝麻酱入碗，先加醋调匀，再加酱油和适量水调成稀糊状，最后加味精、白糖、精盐、蒜片、姜片、葱段和香油，调匀成怪味汁，待用。

3. 坐锅点火炙热，注色拉油烧至七成热，倒入鸡腿肉丁翻炒散籽，再加入辣椒碎和花椒碎炒出麻辣味，加入青红椒丁略

炒，倒入怪味汁和花生米翻匀，装盘上桌。

特点：红亮油润，鸡丁滑嫩，鲜美味怪。

提示：

1. 调好的怪味汁不可过稀，否则，包裹不住原料。

2. 回锅时间不宜太长，以香味出来即可出锅。不然，成品味道欠佳。

♛ 怪味里脊

原料：猪里脊 200 克，熟玉米粒 50 克，豆瓣酱 25 克，白糖 25 克，红醋 20 克，咸海鲜酱 10 克，干淀粉 15 克，精盐、味精、葱末、姜末、蒜末、水淀粉、花椒面、花椒油、香油各适量，鲜汤 100 克，色拉油 50 克。

制法：

1. 将猪里脊切成 0.3 厘米厚的片，放在碗内，加入精盐和料酒拌匀，再加干淀粉和少许水抓匀上浆，最后加入 15 克色拉油拌匀，待用。

2. 取一净碗，依次放入鲜汤、咸海鲜酱、白糖、红醋、花椒面、味精、花椒油、水淀粉和香油调匀成怪味汁，待用。

3. 坐锅点火炙热，放入剩余色拉油烧至六成热时，投入里脊肉片炒散，加入豆瓣酱炒出红油，再加入葱末、姜末和蒜末炒香，倒入对好的碗汁和熟玉米粒翻炒均匀，出锅装盘。

特点：里脊滑嫩，味怪诱人。

提示：

1. 肉片上浆时加些油，使在炒制时不容易粘成团。

2. 精盐的用量以满足肉片即可。

♛ 怪味鸡爪

原料：肉鸡爪 300 克，蒜末、姜末、葱末、鲜红辣椒末、芝麻酱、酱油、白醋、白糖、各 10 克，辣椒面、辣椒油各 5 克，花椒面 3 克，香油 10 克，清水 150 克。

制法：

1. 将肉鸡爪上面的残留黄皮去净，剁去爪尖，放入开水锅中煮至刚熟，捞入冷水中漂凉，待用。

2. 将蒜末、姜末、葱末、鲜红辣椒末、芝麻酱、酱油、白醋、白糖、花椒面、辣椒面、辣椒油、香油和清水一起放入料理机内打匀成怪味酱，盛出待用。

3. 将凤爪用刀从脚背划几刀，折去骨头，掌面朝上装盘，淋上怪味酱即成。

特点：口感筋道，味美奇香。

提示：

1. 选皮肉厚的凤爪。凤爪煮好后应立即用冷水激凉，这样肉质才脆爽。

2. 凤爪折骨头时要保证其形态的完整。

怪味鸭条

原料：带骨净鸭 500 克，芝麻酱、酱油、白醋、白糖各 15 克，料酒、蒜末、姜末、葱末、鲜红辣椒末各 10 克，辣椒面、辣椒油各 5 克，花椒面 3 克，生姜 3 片，香油 5 克，清水 200 克。

制法：

1. 将带骨净鸭焯水后，放入开水锅中，加入生姜片和料酒，以中火煮熟，离火原汤泡冷。

2. 将蒜末、姜末、葱末、鲜红辣椒末、芝麻酱、酱油、白醋、白糖、花椒面、辣椒面、辣椒油、香油和清水一起放入料理机内打匀成怪味酱，盛出待用。

3. 把煮好的鸭肉捞出控汁，剁成长条块，整齐装在盘中，淋上调好的怪味酱即成。

特点：鸭肉滑嫩，五味俱全。

提示：

1. 煮好的鸭肉用原汤泡冷，让其吸足汁水，口感更滑嫩。

2. 怪味酱调的不能太稀，以能挂住鸭条为佳。

♛ 怪味带鱼

原料： 中带鱼 500 克，青、红尖椒各 15 克，芝麻酱，酱油、白醋、白糖各 15 克，料酒 10 克，蒜末、姜末、葱末各 5 克，花椒面 3 克，鸡蛋 1 个，干淀粉 20 克，精盐、味精、辣椒油、色拉油各适量。

制法：

1. 带鱼宰杀洗净，揩干水分，切成 5 厘米长的段，放小盆内，加料酒和精盐拌匀腌 10 分钟，再加入鸡蛋和干淀粉拌匀；青、红尖椒洗净，去蒂切粒。

2. 芝麻酱入碗，放入酱油和醋调匀，倒入少许清水调成糊状后，加入白糖、味精、花椒面和辣椒油调匀成怪味汁，待用。

3. 坐锅点火，注色拉油烧热至六成热时，逐段下入带鱼炸至金黄焦脆且熟透，倒出控油。锅留适量底油，放入青红椒粒、葱末、姜末和蒜末炒香，倒入调好的味汁和带鱼，翻拌均匀，出锅装盘。

特点： 色泽褐红，外焦内嫩，香味浓郁。

提示：

1. 如果选用的带鱼过大，切段后应从中间片开，以便于入味。

2. 带鱼回锅时间以蘸匀味汁即可。

山西人为啥爱吃醋

山西人爱吃醋的风习，早已闻名天下。传说，旧时晋中人选女婿，除了"家中有箱柜"外，还得"院里有坛醋"。人们取笑解放前阎锡山的兵，打起仗来，宁肯交枪也不交随身携带的醋壶。长期以来，还流传着许多关于山西人爱吃醋的民谚。"山西人爱吃醋，家家有个醋葫芦"，"有醋可吃糠，无醋肉不香"，"老西生性怪，无醋不吃菜"，"宁可丢了饭担子，不敢扔了醋罐子"。因此，有人开玩笑说，山西人报籍贯，不用嘴说，只稍往顺风处一站，一闻就清楚，谁也不能冒充。还有更有趣的说法，叫："火车过了娘子关，声音都变成了吃醋、吃醋、吃醋……"。那么，山西人为啥爱吃醋呢？

首先，山西是我国古代开发最早的煤炭基地之一，大量烧煤的结果，空气中散布着浓密的煤气（一氧化碳），威胁着人们的身体健康及至生命安全。醋酸有解消煤气的作用，经常喝点醋，可以减轻煤气的威胁，久而久之，醋，便成为山西人不可缺少的食品。至今有些地方煤气中毒后，仍有和醋或者酸菜汤解毒的习惯。

其次，山西地处太行、太岳两座大山的腹地，土质以碱性为多。因此许多地方饮用水的碱性较大，多吃点醋，可有利于酸碱中和，起到软化的作用，并含有丰富的矿物质及微量元素，能够促进钙、镁、锌、钾及微生物的代

谢。因此形成了山西人喜酸的口味习惯。

第三，山西人的饭食多是土豆和面食，尤其各种杂粮面食较之其他食物难于消化。如果长期食用的话，会引起胃酸以及其他胃不适的问题。用醋来调味，既显得格外可口，又可以增加胃液的酸度，帮助消化，刺激食欲，能很好地解决这一问题。